高等职业教育系列教材

COMPUTER TECHNOLOGY

数据结构
基于C++语言 （微课版）

主编 | 王想实　周薇　徐也

参编 | 颜惠琴　叶倩　许敏

机械工业出版社

CHINA MACHINE PRESS

本书系统地介绍了数据结构的基础知识与常用算法设计，按照数据结构的内容组织结构分为三部分，第一部分介绍了数据结构中常用的基本概念，说明了数据结构这门课程讨论的范畴和主要研究的内容；第二部分介绍了常用数据结构的逻辑模型、存储结构和相应算法在计算机中的实现，这些数据结构主要包括线性结构中的线性表、栈、队列、字符串和数组，以及非线性结构中的树和图；第三部分介绍了数据处理过程中常用的两类方法，即数据的查找和排序。本书组织结构清晰、以循序渐进的方式展开。本书配有丰富的案例，旨在帮助读者提高数据组织分析的能力，理解所要加工处理的数据的特征，掌握组织数据、存储数据和处理数据的基本方法，加强在实践应用中选择合适的数据模型和相应算法来解决实际问题的能力。

本书适合作为高职高专类院校计算机软件技术、计算机应用、移动互联网、物联网和网络技术等专业数据结构课程的教材，也适合对数据结构和算法设计感兴趣的相关从业人员阅读参考。

本书配有微课视频，读者扫描书中二维码即可观看学习；还配有教学资源包，包括电子课件、教学大纲、电子教案、习题答案等丰富的教学资源，需要的教师可登录 www.cmpedu.com 免费注册，审核通过后下载，或联系编辑索取（微信：13261377872，电话：010-88379739）。

图书在版编目（CIP）数据

数据结构：基于 C++语言：微课版 / 王想实，周薇，徐也主编．—北京：机械工业出版社，2023.8
高等职业教育系列教材
ISBN 978-7-111-73576-2

Ⅰ. ①数… Ⅱ. ①王… ②周… ③徐… Ⅲ. ①数据结构-高等职业教育-教材 ②C++语言-程序设计-高等职业教育-教材 Ⅳ. ①TP311.12②TP312.8

中国国家版本馆 CIP 数据核字（2023）第 137236 号

机械工业出版社（北京市百万庄大街 22 号 邮政编码 100037）
策划编辑：王海霞 责任编辑：王海霞 和庆娣
责任校对：李小宝 牟丽英 责任印制：刘 媛
涿州市般润文化传播有限公司印刷

2023 年 12 月第 1 版第 1 次印刷
184mm×260mm・15.75 印张・408 千字
标准书号：ISBN 978-7-111-73576-2
定价：69.00 元

　　本书是一本有关计算机编程中所应用的数据结构和算法的图书。数据结构是指数据在计算机存储空间中的组织方式。算法是指软件程序用来处理这些结构中数据的过程。在数据处理过程中，首先需要将数据按照一定的结构存储在计算机中，然后应用一定的算法对数据进行处理，并通过程序来完成数据结构与算法在计算机上的实现。

　　数据结构作为计算机大类的专业基础课，在专业课程体系中处于承上启下的关键位置。对数据结构的学习是在初步掌握编程语言基础上开展的。数据结构是后续更高阶段学习 Web 信息处理、人工智能、图像处理等专业课程的基础。数据结构教材的编写积极响应国家战略，紧紧围绕计算机类技术人才的培养目标，构建知识、技能和素养三大教学目标。在知识目标方面，将数据结构存储与实现作为重点，同时介绍数据处理中常用的查找、排序算法等知识点。在技能目标方面，旨在提高设计和编程实现数据存储及其上算法实现的能力，以及建立数据模型、设计算法和程序编写的能力，注重实践能力和工程能力的培养。在素养目标方面，着眼软件技术从业人员的工作需求，设计严谨、诚实、创新的行业职业精神与自觉规范、团队合作、数据保密等职业素养融于一体的素养目标。

　　在本书的编写过程中，携手计算机行业的企业专家，围绕软件开发中数据结构的知识，以及行业领域所需的代码编写、测试、文档书写、系统运维等工作的技术技能重构教学内容；同时根据程序员领域资格认定的进展，及时将新技术、新规范充实进本书中。本书根据计算机类技术行业工作领域需求，以项目为载体，融会贯通理论知识。项目主要来源于两方面，一是校企合作项目，二是知名企业签署的合作联盟协议的 PAT（Programming Ability Test）中的项目。通过项目驱动，理论知识服务项目的方式，有助于读者系统全面地进行数据结构的理论学习与实践探究。本书内容组织如下。

内容组织结构表

模块	内容	项目
绪论	数据的结构与处理方法	算法分析案例
线性结构	线性表	约瑟夫环问题
	栈	数制转换问题迷宫问题求解、表达式求值
	队列	迷宫最短路径求解
	字符串和数组	文本编辑系统中的查找与替换
非线性结构	树和二叉树	编码与译码系统
	图	校园交通导航系统
数据处理	查找	猜数游戏、拼写检查器、员工信息查找
	排序	百强企业排名问题、三色矩形问题

本书注重融入思政元素，力争将价值塑造、知识传授与能力培养融为一体，以立德树人、工匠精神为主线，体现社会主义核心价值观的基本要求，注重学生创新能力、劳动意识、职业素养等的培养。

本书内容全面，配套资源丰富。本书全面、系统地介绍数据结构的基础理论知识、相应的算法实现与实际应用，所有算法都有完整的 C++程序实现。同时，本书配有丰富的自主开发的多媒体资源，资源的建设依据从全局到部分的层次化建设思路实施，包含课程级、模块单元级和素材级资源，包含覆盖全部知识点的微课、动画、课件、图片、案例、试题、习题库等。这些资源可通过登录智慧职教平台自行下载。

本书的编写依据教材建设和管理的基本要求，以二十大精神为思想引领，坚持正确政治方向和价值取向，立足于立德树人的根本任务。在构建新一代信息技术、人工智能等一批新的增长引擎的背景下，围绕数据组织、存储和处理等方面进行课程设计，强调数据处理技术的创新性和智能性，突出教材育人，实现价值塑造、知识传授和能力培养相统一。

本书由无锡职业技术学院王想实副教授、周薇副教授、徐也博士任主编，参编人员有颜惠琴、叶倩和许敏，并由王想实完成全书的统稿、修改和定稿工作。

本书的编写得到了机械工业出版社编辑王海霞的支持，在此表示衷心感谢。书中若有不当之处，敬请读者批评指正。

编 者

目 录 Contents

前言

第1章 / 绪论 1

1.1 概述 ···1
    1.1.1 什么是数据结构 ·······················1
    1.1.2 数据结构研究内容 ···················2
1.2 数据的逻辑结构 ·······················3
1.3 数据的存储结构 ·······················5
1.4 算法与算法设计 ·······················6

1.4.1 算法及其设计基本准则 ·············6
1.4.2 算法描述 ·······························7
1.4.3 算法的度量 ·····························7
本章小结 ···10
习题 ···11

第2章 / 线性表 15

2.1 线性表的定义与基本运算 ·········15
    2.1.1 线性表的定义 ·······················15
    2.1.2 线性表的基本运算 ·················16
2.2 线性表的存储结构和算法
    实现 ···17
    2.2.1 线性表的顺序存储结构及其上基本

算法实现 ·······································17
    2.2.2 线性表的链式存储结构及其上基本
算法实现 ·······························23
2.3 案例分析与实现 ·······················36
本章小结 ···43
习题 ···43

第3章 / 栈 47

3.1 栈的定义与基本运算 ·········47
    3.1.1 栈的定义 ·······························47
    3.1.2 栈的基本运算 ·······················48
3.2 栈的存储结构及其上算法
    实现 ···49

3.2.1 顺序栈 ·····································49
3.2.2 链栈 ···52
3.3 案例分析与实现 ·······················53
本章小结 ···68
习题 ···69

第4章 队列 72

4.1 队列的定义与基本运算 ·············· 72
    4.1.1 队列的定义 ······················· 72
    4.1.2 队列的基本运算 ················· 73
4.2 队列的存储结构及其上基本算法
    实现 ···································· 73
    4.2.1 顺序队列 ························· 73
    4.2.2 链队列 ··························· 78
4.3 案例分析与实现 ···················· 80
本章小结 ·································· 82
习题 ······································ 82

第5章 字符串和数组 85

5.1 字符串及其基本运算 ·············· 85
    5.1.1 字符串的基本概念 ············· 85
    5.1.2 字符串的基本运算 ············· 86
5.2 字符串的定长顺序存储结构及其
    上基本运算 ························· 87
    5.2.1 字符串的定长顺序存储结构 ··· 87
    5.2.2 模式匹配 ························· 90
5.3 多维数组 ·························· 95
    5.3.1 数组的逻辑结构 ··············· 95
    5.3.2 数组的存储结构 ··············· 96
    5.3.3 特殊矩阵 ························· 97
5.4 案例分析与实现 ···················· 104
本章小结 ·································· 105
习题 ······································ 105

第6章 树和二叉树 108

6.1 树的定义与常用术语 ·············· 108
    6.1.1 树的定义 ······················· 108
    6.1.2 树的常用术语 ·················· 109
6.2 二叉树 ···························· 111
    6.2.1 二叉树的定义和基本形态 ····· 111
    6.2.2 二叉树的性质 ·················· 112
    6.2.3 二叉树的存储结构 ············· 114
    6.2.4 遍历二叉树 ···················· 117
    6.2.5 线索二叉树 ···················· 125
6.3 树和森林 ·························· 127
    6.3.1 树的存储结构 ·················· 127
    6.3.2 树和森林与二叉树之间的转换 ··· 130
6.4 哈夫曼树及其应用 ················ 133
    6.4.1 哈夫曼树的定义 ··············· 133
    6.4.2 哈夫曼树的构造 ··············· 134
    6.4.3 哈夫曼编码 ···················· 136
6.5 案例分析与实现 ···················· 137

本章小结 ·················· 141   习题 ·················· 142

第7章 图 ·················· 146

7.1 图的定义、相关术语与基本
运算 ·················· 146

7.1.1 图的定义与相关术语 ·········· 146

7.1.2 图的基本运算 ·········· 149

7.2 图的存储结构 ·················· 150

7.2.1 邻接矩阵表示法 ·········· 150

7.2.2 邻接链表 ·········· 155

7.2.3 邻接多重链表 ·········· 159

7.3 图的遍历 ·················· 160

7.3.1 图的深度优先遍历 ·········· 160

7.3.2 图的广度优先遍历 ·········· 161

7.4 图的连通性 ·················· 163

7.4.1 无向图的连通性 ·········· 163

7.4.2 有向图的连通性 ·········· 166

7.4.3 最小生成树 ·········· 167

7.5 最短路径 ·················· 174

7.6 案例分析与实现 ·················· 179

本章小结 ·················· 183

习题 ·················· 184

第8章 查找 ·················· 189

8.1 查找概述 ·················· 189

8.2 静态查找 ·················· 190

8.2.1 顺序查找 ·········· 190

8.2.2 折半查找 ·········· 192

8.2.3 索引查找 ·········· 194

8.3 动态查找 ·················· 196

8.3.1 二叉排序树查找 ·········· 196

8.3.2 哈希表查找 ·········· 202

8.4 案例分析与实现 ·················· 208

本章小结 ·················· 211

习题 ·················· 211

第9章 排序 ·················· 215

9.1 排序概述 ·················· 215

9.2 插入排序 ·················· 217

9.2.1 直接插入排序 ·········· 217

9.2.2 希尔排序 ·········· 218

9.3 交换排序 ·················· 220

9.3.1 冒泡排序 ·········· 220

9.3.2 快速排序 ·········· 222

9.4 选择排序 ·················· 224

9.4.1 简单选择排序 ·············· 224

9.4.2 树形选择排序 ·············· 226

9.4.3 堆排序 ····················· 228

9.5 归并排序 ···················· 232

9.6 基数排序 ···················· 234

9.7 案例分析与实现 ·············· 236

本章小结 ······················· 238

习题 ··························· 239

参考文献 / ························· **243**

第1章 绪论

随着信息技术的日益发展，数据处理的对象不再局限于简单的数值和字符处理，也包括更广泛的复杂对象，如图像、声音、视频等。不同的处理对象，有不同的数据组织形式，不同的需求，对数据的存储和运算处理也有不同的方案，需要详尽研究数据的组织结构，设计相应的算法，编写对应的程序，进行数据分析和统计。这就是数据结构这门课程需要分析和解决的问题。

1. 知识与技能目标

➤ 理解数据结构知识在编程中的重要性。
➤ 了解数据结构的基本概念。
➤ 理解逻辑结构和存储结构的区别与联系。
➤ 了解算法的概念和特点。
➤ 理解算法性能评价的策略与具体方法。
➤ 掌握简单算法的时间复杂度分析。

2. 素养目标

➤ 培养正确使用网络工具学习与探索的能力。
➤ 正确认识理论与实践的关系，提升学以致用的能力。
➤ 善于利用对象之间逻辑关系的不同，辩证分析与组织系统的结构。

1-1
数据结构概述

1.1 概述

本节初步认识数据结构这门课程，分别介绍数据结构的概念和数据结构要研究的内容。例如有一段文字：无鸡鸭亦可无鱼肉亦可白菜豆腐不能少。对于这段文字，可以有两个演绎。一是演绎为"无鸡鸭，亦可，无鱼肉，亦可，白菜豆腐不能少"。二是演绎为"无鸡，鸭亦可，无鱼，肉亦可，白菜豆腐不能少"。从中可以看出，文字的序列不同，得到的含义不同。如果把这些文字看作数据，对这些数据的不同组织，得到完全不同的含义或者一种新的结构序列。从中可以看出，数据不是一盘散沙，杂乱无章地堆积在一起，而是有一定的组织或结构的，就如同超市里种类繁多的商品，是分门别类组织存放的。图书馆里的图书，也是按照一定的规则组织存放的。数据结构要求既要有数据，又要有结构，二者缺一不可。

1.1.1 什么是数据结构

数据结构是计算机类相关专业的核心基础课，是编制所有的计算机系统软件和应用软件的基础，是计算机可以直接处理的基本和非常重要的对象。无论是进行科学计算、抽象的数据处理，还是进行大数据处理，都需要对数据进行组织和加工。如何有效地组织数据，提高数据处理的效率，这是使用数据结构时需要关注的主要目标。数据结构对学习计算机类相关专业的相关课程（如操作系统、编译原理、数据库管理系统、软件工程、人工智能、大数据处理等）来说都是十分有益的。具体地讲，数据结构是一门讨论描述现实世界实体的数学模型（非数值计算）及其上的操作在计算机中如何表示和实现的学科，是一门研究非数值计算的程序设计问题中计算机的操作对象以及它们之间的关系和操作的学科。

1.1.2 数据结构研究内容

当使用计算机来解决一个具体问题时，一般需要经过下列 5 个步骤。

1）如何用数据形式描述问题？即如何由问题抽象出一个适当的数学模型。

2）分析问题所涉及的数据量大小和数据之间的关系。

3）明确如何在计算机中存储数据及体现数据之间的关系。

4）明确处理问题时需要对数据进行何种运算。

5）判断所编写程序的性能是否良好。

【例 1-1】 《红楼梦》中贾府人丁兴旺，如果给出一组人物：贾代善、贾敏、贾政、贾赦、林黛玉、贾珠、贾宝玉、贾元春、贾琏、贾兰和巧姐，分别找出其中人物之间的亲缘关系。

可以对该具体问题抽象出一个适当的数学模型，即图 1-1 所示的家谱图，可以从中容易地看出人物之间的亲缘关系。为便于计算机求解该问题，需要设计或选择一个解此数学模型的算法，然后编写出程序并进行调试、测试，直至得到最终的答案为止。

图 1-1　家谱图

【例 1-2】 在学生成绩信息检索系统中，经常需要按照条件进行成绩信息的检索，如按照班级统计学生的总分，或按照课程统计不及格学生的人数。只要收集到相应的数据，设计如图 1-2 所示的数学模型，建立相关的数据结构，按照某种算法编写相关程序，就可以实现计算机自动检索。

【例 1-3】 一个大的工程或者某种流程可以分为若干小的工程或阶段，这些小的工程或阶段被称为活动。图 1-3 所示的顶点表示事件，带箭头的边表示活动，边上的值可以表示活动所需的时间。如果一个事件发生了，就说明触发该事件的所有活动已经完成。例如，要想事件 E 发生，那么必须先完成事件 B 和 E、C 和 E 之间的活动。在这类工程活动中，经常需要研究完成整个工程至少需要多少时间，以及哪些活动是影响工程进度（费用）的关键。

由图 1-3 可见，描述这类非数值计算问题的数学模型不再是数学方程，而是诸如表、树、图之类的数据结构。因此，可以说数据结构是一门研究非数值计算的程序设计问题中出现的计算机操作对象以及它们之间的关系和操作的学科。

学习数据结构的目的是理解计算机中的信息是如何表示和处理的，尤其是目前，随着计算机信息量的增加、信息范围的拓宽和结构的复杂化，组织和处理这类信息直接关系到处理信息的程序的效率，数据结构可用来分析处理对象以及各对象之间存在的关系，同时通过算法训练来提高读者的思维能力，通过程序设计的技能训练来促进读者综合应用能力和专业素质的提高。

序号	班级	姓名	成绩	课程
1	软件1032	季建龙	92	科普英语
2	计算机1031	程恒坤	86	C++ 程序设计
3	软件1032	刘凯健	89	科学技术基础
4	软件1032	侯学亮	65	大学英语
5	移动应用1032	刘文雪	92	大学英语
6	控制1031	顾建芳	67	C++ 程序设计
7	软件1032	鞠迪	70	打字训练
8	电子商务1031	陈琳	94	C++ 程序设计
9	网络1031	马吉太	87	交换与路由
10	微电子1021	夏习瑞	94	微电子制造工艺
11	网络1031	任阳	91	计算机网络技术
12	微电子1021	吴青	80	科学技术基础
13	网络1031	马吉太	67	计算机网络技术
14	微电子1021	吴青	72	大学英语
15	网络1031	马吉太	92	网络安全技术

图 1-2 学生成绩

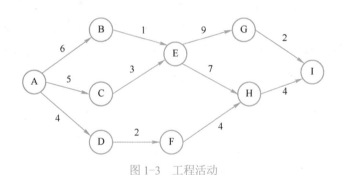

图 1-3 工程活动

1.2 数据的逻辑结构

在系统地讨论数据的逻辑结构之前，首先介绍逻辑结构中经常用到的概念和术语。

1-3
数据的逻辑结构

1. 数据

计算机科学中，数据的含义极为广泛，所谓数据就是计算机加工处理的对象，它可以是数值数据，也可以是非数值数据。数值数据，如整数、实数、复数等，主要用于工程计算、科学计算和商务处理等；非数值数据包括字符、文字、图形、图像、语音等。例如，产品质量管理中可以设置编码：合格=1，基本合格=2，不合格=3。总之，能被计算机表示和处理的信息都可以称为数据。

2．数据元素

数据元素是数据结构中讨论的基本单位，是数据集合中的个体。在不同的条件下，数据元素又可称为元素、结点、顶点、记录等。例如，学生信息检索系统中学生信息表的一个记录，用来描述一个具体学生的一行数据称为一个数据元素，描述的学生不同，则数据元素的值不同。"八皇后"问题中状态树的一个状态、教学计划编排问题中的一个顶点等都被称为一个数据元素。数据元素的类型可以是简单类型，也可以是复杂的结构体类型。

一个数据元素可由若干数据项组成，例如，学生档案管理系统中学生信息表的每一个数据元素就是一个学生记录，它包括学生的学号、姓名、性别、籍贯、出生年月和成绩等数据项，多个数据项构成一个数据元素，每一个数据项都是不可再分割的。

3．数据对象

数据对象是具有相同性质的数据元素的集合。在某个具体问题中，数据元素都具有相同的类型，属于同一数据对象。例如，在交通咨询系统的交通网中，所有的城市集合可以认为是一个数据对象，某个城市则是一个数据元素，是该数据对象的一个实例。例如，大写字母的数据对象集为{'A', 'B', 'C',…, 'Z'}，这里大括号中的每个字母就是一个数据元素。

4．数据结构

数据结构是相互之间存在着某种逻辑关系的数据元素的集合，主要包含两方面的含义，一是指数据的集合，二是限定这些数据是有结构的。即使同一个数据集合，如果结构不同，那么表示的内容也不同，也不是相等的数据结构。例如，将一段文字"漆黑的头发没有麻子脚不大周正"看成一组数据，那么可以组合出如下两个序列："漆黑的头发，没有麻子，脚不大，周正"和"漆黑的头发没有，麻子，脚不大周正"。又如，给定数据元素{我、改、历、史、变}，那么它们之间的关系可以是"我改变历史"，也可以是"历史改变我"。同样的数据元素，不同的数据组合结构，表达的含义是不同的。

数据结构按照其处理角度的不同，主要分为逻辑结构和存储结构，本节先介绍逻辑结构。

逻辑结构是指互相之间存在着一种或多种关系的数据元素的集合。在任何问题中，数据元素之间都不会是孤立的，它们之间都存在着这样或那样的关系，这种数据元素之间的关系称为数据的逻辑结构。

在应用程序中，数据结构将数据和程序组成有机的整体。根据数据元素间关系的不同特性，通常有下列 4 种基本的逻辑结构，分别是集合结构、线性结构、树形结构和图形结构，如图 1-4 所示。其中树形结构和图形结构统称为非线性结构。

- 集合结构。该结构中的数据元素除同属于一种类型以外，别无其他关系。这是一种关系极为松散的结构。
- 线性结构。该结构中的数据元素之间存在着一对一的关系。
- 树形结构。该结构中的数据元素之间存在着一对多的关系。
- 图形结构。该结构中的数据元素之间存在着多对多的关系。它也称作网状结构。

图 1-4 为上述 4 种基本逻辑结构的示意图。在实际应用中，班级中的男生、区域里所有树木的种类等都是集合结构，排队等候服务的队列、待批改的作业、老师手里的点名册、活动的节目单等都是线性结构，行政部门结构、细胞分解过程结构和家谱图等都是树形结构，交通网、电网和工程活动时序结构图等都是图形结构。

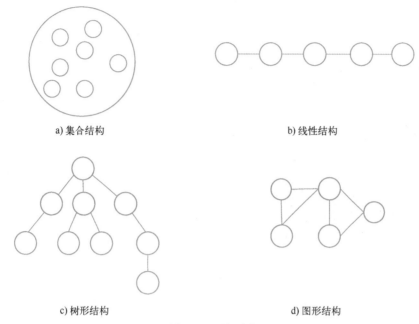

图 1-4　逻辑结构

1.3　数据的存储结构

所有的数据在处理前，都需要按照一定的格式进行存储，数据的存储结构关系到数据在内存中的组织形式。存储结构是数据的逻辑结构在计算机存储器内的表示，包含下列两层含义。

● 存储具体数据元素。

● 存储元素之间的关系。

按照数据元素的关系在计算机中存储表示的不同，存储结构分为顺序存储结构、链式存储结构、索引存储结构和散列存储结构四种不同的结构，下面分别介绍这四类存储结构。

1. 顺序存储结构

顺序存储结构就是在计算机中开辟一组连续的存储空间来依次存储数据元素，数据元素的逻辑次序与其物理存放位置的次序是相同的。在 C++语言中，用一维数组表示顺序存储结构，可以随机直接定位数据元素。

2. 链式存储结构

链式存储结构不需要开辟连续的存储空间，数据元素是离散存储的。为了存储数据元素之间的逻辑关系，链式存储结构在存储数据元素时，除存储数据元素本身数据以外，还需要额外的存储空间来存储逻辑关系。一般，在每一个数据元素中增加一个存放另一个元素地址的指针，用该指针表示数据元素之间的逻辑关系。

3. 索引存储结构

索引存储结构通过对一组数据元素中的关键码进行排序，通过关键码可以快速查找对应的数据元素。

4. 散列存储结构

散列存储结构通过建立一类函数，设计数据元素的存储地址和它的关键字之间的对应关系，直接通过关键字定位数据元素的存储位置。

数据结构作为一门独立的课程是从 1968 年才开始的。20 世纪 60 年代中期，美国的一些大学开始设立有关课程，但当时的课程名称并不叫数据结构。1968 年，美国的唐·欧·克努特教授开创了数据结构的最初体系，他所著的《计算机程序设计技巧》的第一卷《基本算法》是第一本较系统地阐述数据的逻辑结构、存储结构及其操作的著作。从 20 世纪 70 年代中期到 20 世纪 80 年代，各种版本的数据结构著作相继出现。

目前，数据结构的发展并未终结，一方面，面向各专门领域中特殊问题的数据结构得到研究和发展，如多维图形数据结构等；另一方面，从抽象数据类型和面向对象的观点来讨论数据结构已成为一种新的趋势，越来越被人们所重视。

1.4 算法与算法设计

求解一个问题，需要给出一定的策略或者方法。例如，给定一个交通网，求解从一个城市到另外一个城市的最短路径，或者给定一组由奇数和偶数构成的数据，想出快速将这组数据分割为前半部分为偶数，后半部分为奇数的方法。同时，对于给定的一个问题，求解方法不止一种，那么哪一种方法效率更高呢？这在数据结构中就涉及算法以及对算法效率的评价。本节介绍算法的基本概念、算法的特点以及对算法效率的评价。

1-4
算法与算法设计

1.4.1 算法及其设计基本准则

算法（Algorithm）是对特定问题求解步骤的一种描述，是指令的有限序列，其中每一条指令表示一个或多个操作。例如，求解的问题可以是对给定的一组数据进行排序，或求一元二次方程的解，算法就是对这类问题求解过程或步骤的说明。一个算法应该具有下列特性。

- 有穷性。一个算法必须在有穷步之后结束，即必须在有限时间内完成。
- 确定性。算法的每一步必须有确切的定义，无二义性。在算法执行中，相同的输入仅有唯一的一条执行路径。
- 可行性。算法中的每一步都可以通过已经实现的基本运算的有限次执行得以实现。
- 输入。一个算法具有零个或多个输入，这些输入取自特定的数据对象集合。
- 输出。一个算法具有一个或多个输出，这些输出与输入之间存在某种特定的关系。

算法的含义与程序相似，但又有区别。一个程序不一定满足有穷性。例如，计算机操作系统本身就是一个程序，只要整个系统不遭破坏，就永远不会停止，即使没有作业需要处理，它也会处于动态等待中。因此，操作系统不是一个算法。另外，程序中的指令必须是机器可执行的，而算法中的指令则无此限制。算法代表了对问题的解，而程序则是算法在计算机上特定的实现。一个算法若用程序设计语言来描述，则它就是一个程序。

算法和程序是两个不同的概念。一个计算机程序是对一个算法使用某种程序设计语言的具体实现。算法必须可终止，这意味着不是所有的计算机程序都是算法。

在本门课程的学习、作业练习、上机实践等环节，算法都用 C++语言来描述。在上机实践时，为了检查算法是否正确，可以通过编写完整的 C++语言程序来实现算法。

算法与数据结构相辅相成。解决某一特定类型问题的算法可以选定不同的数据结构，而且选择恰当与否直接影响算法的效率。反之，一种数据结构的优劣由各种算法的执行来体现。

要设计一个好的算法，通常要考虑以下要求。

● 正确性。算法的执行结果应当满足预先规定的功能和性能要求。它有 4 层含义，即不含语法错误，对多组数据运行正确，对典型、苛刻的数据运行正确，以及对所有数据运行正确。

● 可读性。算法主要是为了阅读与交流，其次才是为计算机执行，因此算法应该易于理解；而晦涩难读的程序容易隐藏较多错误，导致难以调试。所以，算法应当思路清晰、层次分明、简单明了、易读易懂。

● 健壮性。当输入的数据非法时，算法应当恰当地做出反应或进行处理，而不是产生不正确的输出结果；应能进行适当处理，不致引起严重后果。

● 高效性。有效使用存储空间和有较高的时间效率。

1.4.2　算法描述

算法可以使用各种不同的方法来描述，下面介绍三类常用的算法描述方法。

1. 自然语言描述法

用自然语言描述算法的优点是简单且便于人们对算法的阅读，而缺点是不够严谨，不便于计算机实现。

2. 程序流程图、N-S 图等算法描述工具

用程序流程图或 N-S 图等来描述算法，其优点是描述过程简洁明了、逻辑清晰，缺点是不便于转换成计算机可执行的程序，即不便于计算机实现。

3. 伪码语言

可以直接使用某种程序设计语言来描述算法，不过直接使用程序设计语言并不容易，而且不太直观，常常需要借助注释才能让人看明白。

为了既方便理解又便于编程实现，常常使用一种称为伪码语言的描述方法来进行算法描述。伪码语言介于高级程序设计语言和自然语言之间，它忽略高级程序设计语言中一些严格的语法规则与描述细节，因此它比程序设计语言更容易描述和被人理解，比自然语言更接近程序设计语言，后期便于转换为高级程序设计语言。

1.4.3　算法的度量

在对算法性能进行评估时，一般从算法的时间复杂度与空间复杂度来评价算法的优劣。时间复杂度是指算法执行时间的快慢，即效率；空间复杂度是指算法执行过程中所需的最大存储空间，二者都与问题的规模有关。

算法执行时间需要依据算法编制的程序在计算机上运行所消耗的时间来度量。其方法通常有以下两种。

（1）事后统计法

事后统计法是指计算机内部执行时间和实际占用空间的统计。

事后统计法事先必须先运行依据算法编制的程序，其缺点是必须执行程序，同时，其他因素容易掩盖算法本身的优劣。

（2）事前分析法

事前分析法是求出该算法的一个时间界限函数。事前分析法主要考虑下面的因素。

- 依据算法选用何种策略。
- 问题的规模。
- 程序设计的语言。
- 编译程序所产生的机器代码的质量。
- 机器执行指令的速度。

如果排除软硬件等有关外在因素，则可以认为一个特定算法的运行时间的大小只依赖于问题的规模。运行时间通常用求解问题的规模变量 n 表示，或者说，运行时间是问题规模变量 n 的函数，也就是说，对于算法所需时间，在忽略了外在的其他因素影响之后，只与算法涉及的规模有关。例如，在对批量学生成绩数据排序时，对一个省的高考成绩的排序所涉及的数据规模和对全国高考成绩的排序是不同的。在评价算法的标准中，一般通过时间复杂度和空间复杂度来衡量算法的效率。

1．时间复杂度

一个程序的时间复杂度是指程序从开始运行到结束所需的时间。一个算法是由控制结构和原操作构成的，其执行时间取决于二者的综合效果。为了便于比较同一问题的不同的算法，通常的做法是从算法中选取一种对于所研究的问题来说是基本运算的原操作，以该原操作重复执行的次数作为算法的时间度量。一般情况下，算法中基本操作重复执行的次数是问题规模 n 的某个函数，其时间量度记作 $T(n)=O(f(n))$，称作算法的渐近时间复杂度，简称时间复杂度。一般地，常用算法循环体内的语句重复执行的次数来表示时间复杂度。

定义（以 O 为记号）：如果存在两个正的常数 c 和 n_0，使得对所有的 n，$n \geqslant n_0$，有

$$f(n) \leqslant cg(n)$$

则有 $f(n) = O(g(n))$

例如，一个程序的实际执行时间为 $f(n)=2^3+125^2+340$，则 $f(n)=O(n^3)$。

例如，一个程序的实际执行时间为 $f(n)=2.6n\log_2 n+3.8n+50$，则 $f(n)=O(n\log_2 n)$。

常用的时间复杂度估算如表 1-1 所示。

表 1-1　时间复杂度估算表

T(n)	时间阶名称
O(1)	常量阶
O(n)	线性阶
$O(\log_2 n)$	对数阶
$O(n\log_2 n)$	线性对数阶

【例 1-4】　如有下面的代码：

```
++x;
s=s+x;
```

在上述代码中，只有两条基本操作语句，则语句执行频度为 T(n)=2，即时间复杂度为 O(1)。

【例 1-5】 如有下面的代码：

```
for(i=1; i<=n; ++i){
    sum+= x;
    s+=x;
}
```

其中，"i<=n" 的执行频度为 $n+1$，"++i""sum+=x" 和 "s+=x" 的执行频度都为 n 次，"i=1" 的执行频度为 1 次，for 循环语句执行频度为 T(n) =4n+1，其时间复杂度为 O(n)，即线性阶。

【例 1-6】 下面是求两个 n 阶矩阵和的核心代码：

```
for(i=1,i<=n; ++i)
    for(j=1; j<=n; ++j)
        c[i][j]=a[i][j]+b[i][j];
```

其中，"i=1" 的执行频度为 1 次，"++i" 和 "j=1" 的执行频度都是 n 次，"i<=n" 的执行频度为 n+1 次，"j<=n" 的执行频度是 n^2+n 次，"++j" 和 "c[i][j]=a[i][j]+b[i][j]" 的执行频度都是 n^2 次，整个代码段的执行频度为 T(n) =3n²+4n +2，则时间复杂度为 O(n²)。

【例 1-7】 下面是求和运算的核心代码：

```
for(int i = 0; i < n; i++) {
    sum1 += 1;
    for(int j = 1; j <= n; j *= 2) {
        sum2 += sum1;
    }
}
```

其中，"i=0" 的执行频度为 1 次，"j=1""i++" 和 "sum1+=1" 的执行频度都为 n 次，"i<n" 的执行频度为 n+1 次，"j<=n" 的执行频度为 $n(\lceil \log_2 n \rceil + 1)$ 次，"j*=2" 和 "sum2+=sum1" 的执行频度都是 $n \lceil \log_2 n \rceil$ 次，整个代码段的执行频度为 T(n) = $3n\log_2 n + 5n + 2$，则时间复杂度为 O(nlog₂n)。

【例 1-8】 下面是求两个 n 阶矩阵积的核心代码：

```
for(i = 1,i <= n; ++i)
    for(j = 1; j <= n; ++j) {
        c[i][j] = 0 ;
        for(k = 1; k <= n; ++k)
            c[i][j] += a[i][k] * b[k][j] ;
    }
```

上述代码有一个三重循环，每个循环从 1 到 n，则总的循环次数为 n×n×n=n³，则时间复杂度为 T(n)=O(n³)。

通常用 O(1) 表示常数计算时间。常见的渐近时间复杂度如图 1-5 所示。

以下七种是常用的时间复杂度，其大小关系为

$$O(1)<O(\log_2 n)<O(n)<O(n\log_2 n)<O(n^2)<O(n^3)<O(2^n)$$

指数级时间复杂度的关系为

$$O(2^n)<O(n!)<O(n^n)$$

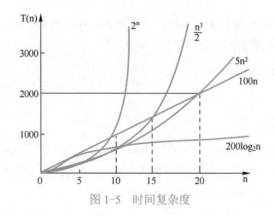

图 1-5　时间复杂度

对于求解同一个问题的不同算法，当 n 取值很大时，指数级时间复杂度和多项式的时间复杂度在所需时间上悬殊较大。时间复杂度越小，说明算法在时间效率上越好。

2. 空间复杂度

空间复杂度是对算法在运行过程中占用内存空间大小的度量，也就是度量一个程序从开始运行到结束所需的存储容量。

程序的一次运行是针对所求解问题的某一特定实例而言的。例如，求解排序问题的排序算法每次执行是对一组特定个数的元素进行排序，对该组元素的排序是排序问题的一个实例，元素个数可视为该实例的特征。程序运行所需的存储空间包括以下两部分。

- 固定部分。这部分空间与所处理数据结点的大小和个数无关，或者称与问题实例的特征无关。这部分空间主要包括程序代码、常量、简单变量、定长成分结构变量所占的空间。

- 可变部分。这部分空间大小与算法在某次执行中处理的特定数据的大小和规模有关。例如，100 个数据元素的排序算法所需的存储空间与 1000 个数据元素的排序算法显然是不同的。

这里需要注意的是，在对算法进行时间与空间的评估时，二者往往是矛盾的，如果需要提升算法的时间效率，那么算法的空间利用率就有所降低，反之亦然，在实际应用中，需要综合考虑。

本章小结

数据结构是一门讨论数学模型及其操作在计算机中表示和实现的学科。本章首先介绍了什么是数据结构，以及数据结构的研究内容，然后介绍了数据的逻辑结构和存储结构，具体结构分类如下。

（1）逻辑结构

- 集合结构。
- 线性结构。
- 树形结构。
- 图形结构。

（2）存储结构
● 顺序存储结构。
● 链式存储结构。
● 索引存储结构。
● 散列存储结构。

在一定的数据结构或模型的基础上，需要求解某类问题就涉及算法，于是本章最后讨论了算法与程序的区别与联系，给出了算法效率的评价方法。通常，时间复杂度用问题的规模变量 n 表示，它是问题规模的函数。在算法的时间复杂度中，一般将语句重复执行的次数作为算法运行效率的衡量准则。

习题

一、填空题

1．计算机识别、存储和加工处理的对象统称为_____。

2．存储数据时，不仅要存储数据本身，还要存储数据之间的_____。

3．数据结构按照其处理角度的不同，主要分为_____和_____两种结构。

4．根据数据元素间关系的不同特性，通常有四类基本的逻辑结构，分别是线性表、树、图和集合。其中树形结构与图形结构统称为_____。

5．逻辑数据结构是相互之间存在某种_____的数据元素的集合。

6．当结点之间存在 M 对 N（M∶N）的关系时，称这种关系为_____。当结点之间存在 1 对 N（1∶N）的关系时，称这种关系为_____。

7．从数据结构的观点来看，数据通常可分为三个层次，即数据、数据元素和_____。

8．数据的存储结构被分为_____、_____、_____和_____四种。

9．算法是对_____的一种描述，是_____的有限序列。

10．对算法从时间和空间两方面进行度量，分别称为_____和_____分析。

11．算法效率的度量可以分为事先分析法和_____。

12．若一个算法中的语句执行频度之和为 $T(n)=4n^2+3n\log_2n$，则该算法的时间复杂度为_____。

13．若一个算法中的语句执行频度之和为 $T(n)=4n^2+3n+2^n$，则该算法的时间复杂度为_____。

14．代码语句"for(i=1,t=1,s=0;i<=n;i++){t=t*i;s=s+t;}"的时间复杂度为_____。

15．当输入不合法数据时，应能进行适当处理，不致引起严重后果，这是指算法的_____要求。

二、选择题

1．数据的基本单位是（　　）。
　　A．原子　　　　　　B．数据类型　　　　C．数据元素　　　D．数据项

2．数据在计算机内存储时，存储空间是连续的，这种存储结构称为（　　）。
　　A．顺序存储结构　　B．链式存储结构　　C．逻辑结构　　　D．物理结构

3．链式存储结构所占存储空间（　　）。

    A．分两部分，一部分存放结点的值，另一部分存放表示结点间关系的指针

    B．只有一部分，存放结点的值

    C．只有一部分，存储表示结点间关系的指针

    D．分两部分，一部分存放结点的值，另一部分存放后继结点的地址

4．线性表采用链式存储结构时，其地址（　　）。

    A．必须是连续的

    B．部分地址必须是连续的

    C．一定是不连续的

    D．连续与否均可以

5．与数据元素本身的形式、内容、相对位置、个数无关的是数据的（　　）。

    A．存储结构　　　　　　　　　　　　B．存储实现

    C．逻辑结构　　　　　　　　　　　　D．运算实现

6．在数据结构中，从逻辑上可以把数据结构划分成（　　）。

    A．动态结构和静态结构

    B．紧凑结构和非紧凑结构

    C．线性结构和非线性结构

    D．内部结构和外部结构

7．通常要求同一逻辑结构中的所有数据元素具有相同的特性，这意味着（　　）。

    A．数据具有同一特点

    B．不但数据元素包含的数据项的个数要相同，而且对应数据项的类型要一致

    C．每个数据元素都一样

    D．数据元素包含的数据项的个数要相等

8．在数据结构中，与所使用的计算机无关的是（　　）。

    A．物理结构　　　　　　　　　　　　B．存储结构

    C．逻辑结构　　　　　　　　　　　　D．逻辑和存储结构

9．算法的时间复杂度与（　　）有关。

    A．计算机硬件性能　　　　　　　　　B．问题规模

    C．内存芯片的有关参数　　　　　　　D．编译程序质量

10．算法分析的两个主要方面是（　　）。

    A．空间复杂性和时间复杂性　　　　　B．正确性和简明性

    C．可读性和文档性　　　　　　　　　D．数据复杂性和程序复杂性

11．数据结构的定义为（D,S），其中 D 是（　　）的集合。

    A．算法　　　　　　B．数据元素　　　　C．数据操作　　　D．逻辑结构

12．下面程序段的时间复杂度为（　　）。

```
for(int i=0;i<m;i++)
    for(int j=0;j<n;j++) a[i][j]=i*j;
```

    A．$O(m^2)$　　　　　　B．$O(n^2)$　　　　　C．$O(mn)$　　　　D．$O(m+n)$

13．下面程序段的时间复杂度为（　　）。

```
s=0;
for(i =1 ;i<=n;i++)
{
    for(j =n;j>=n-1;j--)
        s = s+1;
}
```

　　A．O(n)　　　　　　B．O(nlog$_2$n)　　C．O(n^2)　　　　D．O(n$^{3/2}$)

14．下列时间复杂度中，最坏的是（　　　）。

　　A．O(1)　　　　　　B．O(n)　　　　　C．O(log$_2$n)　　D．O(n^2)

15．下面是关于两个矩阵加法的算法实现，其时间复杂度是（　　　）。

```
for(i=0;i<n;i++)
    for(j=0;j<n;j++)
        c[i][j]= a[i][j]+ b[i][j];
```

　　A．O(1)　　　　　　B．O(n)　　　　　C．O(log$_2$n)　　D．O(n^2)

三、简答题

1．简述数据、数据元素、数据项之间的关系。

2．简述数据结构、逻辑结构、存储结构之间的联系与区别。

3．算法的特性有哪些？

4．简述数据结构上的基本操作。

5．时间复杂度和空间复杂度主要与哪些因素有关？

6．当一个算法被转换成程序并在计算机上执行时，它运行所需的时间一般取决于哪些因素？

四、算法分析题

1．分析下面语句段执行的时间复杂度。

```
for(i=1;i<=n;i++)
    for(j=1;j<=n;j++)
        s++;
```

2．分析下面语句段执行的时间复杂度。

```
for(i=1;i<=n;i++)
    for(j=i;j<=n;j=j*2)
        s++;
```

3．分析下面语句段执行的时间复杂度。

```
for(i=1;i<=n;i++)
    for(j=1;j<=i;j++)
        s++;
```

4．分析下面语句段执行的时间复杂度。

```
i=1;k=0;
    while(i<=n-1){
```

```
        k+=10*i;
        i++;
    }
```

5．分析下面语句段执行的时间复杂度。

```
for(i=1;i<=n;i++)
    for(j=1;j<=i;j++)
    for(k=1;k<=j;k++)
        x=x+1;
```

第2章　线性表

线性表在实际应用中随处可见，例如，排队等待服务的客户队列；在视频处理中，按照时间顺序排列的多帧图片序列；在成绩管理系统中，经常需要批量处理的成绩记录；在操作系统中，同时存在多个需要按照一定策略调度执行的进程序列。这里的一组客户、图片、成绩记录以及进程等数据元素，各自类型相同，元素间的关系简单，是典型的线性表模型。本章将系统介绍线性表的逻辑结构以及相应的存储结构，并讨论相应存储结构上基本算法和其典型应用的实现。

1. 知识与技能目标
➤ 了解线性表的逻辑结构及特点。
➤ 掌握顺序表上插入、删除、查找等算法的实现原理。
➤ 理解链表存储结构的特点，以及链表中头结点的作用。
➤ 掌握建立链表，以及链表上查找、插入和删除等算法的实现原理。
➤ 具备编程实现顺序表和链表上基本算法的能力。
➤ 具备利用线性表编程解决简单应用问题的能力。

2. 素养目标
➤ 具备良好的自主学习能力。
➤ 养成代码编写规范化、标准化的习惯。
➤ 具有较强的团队合作精神和组织协调能力。
➤ 崇尚团结、礼让、谦和的品质。

2.1 线性表的定义与基本运算

按照不同角度，数据结构可以划分为逻辑结构和存储结构，其中逻辑结构包括线性表、树、图和集合。其中，线性表的实际应用非常广泛。本节主要介绍线性表的定义、组成和相关的一些概念，以及它的基本运算。

2-1
线性表的逻辑结构

2.1.1 线性表的定义

线性表是最常用、最简单的一种数据结构。图 2-1 所示的线性表是由一组数据类型相同的数据元素 $a_0,a_1,\cdots,a_{n-1}$ 组成的有限序列，该序列中的所有数据元素具有相同的数据类型，其中数据元素的个数 N 称为线性表的长度。

a_0	a_1	a_2	$\cdots$	a_{n-2}	a_{n-1}
1	2	3	$\cdots$	N–1	N

图 2-1　线性表

对于线性表，有下面几点说明。

- 当 N=0 时，称为空表。
- 当 N>0 时，将非空的线性表记作 $L=(a_0,a_1,\cdots,a_{n-1})$，其中：
- $a_0,a_1,a_2,\cdots,a_{i-1}$ 都是 $a_i(1\leq i\leq n)$ 的前驱，其中 a_{i-1} 是 a_i 的直接前驱。
- $a_{i+1},a_{i+2},\cdots,a_{n-1}$ 都是 $a_i(0\leq i\leq n-1)$ 的后继，其中 a_{i+1} 是 a_i 的直接后继。
- 除第一个元素以外，每个元素均有唯一一个直接前驱。
- 除最后一个元素以外，每个元素均有唯一一个直接后继。
- 线性表中的数据元素可以是简单的数值类型，也可以是复杂的结构体数据类型。

线性表在实际中有着广泛的应用，下面是关于线性表的一些例子。

【例 2-1】 在人流量较大的地方，经常需要排队等待服务，如果把排队的对象抽象为数据元素，那么这个队列就是一种线性表，可记为 L，如 L=(张莉,李伟,王华,…,李建国)。

【例 2-2】 学生学号的分布情况，记为线性表 L。

L={102136,102157,102148,102150,102152,102112,102140,102146,102145}

【例 2-3】 个人在某一年的每月消费金额可以看作线性表 L。

L=(1600,570,1800,500,520,848,390,600,605,1202,860,578)

【例 2-4】 学生的基本信息，记为线性表 L。

L={('2009414101','张用','男',06/24/1983),('2001414108','赵传','男',

08/12/1984) ,…,('2001414106','李伟','女',08/12/1984) }

从上面的例子可以看出，线性表中的数据元素可以是各种类型，但是同一线性表中元素的类型必须是相同的，并且线性表的长度是有限的。

2.1.2 线性表的基本运算

对于给定的线性表 L，它是一个动态变化的表，经常需要对表中数据元素进行插入、删除和查找等运算。在进行插入和删除时，一般需要判断线性表中元素的个数，如果是空表，则不能进行删除运算；如果线性表是满的，即线性表的长度已经达到最大值，则不能进行插

2-2
线性表的基本运算

入运算。下面就来讨论线性表上的基本运算，其中 L 表示要操作的线性表，参数 i 表示线性表中数据元素的位置，参数 x 为数据元素。

1. 线性表的初始化

线性表初始化的实现算法表示为 InitList(L)，操作结果是构造出一个空的线性表。

2. 求线性表的长度

求线性表长度的算法表示为 LengthList(L)，操作结果为返回的线性表中所含元素的个数。

3. 取线性表中指定的数据元素

取线性表中数据元素的算法表示为 GetList(L,i)，操作结果是返回的线性表 L 中第 i 个位置元素的值。

4. 按值查找

在线性表中，按值查找算法表示为 LocateList(L,x)，按值查找是在线性表 L 中查找值为 x 的数据元素，其结果是返回的 x 在线性表中首次出现的位置序号。如果值为 x 的数据元素不存在，则返回-1。

5. 插入数据元素

在线性表中，插入数据元素的算法表示为 InsertList(L,i,x)，插入运算是在线性表 L 的第 i 个位置上插入一个值为 x 的新元素，如果插入成功，则返回 1，否则返回-1。

6. 删除数据元素

在线性表中，删除数据元素的算法表示为 DeleteList(L,i)，删除运算是在线性表 L 中删除第 i 个位置的数据元素，如果删除成功，则返回 1；否则返回-1。

对于以上线性表的基本运算，有以下三点说明。

- 这类基本运算是定义在逻辑结构上的，并不能在某个程序开发平台上直接运行。只有进一步将数据元素按照一定的结构存储到计算机中，即实施了存储结构后，用某种程序语言实现运算，将基本运算转换为机器可执行的代码后，才可以在计算机上运行。
- 以上运算并不是线性表上所有的运算，而是常用的一些基本运算，其他复杂运算可以在基本运算基础上扩充完成，也可以直接完成。
- 以上的某一类运算，并不是唯一的，依据不同的存储结构可以派生出一系列相关的该类运算的变体。例如，链表的删除运算就可以按照数据元素的位置进行删除，还可以按照数据元素的值进行删除，也可以删除指定数据元素的前驱或后继结点等。

2.2 线性表的存储结构和算法实现

线性表中元素之间的逻辑关系是一对一的关系，在对线性表中数据元素处理前，首先要把这些元素存储到计算机中，然后才能进行后续的操作算法实现。那么，对于线性表中数据元素的存储，既要存储元素本身的数据，也要存储元素间的关系。本节介绍线性表的两类存储结构，分别是顺序存储结构和链式存储结构。

2.2.1 线性表的顺序存储结构及其上基本算法实现

本节主要讨论线性表的顺序存储结构及其上基本运算的实现。

线性表的顺序存储就是在内存中开辟一组地址连续的存储单元，把线性表的元素按逻辑顺序依次存储在分配的连续内存单元中，用这种方法存储的线性表简称顺序表。图 2-2 是有 10 个元素的线性表 L={23,95,37,…,28,77} 的顺序存储结构，数据类型为 int（为简化操作，本书中若没有特别说明，则各类结构中的数据类型默认为 int）。

2-3
顺序表结构

2-4
顺序表类型
说明

	23	95	37	…	28	77	
地址：	9020	9024	9028	…	9056	9060	

图 2-2 线性表的顺序存储结构示例

在图 2-2 所示的顺序表中，如果每个元素占用 4B 的存储空间，则整个顺序存储空间需要 40B 的存储空间。假设第一个元素的存储地址为 9020，那么第二个元素的地址为 9024，依次可以计算出剩余每个元素的存储地址，如第 5 个元素的存储地址为 9036，最后一个元素的存储地址为 9060。也就是说，顺序表具有随机定位的特点。计算元素的存储地址的关键是要确定首元素的起始地址与每个元素占用存储空间的大小。

一般地说，如果顺序表的首元素地址用 $Loc(a_0)$ 表示，每个元素占用 d 字节的存储空间，那么顺序表中第 k 个（从 0 开始）元素的地址为

$$Loc(a_k)=Loc(a_0)+d\times k$$

依据该计算元素地址的公式，只要知道首元素的地址和每个元素占用的存储空间大小，就可以定位出顺序表中其他任意元素的地址，即可以实现数据元素的随机存取。例如，在顺序表中查找第 i 个元素时，依据该计算公式，可以直接定位第 i 个元素的存储位置以进行元素的访问，而不需要从头到尾遍历顺序表来查找第i个位置的元素，从而可以提高元素访问的效率。

考虑到顺序表的基本运算有插入、删除等运算，随着插入和删除运算的动态变化，顺序表中数据元素的长度不是固定的，即表长是可变的。所以，在设置顺序表的最大容量时，需要将顺序表的容量设计得足够大，避免数据元素的存储空间不足。这里的关键问题是如何设置容量的大小。如果设置容量过大，则会造成存储空间浪费；若设置容量过小，则不利于数据元素的后期动态增长。这就需要依据实际应用设计初始最大容量。如果使用顺序表来存储一个班的学生成绩信息，那么可以将顺序表的最大容量设置为 100。如果处理一个学校所有学生的成绩信息，则可依据学校规模，将顺序表的容量设置得大一些。如果只是想测试某个算法，那么可根据算法需要的样本数量设置空间容量。在学习一种新的程序设计语言时，会经常练习对数据进行排序的算法，那么可以设置较大的存储空间容量，以便于测试算法的性能。

顺序表具有下列特点。
- 元素的逻辑顺序与物理顺序一致。
- 数据元素之间的逻辑关系是以数据元素在计算机内的物理位置相邻的次序来体现的。
- 顺序表中元素可以随机存取。

下面讨论顺序表在高级程序设计语言中的实现方式。

2-5 顺序表中的数据访问

在高级程序设计语言中，一维数组在内存中占用的存储空间就是一组连续的存储区域，因此，可以用一维数组来表示顺序表的存储结构。数组是应用广泛的数据存储结构，它简单易用，已被植入大部分编程语言。这里用数组 data[MAXSIZE]来表示顺序表，其中 MAXSIZE 表示顺序表的容量。顺序表中的数据从 data[0] 开始依次顺序存储，但当顺序表中的实际元素个数未达到 MAXSIZE 时，为避免顺序表中的数据元素访问越界，需要附设一个变量，以指定顺序表中最后一个元素在顺序表中的位置。指定变量 last 来表示顺序表中最后一个元素在数组中的位置，即 last 起到一个指针的作用，始终指向顺序表中最后一个元素的下标。当顺序表为空时，last=-1。这种存储思想的具体描述可以是多样的。可以通过如下两条语句来定义顺序表。

```
int data[MAXSIZE];
int last;
```

data 和 last 变量分别表示顺序表的数据域与长度，这样表示的顺序表如图 2-3 所示。顺序表的实际长度为 last+1，数据元素分别存储在 data[0]～data[last]中。从图 2-3 中可以看出，顺序表结构由 data 和 last 两个部分构成。

图 2-3　顺序表

在 C++语言中，可以声明一个顺序表类型 SeqList，在 SeqList 类型中，将数据存储区 data、位置 last 与顺序表中的基本操作封装在一起，以此来实现顺序表。下面是顺序表的类型定义。

```
typedef struct SeqList{
    int data[MAXSIZE];
    int last;
};
```

对于顺序表中元素的访问，可以通过顺序表的类型实例化一个顺序表，然后进行访问。实例化语句为

```
SeqList    list;
```

现在假定定义好的顺序表 list 已经有 n 个元素，如图 2-3 所示。顺序表中的数据元素 $a_0 \sim a_{n-1}$ 分别存储在 list.data[0]～list.data[list.last]中。可以通过下标 i 来访问顺序表中第 i 个元素 list.data[i]。

由于后面的算法都用 C++语言描述，因此，根据 C++语言中的语法规则，定义一个指向 SeqList 类型的指针来访问元素更为方便。定义指针类型的顺序表语句：

```
SeqList    *list;
```

其中 list 是一个指针变量，顺序表 list 的存储空间可以通过 new 方法来获得。list 中存储的是顺序表的地址，对顺序表中第 i 个元素的访问可以通过"list->data[i]"实现，顺序表的长度为"list->last+1"。

下面是对顺序表上的基本运算用 C++语言实现的过程。

1. 顺序表初始化

顺序表初始化算法表示为"void InitSeqList(SeqList *&list)"。

list 表示要初始化的顺序表。初始化的目的是构造一个空的顺序表，这里包含两方面的工作：首先依据构造空顺序表的需求，通过 new 运算符动态分配顺序表的存储空间大小，然后将顺序表长度设置为-1，表示顺序表是没有任何数据元素的空的顺序表。顺序表的初始化算法实现如下。

算法 2-1   顺序表初始化

```
void InitSeqList(SeqList *&list) {
    list = new Seqlist;
    list->last = -1;
}
```

2. 插入运算

插入运算的目的是将给定的数据元素插入顺序表的指定位置。

【算法分析】在顺序表中插入元素需要满足下面两个条件。

● 只在顺序表不满的情况下，即 last<MAXSIZE-1。

● 插入位置 i 不能超出顺序表的有效范围，即插入位置 i 须满足条件 0≤i≤last+1。

当满足上面两个条件后，可以在位置 i 插入元素 key。在完成插入元素的操作后，顺序表的前后变化如图 2-4 和图 2-5 所示。

	0	1	⋯	i−1	i	i+1	⋯	n−1	n	n+1	⋯	MAXSIZE−1
data	a_0	a_1	⋯	a_{i-1}	a_i	a_{i+1}	⋯	a_{n-1}			⋯	

图 2-4　插入元素前的顺序表

	0	1	⋯	i−1	i	i+1	i+2	⋯	n	n+1	⋯	MAXSIZE−1
data	a_0	a_1	⋯	a_{i-1}	key	a_i	a_{i+1}	⋯	a_{n-1}		⋯	

图 2-5　插入元素后的顺序表

在顺序表上插入元素时，需要先进行元素的批量向后移动，目的是将第 i 个位置空间空闲出来，以便在此位置插入元素 key。具体插入元素的步骤如下。

1）将 a_i～a_{n-1} 顺序向后移动，为新元素留出一个位置。

2）将元素 key 置入空出的第 i 个位置。

3）修改 last 的值。

这里需要注意，不能将数据元素 key 直接赋值到第 i 个位置，这样看似完成了插入元素的任务，实际是直接将原有位置 i 上的数据元素 a_i 覆盖了，这样操作的结果是先删除一个数据元素，再插入另一个数据元素，但顺序表中数据元素的个数并没有增加。同时，需要注意依次移动元素的顺序，首先移动的是最后一个元素，最后移动的是第 i 个位置的元素。

顺序表上的插入运算的算法表示为"int InsertSeqList(SeqList *list,int i,int key)"。

顺序表中插入运算的算法实现及参数说明如下。

算法 2-2　顺序表中按位置插入运算的算法

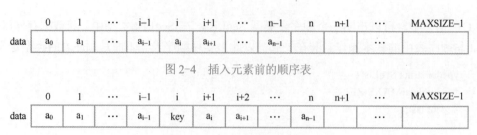

```
int InsertSeqList(SeqList *list,int i,int key) {
    int j;
    /*判断表是否已满*/
    if(list->last == MAKEYLEN - 1) {
        cout << "顺序表已满，不能插入结点！" << endl;
        return 0;
    }
    /*判断插入位置 i 是否越界*/
    if(i < 0 || i > list->last+1) {
        cout << "插入位置错误！" << endl;
        return 0;
    }
    /*批量向后移动数据*/
    for(j = list->last; j >= i; j--)
        list->data[j + 1] = list->data[j];
    /*插入元素 key*/
    list->data[i] = key;
    list->last++;
    return 1;
}
```

● list：表示待插入元素的顺序表。

● key：表示要插入顺序表的元素。

● i：指定插入元素的位置。

插入运算的算法的时间复杂度分析：顺序表上的插入运算有一个循环语句，用来将元素向后移，它是影响整个插入运算时间效率的主要因素。下面分析顺序表上的插入运算的平均移动次数。

下面计算在每个位置上插入元素时需要移动的次数，从而可以计算出总的移动次数与平均移动次数。在长度为 n 的顺序表的第 i 个位置上，插入元素 key，那么元素 $a_i \sim a_{n-1}$ 都要向后移动一个位置，共需要移动的次数为 n−i，i 的取值范围为 0≤i≤n，即允许有这 n+1 个位置可以成功插入元素。那么，所有位置上插入元素所需的总的移动次数为

$$A = \sum_{i=0}^{n} (n-i)$$

设在第 i 个位置上作插入运算的概率为 P_i，在插入位置等概率情况下，有 $P_i = 1/(n+1)$，那么平均移动数据元素的次数为

$$E_{i \times n} = \sum_{i=0}^{n} A \times P_i = \sum_{i=0}^{n} P_i (n-i) = \frac{1}{n+1} \sum_{i=0}^{n} (n-i) = \frac{n}{2}$$

结果说明在顺序表上作插入运算需要移动表中一半的数据元素。因此，顺序表上的插入运算的时间复杂度为 O(n)。

3．删除运算

删除运算的目的是将给定位置的元素从顺序表中删除。

【算法分析】在顺序表中删除元素，需要满足下面两个条件。

● 只有在顺序表不为空的情况下，才能进行删除，即满足条件 last>−1。

● 删除位置 i 不能超出顺序表的有效范围，即删除位置 i 须满足条件 0≤i≤last。

当满足上面两个条件后，可以在位置 i 上删除元素。在完成删除元素的操作后，顺序表的前后变化如图 2-6 和图 2-7 所示。

图 2-6　删除元素前的顺序表

图 2-7　删除元素后的顺序表

这里需要注意，因为顺序表自身数据元素连续存储的特点，删除指定位置的元素后，其后续元素需要向前移动。具体删除元素的步骤如下。

1）将 $a_{i+1} \sim a_{n-1}$ 顺序向前移动。

2）修改 last 的值。

这里需要注意，删除元素后，确保顺序表是连续的；在依次移动元素的顺序时，首先移动的是第 i+1 个位置的元素，最后移动的是最后一个位置 last 上的元素。

顺序表上删除运算的算法表示为"int DeleteSeqList(SeqList *list,int i)"。

顺序表中删除运算的算法实现及参数说明如下。

算法 2-3　顺序表中按位置删除运算的算法

int DeleteSeqList(SeqList *list,int i) {

```
        int j;
        /*判断删除位置正确性*/
         if(list->last==-1){
             cout<<"顺序表为空，无法删除！"<<endl;
             return -1;
        }
         if(i<0||i>list->last) {
             cout << "删除位置错误！" << endl;
             return -1;
        }
        /*数据元素向前移动*/
        for(j = i+1; j <= list->last; j++)
             list->data[j-1] = list->data[j];
        /*更新指向最后一个元素的位置值 last*/
        list->last--;
        return 1;
    }
```

- list：表示待删除元素所在的顺序表。
- i：指定删除元素的位置。

删除运算的算法的时间复杂度分析：顺序表上的删除运算有一个循环语句，用来进行数据前移，它是影响整个删除运算时间效率的主要因素。下面分析顺序表上删除运算的平均移动次数。

首先计算在每个删除位置上移动元素的次数。在长度为 n 的顺序表的第 i 个位置上删除一个元素，$a_{i+1} \sim a_{n-1}$ 都要向前移动一个位置，共需要移动的次数为 n-i-1，i 的取值范围为 $0 \leq i \leq n-1$，即有 n 个位置可以删除元素，那么所有位置上删除元素所需的总的移动次数为

$$A = \sum_{i=0}^{n-1} (n-i-1)$$

设在第 i 个位置上作删除运算的概率为 P_i，在删除位置等概率情况下，有 $P_i = 1/n$，那么平均移动数据元素的次数为

$$E_{i \times n} = \sum_{i=0}^{n-1} A \times P_i = \sum_{i=0}^{n-1}(n-i-1)P_i = \frac{1}{n}\sum_{i=0}^{n-1}(n-i-1) = \frac{n-1}{2}$$

在顺序表删除运算的算法中，数据元素平均移动的次数为(n-1)/2，也就是说，在长度为 n 的顺序表中，删除运算需要移动表中将近一半的数据元素。因此，删除运算算法的时间复杂度为 O(n)。

4. 查找运算

查找运算的目的是按照一定的扫描次序，查找顺序表中是否有指定的数据元素 key。

【算法分析】首先，在表不为空的情况下，可以按照从头到尾的次序遍历顺序表，如图 2-8 所示。在遍历过程中，将待查找的数据元素 key 与顺序表中的元素逐个比对，以确定是否存在元素 key。

	0	1	⋯	i-1	i	i+1	⋯	n-1	n	⋯	MAXSIZE-1
data	a_0	a_1	⋯	a_{i-1}	key	a_{i+1}	⋯	a_{n-1}		⋯	

图 2-8　顺序表的查找

查找运算的基本步骤如下。

1）以 $a_0 \sim a_{n-1}$ 顺序遍历顺序表。

2）在遍历过程中，完成与数据元素 key 的比较操作。

顺序表中的查找过程实际是遍历顺序表和比较元素的过程，如果元素存在，那么不需要遍历完整个顺序表，就可以确定元素 key 的位置；反之，则需要遍历完整个顺序表。

顺序表上查找运算的算法表示为"int LocateSeqList(SeqList *list,int key)"。查找成功，返回元素位置，否则返回 0。顺序表中查找运算的算法实现及参数说明如下。

算法 2-4　顺序表中查找指定元素的算法

```
int LocateSeqList(SeqList *list,int key){
        int i;
        for(i = 0; i<=list->last; i++)
                if(list->data[i]==key)
                        return i;
        return 0;
}
```

- list：表示要查找的顺序表。
- key：表示要查找的数据元素。

查找运算算法的时间复杂度分析：在长度为 n 的顺序表中进行查找，主要操作是查找和比较。显然，比较的次数与 key 在顺序表中的位置有关，也与表长有关。当 a_0=key 时，比较一次成功。当 a_{n-1}=key 时，比较 n 次成功。在长度为 n 的顺序表中，如果元素 key 在第 i 个位置上，则需要比较 i+1 次，i 的取值范围为 0≤i≤n-1。那么，所有位置上查找元素所需的总的比较次数为

$$A = \sum_{i=0}^{n-1}(i+1)$$

在位置 i 上查找元素的概率为 P_i，在查找位置等概率情况下，有 $P_i = 1/n$，那么平均比较元素的次数为

$$E_{i \times n} = \sum_{i=0}^{n-1} A \times P_i = \sum_{i=0}^{n-1}(i+1)P_i = \frac{1}{n}\sum_{i=0}^{n-1}(i+1) = \frac{n+1}{2}$$

查找运算的平均比较次数为(n+1)/2，时间复杂度为 O(n)。顺序表中元素的查找是按值进行查找，而不是按位置进行查找，因为顺序表具有随机定位的特点，可以通过位置 i 直接定位元素 data[i]，所以不需要设计按位置进行查找算法。

2.2.2　线性表的链式存储结构及其上基本算法实现

在使用顺序存储结构时，需要预先设定目标群体的个数，开辟足够大的存储空间，且这个空间一旦申请完成，容量在后续是不会再变化的。然而，在实际情况下，目标容量是无法准确确定的，因此总是要把数组的容量设置得足够大，这样就浪费了一定的存储空间。

2-11
链式存储结构
的基本原理

另外，在对数组进行插入和删除操作的时候，往往需要进行批量数据的移动，这增加了算法实现的时间开销。

链表是数据结构中比较基础，也是比较重要和常见的存储结构类型。相较于顺序存储结

构，它有什么优势呢？为什么还需要链表来存储线性表中的元素呢？或者可以这样问，设计链表这种数据结构的初衷是什么？下面先来看两个例子。

【例 2-5】 关于 Word 的示例。

Word 的设计目标是要比以往任何同类软件具有更强大的功能。作为通用软件，为了满足各种不同用户的需求，文档需要初始化多大的空间？解决方法：在最初打开 Word 时，系统先分配一页的空间给用户使用，当用到这一页的最后一个字符时，若用户还需要新的一页，则再从内存申请新的一页给用户使用。

【例 2-6】 手机无线接入问题。

手机上网是通过在手机和无线接入点（Access Point，AP）之间进行交互而实现的，其中身份认证比较耗时，而手机用户经常处于移动状态，为了确保通信的及时性，即不出现通话时断时续或者视频卡顿现象，现在采用的技术是手机用户和无线接入点之间进行预先身份认证，以实现快速切换。预先身份认证的具体方法：当手机用户登录无线接入点（如 AP3）时，不仅完成和 AP3 之间的身份认证，还要完成和周边可能切换的无线接入点之间的身份认证，如 AP1、AP2、AP4、AP5，这些无线接入点的信息都是 AP3 事前侦测到并存储在自己机内的。AP3 将这些无线接入点的信息都传给手机，随着手机用户的移动，其周边无线接入点会动态变化，如离开 AP3 并到达 AP5 附近，这样手机中的无线接入点的个数也会不断发生变化。由于无线接入点的个数是事先无法预计的，因此手机客户端会根据当前无线接入点的多少来动态创建结点以存储无线接入点信息。其中无线接入点以链表作为存储结构，切换过程涉及链表结点的遍历操作，手机离开相应无线接入点若干时间后，如果不再使用此结点，则进行链表结点的删除操作。

从以上两个例子可以看出，Word 用户事先不知道具体需要申请多少页的存储空间，手机用户事先也不知道具体有多少无线接入点，页和无线接入点的数量都是动态变化的，即随着时间推移，动态更新页和无线接入点。这导致算法中不能确定要连续申请多少存储空间，使用顺序存储结构显然是不合适的。基于以上原因，可使用链表作为存储结构，避免顺序表静态分配存储空间的弊端。链表具有以下特点。

● 链表可以灵活地扩展文本的长度、需要的空间，动态申请空间的大小，实现按需分配。

● 链表的存储地址不连续，删除或者插入操作的时候不需要循环移位。

链表是通过一组任意的存储单元来存储线性表中的数据元素的，那么数据元素之间的线性关系如何表示呢？为了建立数据元素之间的线性关系，对于每个数据元素 a_i，除存储数据元素自身的信息以外，还需要存储线性关系，这种线性关系的存储是通过存储后继元素 a_{i+1} 所在的存储单元的地址来实现的。这两部分信息构成一个结点。结点的结构如图 2-9 所示，存储数据元素信息的称为数据域（data），存储其后继地址的称为指针域（next）。这样 n 个数据元素的线性表通过每个结点的指针域拉成了一条"链子"，称之为链表。因为每个结点中只有一个指向后继的指针，所以称为单链表。

2-12
链式存储结构
的实现方法

链表是由一个个结点构成的。图 2-9 所示的结点的定义类型如下。

```
typedef struct Node{
    int data;
    struct Node *next;
} *LinkList;
```

data	next

图 2-9　链表的结点结构

语句"LinkList head"是指通过 LinkList 定义指针变量 head，这个变量里存放地址，也就是说，变量 head 指向一个由该地址所确定的存储空间，而这个存储空间必须是系统分配的有效空间。目前，head 变量没有存放任何系统分配的有效地址，所以不指向内存中的任何存储空间。

图 2-10 是线性表 $L=\{a_0,a_1,a_2,a_3,a_4\}$ 中五个结点对应的链式存储结构示意图。在这个链表中，首先访问第一个结点，即 a_0 所在的结点，通过第一个结点中的值 200，就可以到地址为200 的存储空间中找到它的后继结点 a_1，这样可以依次访问后续的所有结点。

图 2-10　链表的结点结构

这里必须首先确定第一个结点的地址，可以将第一个结点的地址 700 存放在一个指针变量head 中。另外，最后一个结点没有后继结点，其指针域必须置空，表明该结点是链表的最后一个结点。这样就可以从第一个结点的地址开始“顺藤摸瓜”，找到链表中的所有结点，也就可以访问其相应的元素。

链表作为线性表的一种存储结构，一般关注的是结点间的逻辑结构，而对每个结点的实际地址并不关注，所以通常用图 2-11 的形式而不用图 2-10 的形式表示单链表。

图 2-11　一般链表结构

需要进一步指出的是，上面定义的 Node 是结点的类型，LinkList 是指向 Node 类型结点的指针。为了增强程序的可读性，通常将表示一个链表的头指针说明为 LinkList 类型的变量，如LinkList head。当 head 有定义时，值要么为 NULL，表示一个空表；要么为第一个结点的地址，即链表的头指针，指向链表的第一个结点。在使用指针访问它指向的结点时，必须先定义指针变量，然后申请存储空间给指针变量，以进行元素的存取。在 C++语言中，使用 new 运算符申请存储空间，使用 delete 运算符释放存储空间。例如，下面的语句是错误的，但在语法方面是没有错误的。错误原因是指针变量 p 和 q 没有指向任何有效的存储空间，所以无法访问。

```
LinkList *p,*q;
p=q; /*不能使用未指向任何存储空间的指针*/
```

下面关于指针的访问也是错误的，其错误原因是指针所指向的地址空间必须是系统分配的，而不能由用户指定。

```
LinkList *p,*q;
p=9640; /*用户不能任意指定地址*/
q=p;
```

下面举例说明指针变量的定义与访问。

【例 2-7】　给定线性表 $L=\{20,10,40\}$，采用链式存储结构进行存储，下面是具体代码实现。

算法 2-5　三个结点链表的建立

2-13
三个结点的
链表实现

```
LinkList *head,*p,*q,*s;
/*给 p 指针申请一个存储空间，并设置元素值*/
```

```
p=new Node;
p->data=20;
/*给 q 指针申请一个存储空间，并设置元素值*/
q=new Node;
q->data=10;
/*给 s 指针申请一个存储空间，并设置元素值*/
s=new Node;
s->data=40;
/*将 q 设置为 p 的后继结点*/
p->next=q;
/*将 s 设置为 q 的后继结点*/
q->next=s;
/*最后一个结点没有后继结点，指针域设置为 NULL*/
s->next=NULL;
/*head 指向第一个结点*/
head=p;
```

2-14
链表中结点间
前驱或后继关
系的操作实现

由上述代码建立的链表如图 2-12 所示。

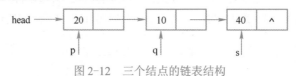

图 2-12   三个结点的链表结构

在上述代码中，首先用 LinkList 定义了指针变量 p，然后通过 new 运算符完成了申请一个 Node 类型的存储单元的操作，并将这个存储单元的地址存放在变量 p 中，也就是说，变量 p 的值代表计算机内某个存储单元的地址，p 指向这个存储空间。至于分配哪个存储单元，由计算机系统指定。p 指向的这个存储单元中可以存储两个值，一个是 data 表示的值，就是线性表中元素的值；另一个是 next 的值，这个值代表另一个存储单元的地址。在该例中，p 的指针域的值就是 10 所在结点的存储单元的地址。

这里需要注意，p 的类型是 LinkList，以*p 的格式也可以引用空间的具体值，即可以使用格式 "(*p).data" 或 "p->data" 来引用数据域的值。而指针域可以使用 "(*p).next" 或 "p->next" 来引用。delete(p)则可用来释放 p 所指结点的存储空间。

为便于实现链表中结点运算的统一性，一般在单链表的第一个结点前附设一个结点，这个结点称为头结点。头结点的数据域可以不存储任何信息，也可以存储线性表的长度等附加信息。指向头结点的指针称为头指针，如图 2-13 所示。

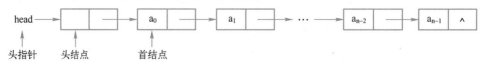

图 2-13   带有头指针的链表

下面是关于头指针和头结点的作用与特点的说明。

● 头指针是指链表指向第一个结点的指针，若链表有头结点，则是指向头结点的指针；头结点是为了操作的统一和方便而设立的，放在第一个元素的结点之前，其数据源一般无意义。

● 头指针具有标识作用，所以常用头指针作为链表的名字；头结点具有简化链表上算法实现的作用，对于在第一个元素结点前插入结点或删除结点，其操作与其他结点的操作就统一了。

● 无论链表是否为空，头指针均为不空，头指针是链表的必要元素；头结点不是链表的必
要元素，加入头结点是为了便于链表操作。

总之，在单链表上引入头结点之后，无论单链表是否为空，头指针始终指向头结点，因此
空表和非空表的处理就统一起来了，方便了单链表的操作，不需要对空表进行特殊处理，也减
少了程序的复杂性。

下面介绍链式存储结构下的线性表的算法实现。

1. 建立单链表

链表是一种动态管理的存储结构，链表中所有结点并不是一次性生成的，另外，存储空间
也不是预先一次性分配好的，而是运行时依据程序的需求，动态申请需要的结点存储空间。在
高级程序设计语言中，一般一次只申请一个结点的存储空间。因此，建立单链表，从空表开
始，每读入一个数据元素，就申请一个存储单元，生成一个结点，并将该结点链接到要创建的
链表中。依据结点在链表中链接位置的不同，主要有首部插入结点建立链表和尾部插入结点建立链表两种方式。

2-15
链表中结点删除或插入的操作实现

（1）在链表的首部插入结点以建立链表

首部插入结点建立链表是以将新来的结点都链接到链表首部的方
式来建立链表，新结点链接到链表后，就成为链表的首结点。图 2-14 所示是对线性表
L={a_0,a_1,a_2,a_3,a_4}采用链式存储结构建立链表的过程，因为是在链表的首部插入结点，所以读入
数据的顺序和线性表中数据元素的逻辑顺序是相反的，首先读入的元素是 a_4，最后读入的元素
是 a_0。

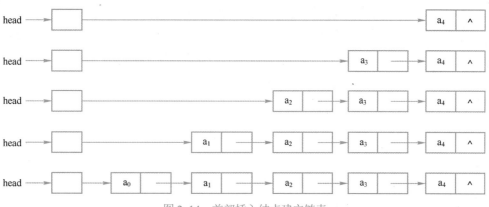

图 2-14　首部插入结点建立链表

首部插入结点建立链表的算法表示为"void CreateLinkListFirst (LinkList head,int arr[],int
length)"。

首部插入结点建立链表的算法实现及参数说明如下。

算法 2-6　首部插入结点建立链表的算法

```
void CreateLinkListFirst(LinkList head,int arr[],int length){
    LinkList p,s;
    s = head;
    /*循环读入元素，建立链表*/
    for(int i = 0; i<length; i++){
```

```
        p = new Node;              /*生成一个结点*/
        p->data = arr[i];          /*设置结点的数据域值*/
        p->next = s->next;         /*设置新结点的后继结点*/
        s->next = p;               /*设置新结点前驱结点，这里的前驱结点就是头结点*/
    }
}
```

- head：要创建链表的头指针。
- arr：数组中存储创建链表所需的数据元素。
- length：创建链表的长度。

该算法的主要操作是循环创建结点，并将结点插入链表，算法的时间复杂度为 $O(n)$。

（2）在链表的尾部插入结点以建立链表

首部插入法建立链表较简单，从链表的首部直接插入新结点即可，不需要额外检索要插入的位置。但读入数据元素的顺序与生成链表中元素的顺序是相反的。若希望次序一致，则用尾部插入结点的方式来建立链表。尾部插入结点建立链表是以将新来的结点都链接到链表尾部的方式来建立链表，新结点链接到链表后，就成为链表的最后一个结点，即尾结点。图 2-15 所示是对线性表 $L=\{a_0,a_1,a_2,a_3,a_4\}$ 采用尾部插入结点方式建立链表的过程，读入数据的顺序和线性表中数据元素的逻辑顺序是一致的，首先读入的元素是 a_0，最后读入的元素是 a_4。从图 2-15 中可以看出，尾部插入结点建立链表主要涉及针对尾结点与新结点关系的操作，而不涉及链表中的其他结点。所以，有必要在链表中增加一个指针 rear，用来指向链表中的尾结点，以便能够将新结点插入链表的尾部。

初始状态下，链表为空，头指针和尾指针都指向头结点，有"rear=head"和"head->next=NULL"。按线性表中元素的顺序依次读入数据元素，每读入一个元素，就生成一个新结点，然后将新结点插入到 rear 所指结点的后面，这样新结点就变为链表的尾结点了。这时一定要更新 rear 指针，使得 rear 指针指向新插入的结点，这样确保 rear 指针在插入的新结点后，还是指向链表的尾结点。当插入一个新结点 p 时，可执行语句"rear->next = p"和"rear = p"来实现结点的插入。

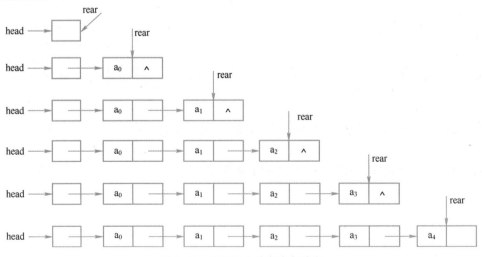

图 2-15 尾部插入结点建立链表

在链表尾部插入结点以建立链表的算法表示为"void CreateLinkListLast(LinkList head,int arr[],int length)"。

尾部插入结点建立链表的算法实现及参数说明如下。

算法 2-7　尾部插入结点建立链表的算法

```
void CreateLinkListLast(LinkList head,int arr[],int length){
    LinkList p,rear;
    rear = head;
    for(int i = 0; i<length; i++){
        p = new Node;
        p->data = arr[i];
        rear->next = p;
        rear = p;
    }
    rear->next = NULL;
}
```

● head：要创建链表的头指针。

● arr：数组中存储创建链表所需的数据元素。

● length：创建链表的长度。

在上面的算法中，如果链表中不设置指针，那么第一个结点的处理和其他结点是不同的，原因是第一个结点加入前，链表为空表，它没有直接前驱结点，它的地址就是整个链表的指针，需要放在链表的首指针变量中；而其他结点有直接前驱结点，其地址放入直接前驱结点的指针域中，在进行插入操作时，其他结点的处理方式与第一个结点是不一样的。第一个结点的问题在很多操作中都会遇到，如在链表中插入结点时，将结点插入第一个位置和插入其他位置是不同的；在链表中删除结点时，删除第一个结点的处理操作和其他结点也是不同的。这就是要在链表的首部加入一个头结点的原因。在加入头结点后，在链表上进行插入、删除等运算时，所有结点的处理方式是一样的。头结点的加入，避免了对第一个结点进行插入或删除等操作时进行的特定判断，也使得空表和非空表的处理统一起来，而不需要进行额外的判断。该算法的时间复杂度为 O(n)。

2. 求链表的长度

求链表长度的运算比较简单，主要涉及的操作就是从头到尾遍历链表，并将遍历的结点进行计数，要求链表本身的长度不变。

算法思路是：设定两个变量，一个移动指针参数 p 和一个计数器整型参数 j。指针 p 用来依次指向链表中的各个结点。指针 p 每向后移动一个结点，计数器 j 就加 1，配合指针 p 的移动来完成计数，如图 2-16 所示。初始化时，p 指向头结点，计数器为 0。

图 2-16　求链表的长度

求链表长度的算法表示为"int LengthLinkList (LinkList head)"。

该算法返回链表的长度，如果是空表，则返回 0。求链表长度的算法实现如下。

算法 2-8　求链表长度的算法

```
int LengthLinkList(LinkList head){
    Node   * p=head;         /*p 指向头结点*/
    int    j=0;              /*初始化计数器值为 0*/
    while (p->next){         /*链表不为空*/
        j++;                /*p 所指的是第 j 个结点*/
        p=p->next;          /*p 指向下一个结点，向后移动*/
    }
    return   j;
}
```

该算法的主要操作是循环遍历链表，时间复杂度为 O(n)。

3. 查找结点

链表上的查找算法就是按照指定条件查找链表中的结点。链表上的查找算法是非常重要的操作，它是链表上其他算法（如插入、删除算法）的基础。在链表上查找数据元素时，给定的查找条件不同，查找方法也不同，但是主要涉及的操作就是遍历链表。下面介绍三种查找方法。

（1）按序号查找

按序号查找就是在链表上查找指定的第 i 个位置的结点。其算法与求链表长度比较类似，主要操作也是遍历链表，不同的是，不用把链表从头遍历到尾，遍历到链表的第 i 个位置即可，只是额外增加了遍历的判断条件，如图 2-17 所示。具体算法思路不再详述，可以参考求链表长度的算法。

图 2-17　查找第 i 个结点

在链表上，按序号查找的算法表示为 "Node *LocateLinkListIndex(LinkList head,int i)"。

按序号查找表示在链表 head 上查找第 i 个位置上的结点，算法返回第 i 个位置上结点的指针，如果第 i 个位置不存在，则返回 NULL。链表中按序号查找的算法实现及参数说明如下。

算法 2-9　链表中按序号查找的算法

```
Node * LocateLinkListIndex(LinkList head,int i) {
    /*在单链表 L 中查找第 i 个元素结点，找到后返回其指针，否则返回空*/
    Node * p = head;        /*p 指向头结点*/
    int   j = 0;
    /*增加判断条件，当 j==i 的时候，退出循环*/
    while (p->next != NULL && j < i ) {
        j++;                /*p 所指的是第 j 个结点*/
        p = p->next;        /*p 指向下一个结点，向后移动*/
    }
    if (j == i)             /*结点查找成功*/
        return p;
```

```
        else                       /*未查找到指定结点*/
                return NULL;
        return NULL;
    }
```

- head：给定链表的头指针。
- i：要查找元素的位置序号。

在上面的算法中，核心代码是一个循环语句，退出循环的条件有两种情况。一种情况是遍历到链表的尾部，还没有查找到指定的第 i 个结点，这时有"p->next==NULL"，退出循环。例如，链表的长度为 10，而要在链表中查找第 11 个结点，这个结点是不存在的。另一种情况是查找到第 i 个结点，退出循环，这时有"j==i"。所以，需要在循环结束后判断是由哪一种情况退出循环的。该算法的时间复杂度为 O(n)。

（2）按值查找

按值查找就是在链表上查找值为 key 的结点是否存在。按值查找算法与链表上按序号查找算法类似，只是判断的条件变为对值的比较，而不是计数。具体算法思路这里不再详述。

在链表上按值查找的算法表示为"Node * LocateLinkListValue(LinkList head,int key)"。

按值查找算法返回链表中值为 key 的结点，如果没有值为 key 的结点，则返回 NULL。链表中按值查找的算法实现及参数说明如下。

算法 2-10　链表中按值查找的算法

```
    Node *LocateLinkListValue( LinkList head,int key){
        /*在单链表 L 中查找值为 key 的结点，找到后返回其指针，否则返回 NULL*/
        Node * p=head->next;
        /*增加判断条件，当 p->data==key 的时候，退出循环*/
        while ( p!=NULL && p->data != key)
            p=p->next;   /*p 指向下一个结点，向后移动*/
        return p;
    }
```

- head：给定链表的头指针。
- key：要查找元素的值。

该算法主要涉及遍历链表操作，时间复杂度为 O(n)。

（3）查找给定值的前驱结点

在链表中进行插入与删除运算时，不但涉及要插入或删除的结点，而且涉及其前驱结点。在链表中查找指定结点的前驱结点，算法与上面介绍的两类查找算法类似，只是判断的条件有所改变，增加了判断结点前驱的条件。

具体算法思路如下，设置两个指针变量 s 和 p，其中 s 为 p 的前驱结点，即"s->next==p"。在遍历过程中，两个指针变量都向后移动，当"p->data==key"时，这时 s 就是要查找的前驱结点。

在链表上查找给定值的前驱结点的算法表示为"Node *LocateLinkListPrior(LinkList head, int key)"。

查找给定值的前驱结点的算法的返回值为 key 的结点的前驱结点。查找给定值的前驱结点的算法实现及参数说明如下。

算法 2-11　链表中查找给定值的前驱结点的算法

```
Node *LocateLinkListPrior( LinkList head,int key){
    Node * p=head->next;
    Node *s;
    s=p;
    /*遍历链表*/
    while (p!=NULL && p->data != key){
        s=p;
        p=p->next;   /*p 指向下一个结点，s 为 p 的前驱结点*/
    }
    return s;
}
```

- head：给定链表的头指针。
- key：待查找结点的后继结点的值。

该算法主要涉及遍历链表操作，时间复杂度为 O(n)。

4．插入运算

插入运算的目的是将给定的结点按照条件插入链表中指定的位置。由于插入条件不同，因此插入结点的运算一般有以下三种情况。

（1）在指定结点的后面插入结点

设 p 指向单链表中某个结点，s 是待插入的值为 key 的新结点，将结点 s 插入到结点 p 的后面，如图 2-18 所示。

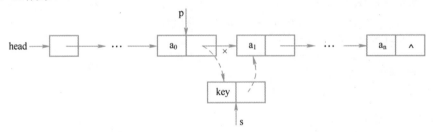

图 2-18　在结点 p 的后面插入结点 s

在结点 p 的后面插入结点 s 的语句如下。

```
s->next=p->next;
p->next=s;
```

这里主要涉及两个结点 p 和 s 的操作，这两个结点都是事先给定的，操作比较简单，不需要遍历链表。这里需要注意的是，两个指针的指向操作顺序不能交换，否则不能正确插入结点。

（2）在指定结点的前面插入结点

对于链表中给定的结点 p，将新结点 s 插入结点 p 的前面，新结点 s 变为结点 p 的前驱结点，如图 2-19 所示。可以通过下列两种方法实现。

第一种方法是首先找到结点 p 的前驱结点 q，然后将结点 s 插入到结点 p 之前。查找前驱结点的算法在前面已经介绍过了，这里不再详述。该方法的基本步骤如下。

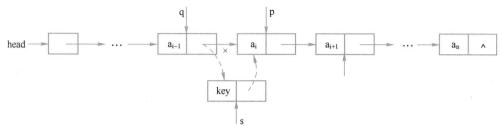

图 2-19　在结点 p 的前面插入结点 s

1）查找结点 p 的前驱结点；若存在，则继续步骤 2），否则结束。

2）申请、添加新结点 s。

3）将新结点 s 插入链表，该方法结束。

在指定结点的前面插入结点的算法表示为 "int InsertLinkListPrior (LinkList head,Node *p, int key)"。

在指定结点 p 的前面插入结点 s 的算法实现及参数说明如下。

算法 2-12　链表中在指定结点 p 的前面插入结点 s 的算法

```
int InsertLinkListPrior(LinkList head,Node *p,int key) {
    Node *q = LocateLinkList（head,p->data);/*查找 p 的前驱结点*/
    Node *s;
    s = new Node;
    s->data = key;
    s->next = p;
    q->next = s;
}
```

● head：表示指定链表的头指针。

● p：待插入结点的后继结点。

● key：待插入结点的数据值。

该算法的主要操作是查找前驱结点和遍历链表，时间复杂度为 O(n)。

第二种方法是先将结点 s 直接插入到结点 p 之后，然后将 s 和 p 这两个结点的数据交换即可。这样既满足了逻辑关系，又能使时间复杂度为 O(1)。

（3）按照指定位置序号插入结点

按照指定位置序号插入结点就是在链表的第 i 个位置插入一个结点，主要思路还是先查找前驱结点。首先要查找第 i-1 个结点，然后才能将新结点插入到第 i 个位置，基本思路与上面介绍的在指定结点的前面插入结点类似，这里不再详述。按照指定位置插入结点的基本步骤如下。

1）找到第 i-1 个结点；若存在，则继续步骤 2），否则结束。

2）申请、添加新结点 s。

3）将新结点插入链表，算法结束。

按照位置序号插入结点的算法表示为 "int InsertLinkListLoc(LinkList head,int i,int key)"。

如果插入结点成功，则返回 1，否则返回-1。在第 i 个位置插入结点的算法实现及参数说明如下。

算法 2-13　在链表中第 i 个位置插入结点的算法

```
int   InsertLinkListLoc( LinkList head,int i,int key) {
        /*在单链表 L 的第 i 个位置上插入值为 key 的结点*/
        Node * p,*s;
        p = LocateLinkList1(head,i - 1);      /*查找第 i-1 个结点*/
        if (p == NULL) {
            cout << "插入位置有错";
            return 0;                         /*第 i-1 个结点不存在，不能插入*/
        } else {
            s = new Node;                     /*生成一个结点*/
            s->data = key;
            s->next = p->next;                /*新结点插入到第 i-1 个结点的后面*/
            p->next = s;
            return 1;
        }
    }
```

- head：表示指定链表的头指针。
- i：给定的插入位置序号。
- key：待插入结点的数据值。

2-19
删除链表中第 i
个结点的算法
实现

在第 i 个位置插入结点的算法的时间复杂度为 O(n)。

5．删除运算

删除运算的目的是删除某个指定的结点 p，或者是删除指定位置 i 上的结点。也就是说，可以按指定位置条件来删除结点，也可以直接删除指定的结点。下面分别介绍链表上的两种删除算法。

（1）删除指定结点

在给定的链表上删除指定结点 p，主要操作示意图如图 2-20 所示。为了保证在删除结点 p 后，链表还是完整的，需要调整链表，就是要将 p 的前驱结点与 p 的后继结点链接起来。其中，涉及的主要操作是首先查找结点 p 的前驱结点 q，完成指针的操作，然后删除结点 p。删除指定结点的基本步骤如下。

1）查找到结点 p 的前驱结点 q。

2）调整链表：q->next=p->next。

3）删除结点 p：delete(p)。

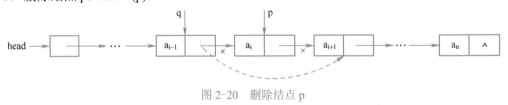

图 2-20　删除结点 p

在链表上删除指定结点的算法表示为 "int DeleteLinkListValue(LinkList head,int key)"。

如果在链表上删除结点成功，则返回 1，否则返回-1。在链表上删除结点的算法实现及参数说明如下。

算法 2-14　在链表中删除指定结点的算法

```
int DeleteLinkListValue(LinkList head,int key) {
    LinkList p,s,q;
    q = LocateLinkList3(head,key);        /*查找 p 的前驱结点*/
    if (q->next == NULL) {
        cout << "前驱结点不存在";
        return -1;
    }
    else {
        p = q->next;
        s = p;                            /*s 指向 p 结点*/
        q->next = s->next;                /*从链表中删除*/
        delete(s);                        /*释放结点 s*/
        return 1;
    }
}
```

- head：指定的链表。
- key：待删除结点的数据值。

该算法的主要操作是查找前驱结点，时间复杂度为 O(n)。

（2）按位置删除结点

在链表上删除指定的第 i 个位置上的结点，涉及的主要操作也是查找前驱结点，这与直接删除指定的结点类似，这里不再详述。按位置删除结点的基本步骤如下。

1）查找到第 i-1 个结点 p，若存在，则继续步骤 2），否则结束。

2）若 p 的后继结点存在，则将要删除的结点暂时保存在指针 s 中，即有 s=p->next。调整链表：p->next=s->next。

3）删除结点 s：delete(s)，算法结束。

在链表上删除指定位置结点的算法表示为 "int DeleteLinkListIndex(LinkList head,int i)"。

在链表上删除第 i 个位置上的结点，若删除成功，则返回 1，否则返回-1。在链表上删除第 i 个位置上结点的算法实现及参数说明如下。

算法 2-15　在链表中删除第 i 个位置结点的算法

```
int DeleteLinkListIndex(LinkList head,int i) {
    LinkList   p, s;
    p = LocateLinkList1(head,i - 1); /*查找第 i-1 个结点*/
    if (p == NULL) {
        cout << "第 i-1 个结点不存在";
        return -1;
    } else if (p->next == NULL) {
        cout << "第 i 个结点不存在";
        return 0;
    } else {
        s = p->next;                 /*s 指向第 i 个结点*/
        p->next = s->next;           /*从链表中删除*/
        delete(s);                   /*释放*s*/
```

```
            return 1;
        }
    }
```

- head：指定的链表。
- i：待删除结点的位置序号。

该算法的主要操作是查找前驱结点，时间复杂度为 O(n)。通过上面关于链表上基本操作算法的实现，可以得知链表上的算法有以下特点。

- 在单链表上插入、删除一个结点时，必须知道其前驱结点。
- 在单链表上插入、删除结点时，不需要进行批量数据元素的移动，时间效率较高。
- 单链表不具有按序号随机访问的特点，只能从头指针开始一个个地进行顺序访问。

2.3　案例分析与实现

1.　奇数和偶数的划分

一个长度为 n 的线性表中的数据元素由奇数和偶数构成，要求编写一个算法，将线性表中的元素重新划分为两部分，前半部分为奇数，后半部分为偶数。例如，有线性表 L={2,31,40,16,13,21,18,33,56,77,66,27,35,44}，其划分前后的变化如下。

划分前：12,31,40,16,13,21,18,33,56,77,66,27,35,44

划分后：31,13,21,33,77,27,35,44,66,56,18,16,40,12

划分后的结果保证其前半部分都为奇数，后半部分都为偶数。而对奇数内部或偶数内部的具体位置次序不作要求。

【算法分析】这类划分可以有多种划分方法，其算法效率也不尽相同。下面采用顺序存储结构，通过对顺序表进行遍历、对数据元素进行比较与移动的方式来实现奇数和偶数的划分。其算法的基本思想为遍历该顺序表，在遇到偶数时，首先将该偶数暂存在一个临时变量里，然后将该偶数后面未遍历的所有元素都向前移动一个位置，这样顺序表中就会有一个位置变为空闲位置，最后将该偶数插入到该空闲位置。相应地，这个偶数的位置就确定下来了，再经过多次移动和插入操作，即可完成奇数与偶数的划分。各趟移动和插入过程如图 2-21 所示。这里需要注意的是，前面已经插入的偶数是不需要向前移动的，这样可以减少移动次数，提高算法时间效率。

下面是奇数与偶数划分算法的步骤描述。

1）初始化顺序表 list，设置变量 k，表示偶数插入的位置，初始值 k=n-1。

2）遍历该顺序表，如果元素 list.data[i]%2==0，则将该元素存入临时变量 key=list.data[i]，并转入步骤3）。

```
for(i=0;i<k;i++)
    if(list.data[i]%2==0){
        key= list.data[i];
    }
```

3）向前移动元素，移动位置从 i+1～k。

```
for(j=i+1;i<=k;j++)
    list.data[j-1]=list.data[j];
```

初始序列:	12	31	40	16	13	21	18	33	56	77	66	27	35	44
第一趟:	31	40	16	13	21	18	33	56	77	66	27	35	44	12
第二趟:	31	16	13	21	18	33	56	77	66	27	35	44	**40**	**12**
第三趟:	31	13	21	18	33	56	77	66	27	35	44	**16**	**40**	**12**
第四趟:	31	13	21	33	56	77	66	27	35	44	**18**	**16**	**40**	**12**
第五趟:	31	13	21	33	77	66	27	35	44	**56**	**18**	**16**	**40**	**12**
第六趟:	31	13	21	33	77	27	35	44	**66**	**56**	**18**	**16**	**40**	**12**
第七趟:	31	13	21	33	77	27	35	**44**	**66**	**56**	**18**	**16**	**40**	**12**

图 2-21　奇数与偶数的划分

4）将该偶数元素插入位置 k，即 list->data[k]=key，同时更新 k=k-1，然后转到步骤 2）继续遍历顺序表。

奇数与偶数的划分算法实现如下。

算法 2-16　奇数与偶数的划分算法

```
void part(SeqList   *list) {
    int key, k = list→last;
    for(i = 0; i < k; i++) {              /*遍历顺序表*/
        if(list->data[i] % 2 == 0) {      /*找到一个偶数*/
            key = list.data[i];
            for(j = i + 1; i <= k; j++)   /*向前移动数据元素*/
                list.data[j - 1] = list.data[j];
            list->data[k] = key;          /*将查找到的偶数置于偶数序列的首部*/
            k = k - 1;                    /*更新要扫描顺序表的范围*/
        }
    }
}
```

在奇数和偶数的划分算法中，有两重循环，外循环执行 n 次，内循环中移动元素的次数与奇数和偶数的分布有关，当第 i 个元素为偶数时，要移动它后面的 n-i 个元素，再加上当前结点的保存与置入，所以移动 n-i+2 次。在最坏情况下，当所有元素都为偶数时，总的移动次数为

$$\sum_{i=1}^{n-1}(n-i+2) =(n-1)(n+4)/2$$

即最坏情况下，奇数与偶数划分的时间复杂度为 $O(n^2)$。这个算法简单但效率较低，在第 9 章的排序算法中，将介绍另一种划分方法——快速排序算法，它的时间复杂度为 $O(n)$。

2. 合并有序顺序表

有两个有序顺序表 A 和 B，其表中数据元素升序排列，要求编写一个算法，将它们合并成一个有序顺序表 C，确保 C 表中的元素也是升序排列。两个有序顺序表 A 和 B 的数据元素如下。

$$A=\{12,23,43,57,57,68\}$$

$$B=\{14,18,27,36,47,56,59,66,72,80,85,90,98\}$$

那么，合并后的有序顺序表为

$$C=\{12,14,18,23,27,36,43,47,56,57,57,59,66,68,72,80,85,90,98\}$$

【算法分析】两个有序顺序表合并的基本操作就是对 A 表和 B 表同步进行遍历，在遍历中进行数据元素大小的比较，将较小的元素依次插入到 C 表的尾部，一直遍历到其中一个有序顺序表遍历完毕，然后将未遍历完的那个有序顺序表中余下部分元素依次插入到 C 表为止。C 表要能够容纳 A、B 两个有序顺序表中数据元素的总量，也就是 C 表的长度为 A 和 B 两个表长度的和。合并有序顺序表的算法实现如下。

算法 2-17　有序顺序表合并算法

```
void merge(SeqList listA, SeqList listB, SeqList *listC) {
    int   i, j, k;
    i = 0;
    j = 0;
    k = 0;
    while ( i <= listA.last && j <= listB.last ) /*遍历两个有序顺序表*/
        /*比较两表的元素大小，将较小元素插入到新表 listC*/
        if (listA.date[i] < listB.date[j])
            listC->data[k++] = listA.data[i++];
        else
            listC->data[k++] = listB.data[j++];
    while (i <= listA.last ) /*将未遍历完的那个表中的元素全部插入到新表 listC 中*/
        listC->data[k++] = listA.data[i++];
    while (j <= listB.last )
        listC->data[k++] = listB.data[j++];
    listC->last = k - 1; /*修改新表的长度*/
}
```

该算法的时间复杂度为 $O(m+n)$，其中 m 是 A 表的表长，n 是 B 表的表长。

3．合并有序链表

设有两个有序的单链表 A、B，长度分别为 m 和 n，其中元素递增有序，要求设计一个算法，将 A、B 两表合并成一个按元素值递增的有序链表 C，另外要求用 A、B 中的原结点形成，不能重新申请结点。

【算法分析】实际上，就是将 A、B 两表的元素"摘取"下来，按照尾部插入的方法新建立一个链表。需要遍历 A、B 两表中的元素 pa、pb，依次比较元素 pa 和 pb 的大小，将当前值较小者"摘"下，插入到 C 表的尾部，得到的 C 表则为有序递增的。如果插入到 C 表的首部，则得到的 C 表为有序递减的。合并有序链表的算法实现如下。

算法 2-18　合并有序链表的算法

```
void MergerList(Node* listA, Node* listB, Node* listC) {
    Node *pa, *pb, *pc; /*pa 指向 listA，pb 指向 listB，pc 指向 listC*/
    pa = listA->next;
    pb = listB->next;
```

```
    listC = listA;
    pc = listC;                    /*pc 指向 listC 头指针*/
    while(pa && pb) {
        if(pa->data <= pb->data) {
            pc->next = pa;
            pc = pa;        /*更新 pc 的指向*/
            pa = pa->next;
        } else {
            pc->next = pb;
            pc = pb;
            pb = pb->next;
        }
    }
    pc->next = pa ? pa : pb;
    delete listB;
}
```

该算法主要是对两表进行遍历，时间复杂度为 O(m+n)。

4. 比较线性表的大小

设有两个线性表 A 和 B，其数据元素如下，其中两个表的长度分别为 7 和 6，试比较这两个线性表的大小。

$$A=\{4,7,6,12,23,7,34\}$$
$$B=\{4,7,6,23,18,46\}$$

对于两个线性表的比较，依据下列方法确定大小：A 和 B 表中除去最大共同前缀后的子表。对于上面所示的 A 和 B 两表，最大共同前缀为 (4,7,6)，则 A'={12,23,7,34}，B'={23,18,46}。在判断两表的大小时，有下列三种情况。

● 若 A'=B'=空表，则 A=B。

● 若 A'=空表且 B'≠空表，则 A<B。

或者二者都不为空表：A'≠空表和 B'≠空表，且 A'首元素小于 B'首元素，则 A<B。

● 除上述情况以外，A>B。

【算法分析】采用顺序存储结构，首先找出 A 表和 B 表的最大共同前缀，然后求出 A'和 B'，然后按判断两表大小的方法进行比较。如果 A>B，则函数返回 1；若 A=B，则返回 0；若 A<B，则返回-1。比较线性表大小的算法实现如下。

算法 2-19 比较线性表大小的算法

```
int Compare(SeqList listA SeqList listB) {
    /*listAS、listBS 分别表示 listA、listB 的子集 */
    int i = 0, j;
SeqList listAS, listBS;
    while (listA.data[i] == listB.data[i])
i++;   /*找出二者的最大共同前缀*/
listAS.last = listA.last - i+1; /*设置子集 listA 的长度*/
listBS.last = listB.last - i+1; /*设置子集 listB 的长度*/
    for (j = i; j <= listA.last; j++) { /*设置子集 listAS 的元素*/
```

```
listAS.data[j − i] = listA.data[j];
    }
    for (j = i; j <= listB.last; j ++) { /*设置子集 listBS 的元素*/
listBS.data[j − i] = listB.data[j];
    }
    if (listAS.last == listBS.last&&listAS.last == 0)
        x=0;
    else if ((listAS.last == 0 &&listBS.last> 0)
            || ((listAS.last> 0 &&listBS.last> 0)
&& (listAS.data[0] <listBS.data[0])))
                x=−1;
        else
            x=1;
```

该算法的主要操作就是对两个表的遍历，所以时间复杂度为 O(m+n)。

5. 链表倒置

已知单链表 head，设计一个算法将它倒置，也就是将原链表中的数据元素倒置，倒置后的链表变化如图 2-22 所示。

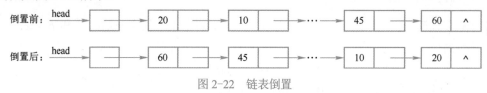

图 2-22　链表倒置

【算法分析】设有两个链表，一个为原链表 head，另一个为新链表 list，新表初始为空表。倒置的过程实际上就是从原表中逐个删除结点，依次将删除的结点插入到新链表 list 的首部，list 表满足最后的元素倒置要求。可以采用首部插入结点方式来建立链表 list。

具体方法为首先遍历原链表，设遍历的结点为 p，将该结点 p 从原链表中删除，将它插入到新链表的首部。整个算法涉及链表的遍历与利用前插法建立链表。链表倒置算法实现如下。

算法 2-20　链表倒置的算法

```
void Reverse (Node* head){
    Node    *p;
    p=head->next;                /*p 指向第一个数据结点*/
    head->next=NULL;             /*将原链表置为空表 head*/
    while(p){
        list=p;
        p=p->next;
        list->next=head->next;   /*将当前结点插到头结点的后面*/
        head->next=list;
    }
}
```

该算法只需要对链表顺序扫描一遍，即可完成元素倒置，所以时间复杂度为 O(n)。

6. 删除链表中的重复结点

已知单链表 head，设计一个算法，删除其重复结点，即实现图 2-23 所示的操作结果。对于重复的结点，只保留一个。

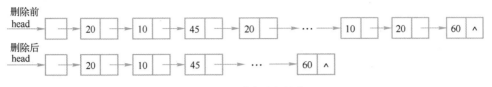

图 2-23 删除重复结点

【算法分析】用指针 p 指向第一个数据元素结点，从它的后继结点开始遍历整个链表，找与其值相同的结点并删除；然后指针 p 指向下一个，再遍历链表，删除与其值相同的所有结点；以此类推，当指针 p 指向最后结点时，算法结束。删除链表中重复结点的算法实现如下。

算法 2-21 删除链表中重复结点的算法

```
void Delete_SameNode(Node* H) {
    Node    *p, *q, *r;
    p = H->next;                /*p 指向第一个结点*/
    if(p == NULL)
        return 0;
    while (p->next) {
        q = p;
        while (q->next) {        /*从*p 的后继开始找重复结点*/
            if (q->next->data == p->data) {
                r = q->next;    /*找到重复结点，用 r 指向该重复结点，删除 r*/
                q->next = r->next;
                delete(r);
            }
            else
                q = q->next;
        } /*while(q->next)*/
        p = p->next;            /*p 指向下一个，继续*/
    }   /*完成删除*/
}
```

在算法中每次删除指定数据元素时，都需要遍历一次链表，所以完成整个算法需要进行两趟循环，该算法的时间复杂度为 $O(n^2)$。

7. 约瑟夫环问题

约瑟夫问题是一个出现在计算机科学和数学中的问题。约瑟夫问题并不难，求解的方法有很多，题目的变化形式也很多。在计算机编程的算法中，类似的问题又称为约瑟夫环问题。约瑟夫环的描述：n-1 个人与约瑟夫围坐在一起，形成一个环，这个环由 n 个人构成，每个人都有编号，按照所在的位置依次编号为 1~n。所有人按照一种报数的规则出环，最后一个出环的人的位置为安全位置，他的编号为安全编号，安全位置的人可以自由选择出环或不出环。这里讨论如何在有 n 个人的约瑟夫环中找出安全位置，下面举例说明其中一种报数方式。

设定约瑟夫环由 41 个人构成，如图 2-24 所示，环内侧的数字表示每个人的编号。这里选定编号为 1 的人并让他从 1 开始报数，他后面的人，即第二个人，报数 2，当报数到 3 时，则该人就出环。然后，由下一个人重新从 1 开始报数，也是按照上面的规则继续报数，报数为 3

的人就出环，直到所有人都出环为止。环外侧的数字就是每个人的出环次序，如第 1 个出环人的位置编号是 3，第 2 个出环人的位置编号是 6，最后一个出环人的位置编号是 31，也就是第 31 号位置是安全位置。

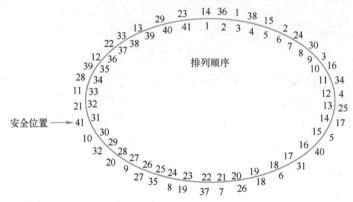

图 2-24　约瑟夫环示例

【算法分析】约瑟夫环问题要求输入为总人数n和报数间隔 m；最后输出为出环的序列号；按照要求，就是循环遍历约瑟夫环，在遍历的过程中进行报数，满足报数条件的人出环。这里采用顺序存储结构，下标即为每个人的编号，顺序表中元素值为每个人出环序号。顺序表的初始值都为 0，表示所有人都在环中；当有人出环后，将其值设置为出环的序号，也就是说该人已经出环。在遍历顺序表的过程中，判断其值，如果是 0，那么才进行报数。具体算法描述如下。

1）初始化。顺序表值都为 data[0~n]=0，环中剩余人的个数 menleft=n，第一个报数人的编号 index=0。

2）从编号为 index 的人开始，以 1 开始依次报数，报数为 m 的人出环，将他在顺序表的值设置为 n-menleft+1，同时更新 menleft--，index 的值设置为出环编号的下一个位置编号。

3）回到步骤 2），在所有人出环后，算法结束。

在算法实现中，可以设置一个顺序表 men 来存储每个人出环的序号，另外，顺序表的下标设置为每个人的编号；顺序表的初始值都为 0，表示都没有出环，如果其值为非零，则该值表示出环的序号。

```
for (int i = 0;i<N;i++)
    men.data[i]=0;
```

同时，需要设置 4 个变量来存储如下信息。

```
int menleft =n;      /*剩下的人数，在该例中，n 设置为总人数41*/
int space=m;         /*报数间隔，在该例中，m 设置为3*/
int count = 0;       /*计数器，每出环 1 个人，就加 1，加到 m 时归零*/
int index = 0;       /*标记从哪里开始报数*/
```

完整的约瑟夫环问题解决算法如下。

算法 2-22　约瑟夫环问题的解决算法

```
Integer Compute(SeqList men,int space){
    menleft= men.last+1;
```

```
        index=0;
        while (menleft > 1) {
            if(men.data[index]==0) {
            /*说明还没有被出环计数器加 1*/
                count++;
            if (count == space) {
                count = 0; /*计数器归零*/
                menleft--;/*未出环的人数-1*/
                men.data[index] = men.last+1-menleft; /*表示此人是第几个出环的*/
            }
        }
            index=（index+1）%(men.last+1);
                /*在当前人数等于总人数时，则又从第一人开始计数*/
        }
    /*经过上面的循环，现在数组中对应的出环的人都标记为 men.data[i]的值，是非 0 值，表示出环的序号*/
    }
```

约瑟夫环问题解决算法直接模拟将 n 个人串成一个环，循环地去遍历该环，直到最后剩下一个结点为止。外循环需要 n 次，内循环需要 m 次，所以时间复杂度是 O(nm)。该算法直观、简单，但是时间复杂度较高，并且在 n 较大时占用较大的内存空间。另外，约瑟夫环问题也可以通过链表结构来解决，从链表中淘汰的元素可以直接删除，不需要重复判断，提高运行效率。

本章小结

本章主要讨论了线性结构中具有代表性的一类结构，即线性表。本章首先介绍了线性表的逻辑结构，主要包括线性表的定义、相关术语和线性表上常用的基本运算操作；接着介绍了线性表的存储结构和相应算法的实现。线性表的存储结构主要有以下两类。

- 顺序存储结构。
- 链式存储结构。

对于每种结构，需要理解下面三点内容。

- 存储结构的特点。
- 存储结构在计算机中的实现方法。
- 算法实现原理。

习题

一、填空题

1. 顺序表是指逻辑上相邻的元素在_____上相邻。
2. 线性表中结点间的关系是_____关系。

3．从顺序表中提取任意位置的元素，不需要从头到尾查找，因为顺序表具有＿＿＿＿特点。

4．线性表的元素总数基本稳定，且很少进行插入和删除操作，但要求以最快速度存取线性表中的元素时，应采用＿＿＿＿存储结构。

5．在顺序表中访问某个数值的元素，其时间复杂度为＿＿＿＿。

6．在长度为 n 的顺序表中，插入一个结点，其平均移动元素的个数为＿＿＿＿。

7．在长度为 n 的顺序表中，删除结点的时间复杂度为＿＿＿＿。

8．如果线性表需要频繁进行数据的插入与删除操作，则适合＿＿＿＿存储结构。

9．相对于顺序表，链表的优点是＿＿＿＿方便，不需要移动数据元素。

10．在单链表中要删除已知结点 p 时，需要先遍历该单链表，找到结点 p 的＿＿＿＿。

11．在单链表的已知结点 p 之后插入一个新结点时，其时间复杂度为＿＿＿＿。

12．在单链表的已知结点 p 之前插入一个新结点时，其时间复杂度为＿＿＿＿。

13．在单链表中，从指定结点 p 出发，只能访问 p 结点的所有＿＿＿＿结点，而不能访问 p 结点的＿＿＿＿结点。

14．在单链表中设置头结点的作用是＿＿＿＿。

15．数组 a[0…2][0…5]的基地址为 4000，每个元素长度是 4 字节，则元素 a[1][2]的实际地址为＿＿＿＿。

二、选择题

1．线性表采用链式存储时，其地址（　　）。
    A．必须是连续的　　　　　　　　　　　B．部分地址必须是连续的
    C．一定是不连续的　　　　　　　　　　D．连续与否均可以

2．用单链表方式存储的线性表，存储每个结点需要两个域，一个是数据域，另一个是（　　）。
    A．当前结点所在的地址域　　　　　　　B．指针域
    C．空指针域　　　　　　　　　　　　　D．空闲域

3．单链表的存储密度（　　）。
    A．大于 1　　　　　　B．等于 1　　　　　　C．小于 1　　　　D．不能确定

4．已知一个顺序存储的线性表，设每个结点占 m 个存储单元，若第一个结点的地址为 B，则第 i 个结点的地址为（　　）。
    A．B+(i-1)×m　　　　B．B+i×m　　　　C．B-i×m　　　　D．B+(i+1)×m

5．不带头结点的单链表 head 为空的判断条件是（　　）。
    A．head==NULL　　　　　　　　　　　B．head->next==NULL
    C．head->data==NULL　　　　　　　　D．head!=NULL

6．在带头结点的单链表 head 中，指针 p 所指的元素是单链表的首结点的条件是（　　）。
    A．p==head　　　　　　　　　　　　　B．p->next==head
    C．head->next==p　　　　　　　　　　D．p==NULL

7．在一个单链表中，已知 q 所指结点是 p 所指结点的前驱结点，若在 p 和 q 之间插入 s 结点，则执行（　　）。
    A．s->next= p;　　q->next=s;　　　　　B．p->next=s->next；s->next=p；

C．p->next=s->next；s->next=p；　　　　　　D．p->next=s；p->next=s；

8．两个指针 p 和 q，分别指向单链表的两个元素，p 所指元素是 q 所指元素的前驱结点的条件是（　　）。

    A．p->next==q->next　　　　　　　　　　B．p->next==q

    C．q->next==p　　　　　　　　　　　　　D．p==q

9．用链表存储的线性表，其优点是（　　）。

    A．便于随机存取　　　　　　　　　　　　B．花费的存储空间比顺序表少

    C．便于插入和删除　　　　　　　　　　　D．数据元素的物理顺序与逻辑顺序相同

10．在一个单链表中，若删除 p 所指结点的后继结点，则执行（　　）。

    A．s=p->next->next；s->next=p->next；delete s；

    B．p->next=p；delete p；

    C．p=p->next；p=p->next；

    D．p=p->next->next；delete p；

11．在 n 个结点的顺序表中，算法的时间复杂度是 O(1)的操作是（　　）。

    A．访问第 i 个结点（1≤i≤n）和求第 i 个结点的直接前驱结点（2≤i≤n）

    B．在第 i 个结点后插入一个新结点（1≤i≤n）

    C．删除第 i 个结点（1≤i≤n）

    D．将 n 个结点从小到大排序

12．数组元素 a[0...6][0...8]的起始地址为 7100，若每个元素长度是 4 字节，则元素 a[2][4]的实际地址是（　　）。

    A．7132　　　　　　B．7190　　　　　　C．7188　　　　　　D．7192

13．下面关于线性表的叙述中，错误的是（　　）。

    A．线性表采用顺序存储必须占用一片连续的存储单元

    B．线性表采用顺序存储便于进行插入和删除操作

    C．线性表采用链式存储不必占用一片连续的存储单元

    D．线性表采用链式存储便于进行插入和删除操作

14．设指针变量 p 指向单链表中的结点 A，若删除单链表中的结点 A，则需要修改指针的操作序列为（　　）。

    A．q=p->next；p->data=q->data；p->next=q->next；delete(q)；

    B．q=p->next；q->data=p->data；p->next=q->next；delete (q)；

    C．q=p->next；p->next=q->next；delete (q)；

    D．q=p->next；p->data=q->data；delete (q)；

15．在顺序表中，只要知道（　　），就可以求出任一结点的存储地址。

    A．任意位置结点地址　　　　　　　　　　B．结点大小

    C．向量大小　　　　　　　　　　　　　　D．基地址和结点大小

三、简答题

1．线性表有两种存储结构：一是顺序表，二是链表，简述它们各自的优缺点。

2．描述头指针和头结点的区别，并说明头指针和头结点的作用。

3．如何选择顺序表和链表？

4．在单链表和单循环链表中，若仅知道指针 p 指向某结点，不知道头指针，能否将结点 p 从相应的链表中删去？若可以，其时间复杂度各为多少？

5．在顺序表中插入和删除结点需要平均移动多少个结点？具体的移动次数取决于哪两个因素？

四、算法设计题

1．已知顺序表 L，写一算法将它倒置，如倒置前为 3,6,2,1,7,9，倒置后为 9,7,1,2,6,3。

2．设有带头结点的单链表，head 为指向头结点的指针。设计算法：实现在值为 key 的结点前插入值为 y 的结点。若值为 key 的结点不存在，则将值为 y 的结点插在链表的最后，并作为尾结点。

3．编写算法，删除单链表的表头结点与表尾结点。

4．编写用于删除元素递增排列的带头结点单链表 L 中值大于 min 且小于 max 的所有元素的函数，并给出其时间复杂度。

5．设单链表中结点有序链接，设计算法：删除链表中值相同的结点，只保留一个。

6．对给定的带头结点的单链表 L，编写一个删除 L 中值为 key 的结点的直接前驱结点的算法。

7．有两个单循环链表，头指针分别为 head1 和 head2，编写一个将链表 head1 链接到链表 head2 的函数，要求链接后的链表仍是循环链表。

8．有一个由整数构成的单链表，长度为 n，试编写算法，将单链表分解成两个，一个只由奇数构成，另一个只由偶数构成。

9．设有带头结点的单链表，将链表中所有的偶数结点删除。

10．设某单链表中存在多个结点，其数据值均为 key，试编写一个统计该类结点的个数的算法。

11．若单循环链表长度大于 1，p 为指向链表中某结点的指针，试编写一个删除 p 结点的前驱结点的算法。

12．试编写一个将两个有序表合并为一个有序表的算法。

第3章 栈

在实际应用中，有一些特殊的线性表模型，如对于在售票窗口排队的旅客，最先来的人排在首位，后面来的人依次排在尾部，排队的旅客不允许插队；又如一摞盘子、一串糖葫芦、待批改的一摞作业本等。这类结构虽然是线性表，但是又有不同于线性表的特性，也就是这类线性表的插入、删除操作在线性表的端点进行。这类特殊的线性表就是本章与第 4 章要分别介绍的栈和队列，这两类数据结构在软件设计中经常用到，它们的逻辑结构和线性表相同，数据元素之间是一对一的关系。但是它们的运算受限，栈是"先进后出"的线性表，队列是"先进先出"的线性表。本章将讨论栈的基本概念、存储结构、基本运算以及这些运算的具体实现。

1. **知识与技能目标**
  ➤ 理解栈的逻辑结构。
  ➤ 掌握顺序栈上出栈、入栈的算法实现。
  ➤ 理解链栈的特点。
  ➤ 掌握链栈上出栈、入栈的算法实现。
  ➤ 具备将栈作为工具，编写实现简单递归算法的能力。
  ➤ 具备利用栈设计与实现简单算法的能力。
2. **素养目标**
  ➤ 具备良好的学习与分析能力。
  ➤ 养成撰写算法文档的习惯。
  ➤ 理解概念的本质区别与联系，培养举一反三的能力。
  ➤ 感受规则的重要性，养成尊重与遵守规则的习惯。

3.1 栈的定义与基本运算

栈作为一种特殊的线性表，在特定的一些应用场合中，发挥着不可替代的作用。栈主要作为构思算法的辅助工具，而不是完全的数据存储工具。这些数据结构的生命周期比那些数据库类型的结构要短得多。在程序运行期间它们才被创建，在它们执行某项特殊的任务后，就会被销毁。本节主要介绍栈的定义及常用概念，然后介绍栈的存储结构及其上的运算实现。这里需要注意栈上的运算和线性表上运算的异同点。

3.1.1 栈的定义

栈（Stack）是限制在线性表的一端进行插入和删除操作的线性表，又称为后进先出 LIFO（Last In First Out）或先进后出 FILO（First In Last Out）的线性表。下面是有关栈的常用概念。

3-1
栈的定义

● 栈顶（Top）：允许进行插入、删除操作的一端，又称为表尾。用栈顶指针（top）来指示栈顶元素。

● 栈底（Bottom）：固定端，又称为表头。

● 空栈：栈中没有元素。

如图 3-1 所示，栈中有三个元素，入栈的顺序是 a_0、a_1、a_2，其出栈的顺序为 a_2、a_1、a_0，入栈和出栈的顺序是动态的。入栈的顺序是 a_0、a_1、a_2，那么出栈的顺序可以是 a_1、a_2、a_0（a_0 和 a_1 先入栈，然后 a_1 出栈，接着 a_2 入栈后紧接着出栈，最后 a_0 出栈），也可以是其他的（如 a_2、a_1、a_0 等）出栈顺序。栈中的元素随着入栈和出栈的变化如图 3-1 所示，栈中数据元素的个数和在栈中的位置在变化。另外，所有入栈和出栈的操作都是在栈的一端（即栈顶）进行的，另一端（栈底）不进行入栈和出栈操作。

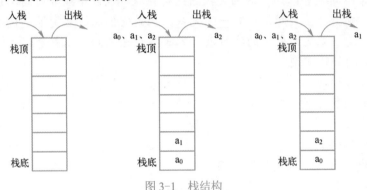

图 3-1　栈结构

栈的应用比较广泛，下面是一些栈使用的场合。

【例 3-1】　使用浏览器在各种网站上查找信息。假设先浏览页面 A，然后关闭页面 A 并跳转到页面 B，随后关闭页面 B 并跳转到页面 C。此时，如果想重新回到页面 A，则有下面两个选择。

● 重新搜索以找到页面 A。

● 使用浏览器的"回退"功能。浏览器会先回退到页面 B，再回退到页面 A。

浏览器"回退"功能的底层使用的就是栈结构。当关闭页面 A 时，浏览器会将页面 A 入栈；同样，当关闭页面 B 时，浏览器也会将页面 B 入栈，这时候栈里就有两个页面了，处于栈顶的是页面 B。因此，当执行回退操作时，首先看到的是页面 B，然后是页面 A，这是栈中元素依次出栈的结果。

【例 3-2】　栈结构还可以用于检测代码中的括号匹配问题，如图 3-2 所示。多数编程语言都会用到括号（小括号、中括号和大括号），括号的错误使用，如缺少右括号，会导致程序编译错误。而很多开发工具中都有检测代码是否有编辑错误的功能，其中就包含检测代码中的括号匹配问题，此功能的底层实现使用的就是栈结构。后面章节会利用栈编写具体算法来检测括号是否匹配的问题。

编号	0	1	2	3	4	5	6	7	8	9
括号	{	{	{	}	[	]	}	(	)	}

图 3-2　括号匹配

3-2
栈的基本运算

3.1.2　栈的基本运算

栈的基本运算与线性表类似，主要运算如下。

1. 栈的初始化

栈的初始化算法表示为 InitStack(s)，操作结果是构造一个空栈。

2. 判断栈是否为空

判断栈是否为空的算法表示为 EmptyStack(s)。操作结果：若栈 s 为空栈，则返回 1，否则返回 0。如果是顺序栈，则有相应的"判断栈是否为满"的算法。

3. 入栈

入栈的算法表示为 PushStack(s,x)。操作结果是在栈 s 的顶部插入一个新元素 x，x 成为新的栈顶元素。栈发生变化，栈顶指针指向新入栈的元素。

4. 出栈

出栈的算法表示为 PopStack(s,x)。操作结果是将栈 s 的栈顶元素从栈中删除，栈中少了一个元素，栈顶指针随之发生变化。

5. 读栈顶元素

读栈顶元素的算法表示为 TopStack(s)。操作结果是返回栈顶元素，栈本身没有任何变化。

3.2 栈的存储结构及其上算法实现

由于栈是运算受限的线性表，因此线性表的存储结构对栈也是适用的，于是常用的栈的存储结构可分为顺序存储结构和链式存储结构。本节将介绍这两类存储结构，同时介绍对应存储结构上的算法实现。

3.2.1 顺序栈

栈的顺序存储结构简称为顺序栈。和线性表类似，可用一维数组来实现顺序栈。栈的容量依据实际需求，用一个预设的足够大的一维数组 data[MAXSIZE]来表示。对栈的操作都是在栈顶进行的，可以用一个参数 top 来作为栈顶指针，指明当前栈顶的位置，即 top 指向栈顶元素的下标，栈底的位置自始至终是不会变化的。这里采用和顺序表的类型描述类似的说明方法，可以将栈的数据元素 data 和栈顶指针 top 封装在一个结构中。顺序栈的类型描述如下。

```
typedef struct SeqStack{
    int    data[MAXSIZE];
    int    top;
}
```

3-3
顺序栈的结构
体类型定义

可以用下面的语句定义一个指向顺序栈的指针 s，后续可以通过使用 new 方法获得顺序栈的存储空间，并对它进行访问。

```
SeqStack *s;
```

关于顺序栈的操作说明如下。

● 入栈时，栈顶指针加 1，即 s->top++，数据元素入栈。

● 出栈时，数据元素出栈，栈顶指针减 1，即 s->top--。

栈的变化过程如图 3-3 所示。图 3-3a 是空栈；如图 3-3b 所示，A、B、C 和 D 四个元素依次入栈，然后 D 出栈，此时栈中有 3 个元素 A、B 和 C；如图 3-3c 所示，在 A、B 依次入栈后，然后 B、A 相继出栈，接着 C、D 入栈，此时栈中有两个元素 C 和 D。通过这个示意图，我们可以深刻理解栈顶指针的作用。

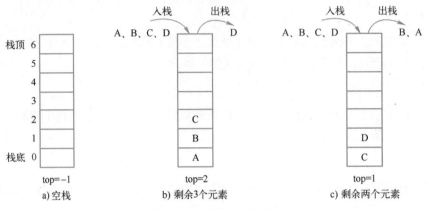

图 3-3　入栈和出栈过程

在定义了顺序栈的基础上，栈的基本操作的算法实现如下。另外，因为栈的操作比较简单，所有元素的读写都在栈顶进行，不涉及栈的其他元素，也就是说，所有操作均可在不需要对栈遍历的基础上完成，所以，和顺序表上的操作比较而言，它是比较简单的。这里不再对每一个算法进行详细分析和说明，直接给出算法的实现代码。

1. 栈的初始化

初始化操作会设置一个空栈 s，算法实现如下。

3-4
顺序栈的初始化及入栈

算法 3-1　顺序栈的初始化算法

```
void InitSeqStack(SeqStack *&s) {
    s = new(SeqStack);
    s->top = -1;   /*栈顶指针的值设置为-1，表示栈空*/
    return s;
}
```

2. 入栈

将指定的数据元素 x 加入栈 s 中，如果入栈成功，则算法返回 1，否则返回 0。算法实现如下。

算法 3-2　顺序栈的入栈算法

```
int PushSeqStack (SeqStack *&s, int    x) {
    if (FullSeqStack ( s ) )
        return 0; /*栈满，不能入栈*/
    else {
        s->top++;
        s->data[s->top] = x;
```

```
            return 1;
        }
    }
```

3. 判断栈是否为满

如果栈 s 为空，则算法返回 1，否则返回 0。算法实现如下。

算法 3-3 判断顺序栈是否为满的算法

```
int FullSeqStack(SeqStack *s){
    if (s->top == MAXSIZE - 1)
        return 1;
    else
        return 0;
}
```

4. 判断栈是否为空

如果栈 s 为空，则算法返回 1，否则返回 0。算法实现如下。

算法 3-4 判断顺序栈是否为空的算法

```
int EmptySeqStack(SeqStack *s){
    if (s->top== -1)
        return 1;
    else
        return 0;
}
```

3-5
顺序栈的出栈
及取元素

5. 出栈

将栈 s 的栈顶元素出栈，并将栈顶元素的值赋值给参数 x，如果出栈成功，则算法返回 1，否则返回 0。算法实现如下。

算法 3-5 顺序栈出栈的算法

```
int PopSeqStack(SeqStack *&s, int &x) {
    if (EmptySeqStack ( s ) )
        return 0;      /*栈空，不能出栈*/
    else {
        x = s->data[s->top];
        s->top--;
        return 1;      /*栈顶元素存入*x，返回*/
    }
}
```

6. 取栈顶元素

将栈顶元素的值返回。算法实现如下。

算法 3-6 从顺序栈中取栈顶元素的算法

```
int GetSeqStack(SeqStack *s){
```

```
if (EmptySeqStack ( s ) )
    return 0;   /*栈空*/
else
    return (s->data[s->top] );
}
```

关于栈的操作的算法，有以下三点需要说明。

● 对于顺序栈，入栈时，首先判断栈是否为满，栈满的条件为 s->top= =MAXSIZE-1。栈满时，元素不能入栈，否则出现空间溢出问题，引起错误，这种现象称为上溢。

● 在进行出栈和读栈顶元素操作时，先判断栈是否为空，栈为空时不能操作，否则产生错误。通常将栈空作为一种控制转移的条件。

● 出栈与入栈时，栈顶指针 top 的变化不同。入栈时，先移动栈顶指针：top++，然后元素入栈。出栈时，元素先出栈，然后移动栈顶指针：top--。

3-6
链栈的结构体类型定义

3.2.2 链栈

栈的链式存储结构称为链栈，是运算受限的单链表。链栈的插入和删除操作只能在链表的表头位置进行。因此，链栈没有必要像单链表那样附加头结点，栈顶指针 top 就是链表的头指针。图 3-4 是栈的链式存储表示形式。

链栈的结点类型声明如下。

```
typedef struct StackNode{
    int data;
    struct StackNode *next;
}*LinkStack;
```

链栈基本操作的算法实现如下。

1. 置空栈

返回一个空栈，算法实现如下。

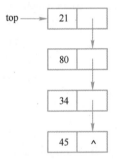

top → 21
80
34
45 ∧

图 3-4　栈的链式存储结构

算法 3-7　链栈置空的算法

```
LinkStack *InitLinkStack(){
    return   NULL;
}
```

2. 判断栈是否为空

如果栈空，则返回 1，否则返回 0。算法实现如下。

3-7
链栈的初始化及入栈出栈操作

算法 3-8　判断链栈是否为空的算法

```
int EmptyLinkStack（StackNode* top）{
    if(top==NULL)
        return 1;
    else
        return 0;
}
```

3. 入栈

将变量 x 所在的结点入栈。如果入栈成功，则算法返回 1，否则返回 0。算法实现如下。

算法 3-9 链栈的入栈算法

```
int PushLinkStack(StackNode *&top, int x){
    StackNode *s;
    s = new(StackNode);
    if (!s)
        return 0;
    s->data = x;
    s->next = top;
    top = s;
     return 1;
}
```

4. 出栈

从栈中"弹出"一个结点，并将该结点的值赋值给参数 x。如果出栈成功，则算法返回 1，否则返回 0。算法实现如下。

算法 3-10 链栈的出栈算法

```
int PopLinkStack (StackNode *&top, int &x)    {
    StackNode    *p;
    if (top = = NULL)
        return 0;
    else {
        x = top->data;
        p = top;
        top = top->next;
        delete(p);
        return 1;
    }
}
```

3.3 案例分析与实现

由于栈的先进后出的特点，因此，在很多实际问题中，都将栈作为一个辅助的数据结构来进行问题求解。下面主要介绍栈在数制转换、迷宫问题求解、表达式求值方面的应用，以及它与递归的关系。

3-8
栈的应用——
进制转换

1. 数制转换问题

常用的数制包括二进制、十进制与十六进制等，它们之间的区别在于数运算时逢几进一位，比如二进制是逢二进一位，十进制（也就是常用的 0～9）是逢 10 进一位。计算机在处理数据时使用的是二进制计数法，需要将用户输入的十进制数转换为二进制后再进行数据处理。将十进制数转换为二进制数的过程包括整除与取余两个操作，即将十进制数除以 2 后取余数，余数为权位上的数，得到的商继续除以 2，直到商为 0 为止，所有的余数序列构成二进制数。十进制数 157 转换为二进制数的过程如图 3-5 所示。

转换次数	商	余数
1	78	1
2	39	0
3	19	1
4	9	1
5	4	1
6	2	0
7	1	0
8	0	1

图 3-5　数制转换过程

十进制数 157 转换为二进制的结果：$(157)_{10} = (10011101)_2$

从中可以看出，转换后的二进制数按从低位到高位的顺序产生，也就是说，二进制数的表示顺序恰好与计算所得余数的顺序相反，因此，在转换中，每得到一位二进制数，就入栈保存，转换完毕后，栈中元素依次出栈，出栈后的序列就是转换后的二进制数。

下面是对算法步骤的描述。

1）初始化，设 n 为要转换的数，如上面的十进制数 n=157，r 为转换结果对应的进制数，如上面的二进制，即 r=2。当 n>0 时，重复步骤 2）和 3）。

2）若 n≠0，则将 n%r 压入栈 s 中，并转到步骤 3）；若 n=0，则将栈 s 的内容依次出栈，算法结束。

3）更新 n 的值，n= n/r，并转到步骤 2）。

算法实现如下。

算法 3-11　数制转换的算法

```
void Conversion(int n,int r) {
    SeqStack  *s;
    int   x;
    InitSeqStack(s);
    while(n) {
        PushSeqStack( s,n % r );
        n = n / r ;
    }
    while ( EmptySeqStack(s ) ) {
        PopSeqStack (s,x ) ;
        cout >> x;;
    }
}
```

当应用程序中需要保存一组数据，且要求保存数据的顺序与数据产生的顺序正好相反时，一般就需要应用栈。通常用顺序栈比较多，因为其操作简单且方便。

3-9
八进制转换示例动画

2. 迷宫问题求解

在实验心理学中有一个经典问题，心理学家把一只老鼠从一个无顶盖的大盒子的出口处赶进迷宫，如图 3-6 所示，迷宫中设置很多墙壁，在前进方向设置了多处障碍，心理学家在迷宫的唯一出口处放置了一块奶酪，吸引老鼠在迷宫中寻找通路以到达出口。这就是著名的迷宫问题，就是求解从迷宫入口到出口所经过的路径。

迷宫问题求解主要应用回溯算法思想。回溯算法实际上是一个类似枚举的搜索尝试过程，主要是在搜索尝试过程中寻找问题的解，当发现已不满足求解条件时，就退一步，即"回溯"（返回）到上一个点，尝试其他路径，而满足回溯条件某个状态的点称为"回溯点"。回溯法是一种选优搜索法，按选优条件向前搜索，以到达目标。在迷宫问题中应用回溯，就是把走过的路径上的坐标点保存起来，对应的操作就是入栈。在遇到无路可走的情况时，就开始回溯，对应的操作就是出栈。

下面采用回溯法求解迷宫问题，其基本思想如下。

1）从入口点出发，按某一方向向前探索。

2）若能在该方向上找到一个新的点 p 并走通，且 p 是未经过的坐标点，即从某处可以到达点 p，p 点为可到达的新点，则将 p 点标记为已经经过的点，然后从 p 点出发继续试探新的点。

3）若该方向不能走通，则试探下一个新的方向；若所有的方向均没有通路，则返回到前一个点，在前一个点换下一个方向后，再继续试探，直到所有可能的通路都探索到，或者找到一条通路，抑或无路可走又返回到入口点为止。

在迷宫问题求解过程中，为了保证在到达某一点后不能向前继续行走时，能正确返回到前一点以便继续从下一个方向向前试探，则需要用一个栈保存所能够到达的每一点的坐标以及从该点前进的方向。这就需要解决以下四个问题。

（1）表示迷宫的数据结构

设迷宫为 m 行 n 列，利用数组 maze[m][n]来表示一个迷宫，maze[i][j]=0 或 1，其中，0 表示通路，1 表示不通。从点 maze[i][j]可试探的方向有 8 个方向，分别是上、下、左、右和四个角点。其中迷宫的四个角点只有 3 个方向，其他边缘点有 5 个方向。为使问题简单化，用 maze[m+2][n+2]来表示迷宫，而迷宫四周的值全部为 1。这样做使问题简单了，每个点的试探方向全部有 8 个，不用再判断当前点的试探方向有几个，同时与迷宫周围是墙壁这一实际问题相一致。图 3-6 表示的是一个 9×10 的迷宫，入口坐标为(1,1)，出口坐标为(7,8)。

迷宫	0	1	2	3	4	5	6	7	8	9
0	1	1	1	1	1	1	1	1	1	1
1	1	0	1	1	1	0	1	1	1	1
2	1	1	0	1	0	1	1	1	1	1
3	1	0	1	0	0	1	1	0	0	1
4	1	0	1	1	1	0	1	1	1	1
5	1	1	0	0	1	1	1	0	1	1
6	1	0	1	0	0	0	1	1	1	1
7	1	1	1	1	1	0	0	0	0	1
8	1	1	1	1	1	1	1	1	1	1

图 3-6　9×10 迷宫

（2）试探方向

在上述表示迷宫的情况下，每个点有 8 个方向去试探，如当前点的坐标为(x,y)，与它相邻的 8 个点的坐标都可根据与该点的相邻方位而得到，其中 8 个方向的坐标分别为 maze[i-1][j]、maze[i+1][j]、maze[i][j-1]、maze[i][j+1]、maze[i-1][j-1]、maze[i-1][j+1]、maze[i+1][j+1] 和 maze[i+1][j-1]，分别为上、下、左、右点和顺时针方向的四个角点的坐标，如图 3-7 所示。从当前所在位置点试探的方向有 8 个，试探的先后次序不同，试探的路径也不同，这里规定从当前点向前试探的方向的顺序：从正东方向开始，沿顺时针方向进行。为了简化问题，方便求出新点的坐标，将从正东方向开始并沿顺时针方向的这 8 个方向的坐标增量放在一个结构数组 move[8]中，在 move 数组中，每个元素有两个域组成，x 表示横坐标增量，y 表示纵坐标增量。

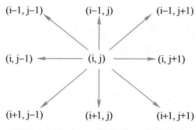

图 3-7　与点(i,j)相邻的 8 个坐标点

move 数组定义如下：

```
typedef struct{
    int x,y
} item ;
item move[8] ;
```

8 个方向坐标变换的值：

```
move[0].x = 0,move[0].y =1;
move[1].x = 1,move[1].y =1;
move[2].x = 1,xmove[2].y =0;
move[3].x = 1,move[3].y =-1;
move[4].x = 0,move[4].y =-1;
move[5].x = -1,move[5].y =-1;
move[6].x = -1,move[6].y =0;
move[7].x = -1,move[7].y =1;
```

这样对 move 数组的设计会很方便地求出从某点(i,j)到其他 8 个方向的点的坐标。

从某一方向 v（$0 \leqslant v \leqslant 7$）到达的新点(i,j)的坐标为(i=i+move[v].x,j=j+move[v].y)。

（3）栈的设计

在迷宫探索过程中，当到达了某点却发现无路可走时，需要返回到前一点，再从前一点开始向下一个方向继续试探。因此，压入栈中的不但是顺序到达的各点的坐标，而且要有从前一点到达本点的方向信息。对于图 3-6 所示迷宫，经过的点的坐标及下一步的方向依次入栈的过程如图 3-8 所示。

栈中每一组数据表示到达的每点的坐标及从该点沿哪个方向向下走，对于图 3-6 所示的迷宫，首先走的路线：$(1,1)_1 \rightarrow (2,2)_1 \rightarrow (3,3)_1 \rightarrow (3,4)_0 \rightarrow (4,5)_1$，如图 3-8a 所示，其中下角标表示下一步的方向。当到点(4,5)后，发现其前进方向 0～7 都不通，无路可走，则应回溯，即退回到点(3,4)，对应的操作是点$(4,5)_1$ 出栈，然后在栈顶点$(3,4)_0$ 上从方向 2 开始继续试探，试探到点$(1,5)_7$，则$(1,5)_7$ 入栈，如图 3-8b 所示，然后沿着点$(1,5)_7$ 的方向 0～7 继续试探，发现都不通，无路可走，然后出栈$(1,5)_7$，因为当前栈顶点的 8 个方向都不通，所以紧接着$(2,4)_6$、$(3,4)_0$、$(3,3)_1$ 依次出栈，如图 3-8c 所示。最后沿着点$(2,2)_1$ 继续探测，入栈的过程如图 3-8d 所示，即到达终点$(7,8)_0$。

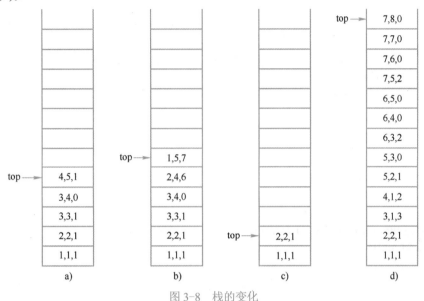

图 3-8　栈的变化

栈中元素是一个由行、列、方向组成的三元组，栈元素结构的设计和说明如下。

```
typedef struct{
    int x , y , d ;/*横纵坐标及方向*/
}point ;
```

（4）避免走重复点

在迷宫路径的探索过程中，对于如何避免重复到达某点，即避免发生"死"循环，有下面两种解决方法。

一种方法是另外设置一个标志数组 mark[m][n]，它的所有元素都初始化为 0，一旦到达了某一点(i,j)，将标志位 mark[i][j] 置 1，下次再试探到这个位置时就不再继续探测了。

另一种方法是，当到达某点(i,j)后，将标志位 maze[i][j]置-1，表示该点已经探测过，其目的是便于区别未到达过的其他点，这样也能起到避免探测重复点的作用。这里采用后一种方法。

通过以上分析，可得到如下对整个迷宫问题求解算法的步骤描述。

```
将入口点坐标及到达该点的方向（设为-1）入栈
while(栈不空){
    栈顶元素>=(x,y,d)
    出栈;
    求出下一个要试探的方向，d++;
    while(还有剩余试探方向时){
```

```
            if(d 方向可走)
            则{
                (x,y,d)入栈;
                求新点坐标(i,j);
                将新点(i,j)切换为当前点(x,y);
                if((x,y)==(m,n))
                        结束;
                else
                    重置，d=0;
                }
        else
            d++ ;


        }
    }
```

完整的迷宫问题求解算法的实现如下。

算法 3-12　迷宫问题求解算法

```
/*对栈中的元素进行定义，d 为方向*/
typedef struct{
        int x,y,d;
}point;
/*对栈的结构进行定义*/
struct SeqStack{
        point data[MAXLEN];
        int top;
};
/*对移动数组进行定义，方便进行点的移动*/
struct item{
        int x,y;
};
/*将栈设置为空栈*/
void SetNULL(SeqStack *s){
        s->top =-1;
}
/*判断栈是否为空*/
int EmptyStack(SeqStack *s){
        if(s->top==-1)
            return 1;
        else
            return 0;
}
/*入栈操作*/
SeqStack *Push(SeqStack *s,point x){
```

```
        if(s->top==MAXLEN-1){
            cout<<"栈上溢出\n";
            return s;
        }else{
            s->top++;
            s->data[s->top] = x;
            return s;
        }
}
/*出栈操作*/
point * Pop(SeqStack *s){
        if(EmptyStack(s)){
            cout<<"栈为空!\n";
            return NULL;
        }else{
            s->top--;
            return &(s->data[s->top+1]);

        }
}
/*取栈顶元素*/
point * GetTop(SeqStack *s){
        if(EmptyStack(s)){
            cout<<"栈为空！\n";
            return NULL;
        }else
            return &(s->data[s->top]);
        }
}
/*对移动的方向进行定义*/
void defineMove(item xmove[8]){
        xmove[0].x = 0;xmove[0].y =1;
        xmove[1].x = 1;xmove[1].y =1;
        xmove[2].x = 1;xmove[2].y =0;
        xmove[3].x = 1;xmove[3].y =-1;
        xmove[4].x = 0;xmove[4].y =-1;
        xmove[5].x = -1;xmove[5].y =-1;
        xmove[6].x = -1;xmove[6].y =0;
        xmove[7].x = -1;xmove[7].y =1;
}
/*进行所有操作的测试*/
Maze(){
        /*对迷宫进行定义*/
        int maze[m+2][n+2],x,y,i,j,d;
```

```
/*对移动的方向进行定义*/
item xmove[8];
/*定义栈的起始点*/
point start,*p;
/*对栈进行定义*/
SeqStack *s;
s = new SeqStack;
SetNULL(s);
/*对移动的方向进行定义*/
defineMove(xmove);
/*设置迷宫，输入 0 或 1*/
cout<<"请输入迷宫数据：\n";
for(i = 0;i<m+2;i++)
    for(j = 0;j<n+2;j++)
        cin>>maze[i][j];
start.x = 1;
start.y = 1;
start.d = -1;
p =new point;
 /*将起始点压入栈*/
s =Push(s,start);
while(!EmptyStack(s)){
    p = Pop(s);
    x = p->x;
    y = p->y;
    d = p->d+1;                    /*p 探测的点*/
    while(d<8){
        i = xmove[d].x+x;
        j = xmove[d].y+y;
        if(maze[i][j]==0){/*表示该点可通行，入栈*/
            p->d = d;
            s =Push(s,*p);
            x = i;
            y = j;
            maze[x][y] = -1;     /*表示该点已经探测过，方向入栈*/
            point nw;
            nw.x = x;
            nw.y = y;
            nw.d = -1;
            s =Push(s,nw);
            /*找到出口，输出路径*/
            if(x==m&&y==n){
                cout<<"找到出口！\n";
                while(!EmptyStack(s)){
```

```
                        p = Pop(s);
                        cout<<"\n"<<p->x<<p->y<<p->d;   /*输出路径*/
                   }
                  return 1;   /*输出路径结束，返回*/
              }
              else{
                  break;
              }/*退出内层循环 while，寻找下一个方向*/
          }else{/*寻找下一个方向*/
              d++;
          }/*if 语句结束*/
      }/*搜索到一个方向*/
   }/*栈空*/
   return 0;
}
```

　　算法结束后，栈 s 中保存的就是一条迷宫的通路，通过出栈操作，可以输出一条关于迷宫的通路。迷宫中有时存在多条通路，需要求解最短的一条通路。在上面算法的基础上，可以进一步完善，找到所有的通路，其中必有路径最短的通路。

　　3. 表达式求值

　　表达式求值是程序设计语言编译中的一个基本问题。当有用户输入表达式 12-2*3+(10-6/2)-5 时，人依照运算法的优先级，可以很快计算出结果。那么，计算机如何计算该表达式的值呢？计算机求解表达式的值一般分为两个步骤，首先将中缀表达式转换为后缀表达式，然后对后缀表达式求值。在这两个步骤中，都需要将栈作为主要的数据结构来完成表达式求值。下面先介绍表达式求值过程中的相关概念。

　　表达式是由运算对象、运算符和括号组成的有意义的式子。从运算对象的个数上来划分，运算符分为单目运算符和双目运算符；从运算类型上来划分，分为算术运算符、关系运算符和逻辑运算符等。运算规则如下。

- 运算符的优先级：()（小括号）>^（乘方）>*（乘）、/（除）、%（取余）>+（加）、-（减）。
- 在有括号时，先算括号内的，后算括号外的。若有多层括号，则由内向外进行。
- 在乘方连续出现时，先算最右面的。

　　这里仅限于讨论只含双目运算符的算术表达式，设定算术运算符包括：+、-、*、/、%、^ 和()。

　　为了便于理解表达式的求值过程，下面介绍三类表达式。

- 中缀表达式。双目运算符在两个运算对象的中间。例如，表达式 "12-2*3+(10-6/2)-5"，它就是中缀表达式，计算机从左向右读取字符串，当扫描到 12-2 时，不能马上计算减法，因为后面可能还有比减法更高级别的运算符。所以，不能直接对中缀表达式求值。
- 前缀表达式。它是一种运算符在运算对象前面且没有括号的表达式，如表达式* - 12 4 + 4。
- 后缀表达式。它是一种运算符在运算对象之后的表达式。在后缀表达式中，不再引入括号，所有的计算按运算符出现的顺序，严格从左向右进行，而不用再考虑运算规则，如表达式 2 3 * 9 -。

在表达式求值中，需要首先将表达式转换为后缀表达式，然后对后缀表达式求值，所求值就是表达式的值。

下面讨论如何将中缀表达式转换为后缀表达式。

下面通过将中缀表达式"12-2*3+(10-6/2)-5"转换为后缀表达式来说明转换过程，转换过程需要遵守相关规则。

1）首先构造两个栈 s_1、s_2（在第 4 章学习了队列后，s_2 实际应是队列，这里便于理解，直接设置为栈），一个是运算对象栈 s_1，另一个是运算符栈 s_2，规定运算符（以括号为分界点）的优先级，在栈内遵守从栈底到栈顶升高的规则。

2）从左向右扫描中缀表达式，读取一个字符并作如下判断。

● 如果当前字符是运算对象，则直接入 s_1 栈。

● 如果是运算符，则转入步骤 3）以比较优先级。

3）判断运算符的优先级。

● 如果当前运算符的优先级大于栈顶运算符的优先级，则将运算符直接入 s_2 栈。返回步骤 2）。

● 如果当前运算符的优先级小于或等于栈顶运算符，则将栈顶运算符出 s_2 栈，入 s_1 栈。直到当前运算符的优先级大于栈顶运算符的优先级或栈顶是左括号时，再将当前运算符入 s_2 栈。返回步骤 2）。

需要注意的是对括号的特殊处理，如果读取到的是左括号运算符，则左括号在没入栈前，它的运算优先级是最高的，也就是说，左括号直接入栈 s_2。但是，一旦左括号入栈，它的运算优先级就变为最低的。如果读取到的是右括号运算符，它的优先级是最低的，则右括号不入栈 s_2，而是将栈 s_2 中运算符依次出栈，入栈到 s_1 中，直到在栈 s_2 出栈过程中，栈顶为左括号为止，左括号也出栈 s_2，但并不入栈 s_1 中。括号的处理可以简洁地概括如下。

● 如果是左括号，则直接入 s_2 栈。

● 如果是右括号，则栈 s_2 中左括号前的所有运算符全部出栈并入栈 s_1，然后将左右两括号一起删除。

4）重复步骤 2），直至扫描结束为止，最后将 s_2 栈中剩余运算符全部出栈并入 s_1 栈。

s_1 栈中的字符串即为后缀表达式。在将中缀表达式"12-2*3+(10-6/2)-5"转换为后缀表达式的过程中，两个栈的变化情况如图 3-9 所示。其中运算对象栈为 s_1，运算符栈为 s_2；在初始状态方面，s_1、s_2 两个栈都为空栈。

栈 s_1 中保存的即为后缀表达式：12 2 3 * - 10 6 2 / - + 5 -。在上述转换过程中，要保证栈 s_2 中运算符的优先级从栈底到栈顶是升高的，注意对左右括号的特殊处理。

计算一个后缀表达式的算法比计算一个中缀表达式的算法简单得多，因为后缀表达式中既无括号，又无优先级的约束。下面讨论后缀表达式的求值过程。

首先设置一个对象栈 s，从左向右扫描后缀表达式，每读取到一个运算对象就直接将它入栈 s 中保存，每读取到一个运算符就从栈 s 中取出两个运算对象进行当前运算符的计算，然后把计算结果入栈 s 中。重复此过程，直到整个表达式读取结束为止，这时栈 s 中只有一个元素，就是表达式最后的求值结果。具体求值运算的过程如图 3-10 所示。依次读取字符串中的字符：12 2 3 * - 10 6 2 / - + 5 -，每读取到运算符，则从栈中取两个数作运算。

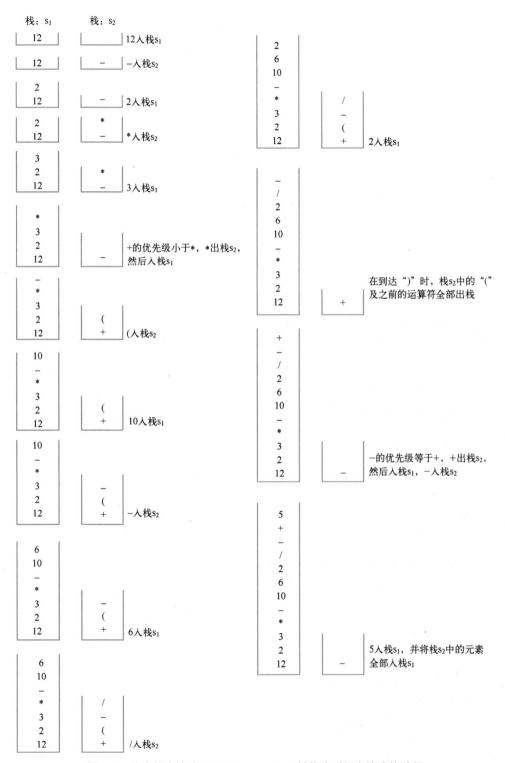

图 3-9 将中缀表达式 12-2*3+(10-6/2)-5 转换为后缀表达式的过程

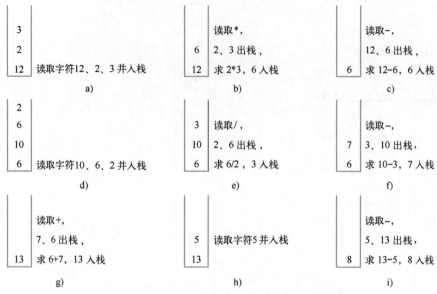

图 3-10　后缀表达式求值过程

　　下面是后缀表达式求值的算法实现。在下面的算法中，假设每个表达式都是符合语法规范的，中缀表达式存放在字符串 suf 中，后缀表达式存放在字符串 pre 中。为了便于算法实现，限定运算对象为一位数，这样可避免数字字符串与相对应的数据之间的转换的问题。

算法 3-13　后缀表达式求值算法

```
/*对栈的结构进行定义*/
template<typename T> struct    SeqStack {
    T data[MAXLEN];
    int top;
};
/*将栈设置为空栈*/
template<typename T>    void SetNULL(SeqStack<T>*s){
    s->top =-1;
}
/*判断栈是否为空*/
template<typename T> int EmptyStack(SeqStack<T>*s){
    if(s->top ==-1)
        return 1;
    else
        return 0;
}
/*入栈操作*/
template<typename T> SeqStack<T>*Push(SeqStack<T>*s, T x){
    if(s->top == MAXLEN‐1){
        cout << "栈上溢出\n";
        return s;
    }
    else{
        s->top++;
```

```
            s->data[s->top]= x;
            return s;
            }
    }
/*出栈操作*/
template<typename T> T Pop(SeqStack<T>*s){
    if(EmptyStack(s)){
        cout << "栈为空!\n";
        returnNULL;
    }else{
        s->top--;
        return(s->data[s->top + 1]);
    }
}
/*取栈顶元素*/
template<typename T> T GetTop(SeqStack<T>*s){
    if(EmptyStack(s)){
        cout << "栈为空！\n";
        returnNULL;
    }else{
        return(s->data[s->top]);
    }
}
int prio(char x){
    if(x == '*' || x == '/')
        return 2;
    if(x == '+' || x == '-')
        return 1;
    if(x == '(')
        return 0;
    else
        return-1;
}
/*中缀表达式转换为后缀表达式*/
void InToSuf(char* pre, char*&suf){
    SeqStack<char>*s;
    int x;
    s =new SeqStack<char>;
    SetNULL(s);
    int k = 0;
while(*pre){
        /*运算对象直接存储在数组 suf 中*/
    if(*pre >= '0' &&*pre <= '9'){
            suf[k]=*pre;
            k++;
    }
        /*对于运算符，依据其优先级，决定入栈或存入 suf 中*/
    else{
```

```
            if(EmptyStack(s)){ /*空栈，直接入栈*/
                    Push(s,*pre);
            }else if(*pre == '('){ /*直接入栈*/
                    Push(s,*pre);
            }else if(*pre == ')'){ /*当到达“）”时，则栈中“（”及之前的运算符全部出栈*/
                        while(GetTop(s)!= '('){
                            suf[k]= Pop(s);
                            k++;
                        }
                        Pop(s);
            }
            else{ /*新读取的运算符的优先级比栈中运算符低
                    while(prio(*pre)<= prio(GetTop(s))){
                        suf[k]= Pop(s);
                        k++;
                        if(EmptyStack(s))
                            break;
                    }
                    Push(s,*pre);
            }
            }
            pre++;
        }
        while(!EmptyStack(s)){
            suf[k]= Pop(s);
            k++;
        }
    }
    suf[k]= '\0';
}
/*后缀表达式求值*/
int Cal(int a, int b, char c){
    if(c == '+')
        return a + b;
    else if(c == '-')
        return a - b;
        else if(c == '*')
            return a * b;
        else if(c == '/')
            return a / b;
            else
                return 0;
}
int SufCal(char* suf){
    SeqStack<int>*s;
    s =new SeqStack<int>;
    SetNULL(s);
    int x;
    char ch;
```

```
        while(*suf != '\0'){
            ch =*suf;
            if(*suf >= '0' &&*suf <= '9'){
                ch =*suf;
                Push(s,((int)ch - 48));
            }else{
                int a = Pop(s);
                int b = Pop(s);
                int c = Cal(b, a,*suf);
                cout << a << b << c;
                Push(s, c);
            }
            suf++;
        }
        return GetTop(s);
    }
```

4．栈与递归

栈的一个重要应用是在程序设计语言中实现递归过程。许多实际问题是递归定义的，这时用递归算法可以使许多问题求解大大简化，下面以求解 n!为例来说明栈在递归算法中的应用。

其中 n!的定义如下。

$$n! = \begin{cases} 1, & n = 0 \quad （递归终止条件） \\ n(n-1), & n > 0 \quad （递归步骤） \end{cases}$$

根据定义，可以很自然地写出相应的递归算法。

```
    int fact (int n){
        if (n= =0)   return 1 ;
        else return   (n* fact (n-1)) ;
    }
```

递归函数有一个终止递归的条件，如上面提到的 n=0，若满足条件，则将不再继续递归下去。

递归函数的调用类似于多层函数的嵌套调用，只是递归函数的调用单位和被调用单位是同一个函数而已。在每次调用时，系统将属于各个递归层次的信息组成一个活动记录。这个记录中包含本层调用的实参、返回地址、局部变量等信息，保存在系统的递归工作栈中，每递归调用一次，就要在栈顶为过程建立一个新的活动记录，一旦本次调用结束，则将栈顶活动记录出栈，根据获得的返回地址信息返回到本次的调用处。下面以求 3!为例说明调用时工作栈中的状况，如图 3-11 所示。

fact(0)	0	R_2
fact(1)	1	R_2
fact(2)	2	R_2
fact(3)	3	R_1

图 3-11   递归工作栈示意图

为了便于理解，将求阶乘的递归算法修改如下。

```
main (){
    int m,n=3 ;
    m=fact (n) ;
    R₁:
    cout<<n<<m;
}
int fact (int n){
    int    f ;
    if (n= =0)
        f=1 ;
    else
        f=n*fact (n-1) ;
    R₂:
 return f   ;
}
```

其中 R_1 为主函数调用 fact()函数时的返回点地址，R_2 为 fact()函数中递归调用 fact (n-1)时的返回点地址。设主函数中 n=3，程序的执行过程可用图 3-12 示意。

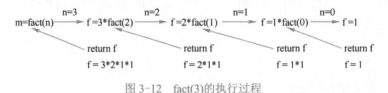

图 3-12   fact(3)的执行过程

在利用计算机求解这类问题时，可以直接应用递归来求解，而递归求解需要明确给出递归函数。递归就是一个函数在它的函数体内调用它自身，而这个调用怎样才能结束？这里还必须有一个结束点，或者，具体地说，在调用到某一次后，函数能返回一个确定的值。这是递归的出口条件，在递归算法中很重要，确保在程序运行结束时，这个函数能返回一个确定的值。

本章小结

本章主要讨论了线性结构中一类特殊的线性结构栈，它是一种限制在栈顶进行操作的线性表。本章首先介绍了栈的逻辑结构，主要包括栈的定义、相关术语和栈上常用的基本运算；接着介绍了栈的存储结构和相应算法在计算机中的实现。栈的实现主要有以下两类方式。

● 顺序栈。
● 链栈。

对于栈的每种结构，需要理解下面三点内容。

● 两类存储结构的特点。
● 两类栈的存储结构在计算机中的实现方法，以及和线性表上运算实现的区别与联系。
● 栈的典型应用与实现。

习题

一、填空题

1．在栈结构中，允许插入、删除的一端称为_____。

2．栈是一种_____线性表。

3．在有 n 个元素的栈中，入栈操作的时间复杂度为_____。

4．若入栈的次序是 A、B、C、D、E，则执行 3 次出栈操作以后，栈顶元素为_____。

5．三个元素 6、8、4 顺序入栈，执行两次 Pop(s,x)运算后，x 的值是_____。

6．设有编号为 1、2、3、4 的四辆列车，顺序开进栈式结构的站台，则可能的出栈序列有_____种。

7．一个栈的输入序列是 1,2,3,…,n，输出序列的第一个元素是 n，则第 i 个输出元素为_____。

8．在顺序栈中，当栈顶指针的值为-1 时，表示_____。

9．已知顺序栈 s，在对 s 入栈操作之前，首先要判断_____。

10．在顺序栈中，当有元素入栈时，首先栈顶指针_____，然后元素_____。

11．在顺序栈中，删除元素，需要将栈顶指针_____。

12．已知中缀表达式，求它的后缀表达式，是_____的典型应用。

13．在一个链栈中，若栈顶指针等于_____，则为空栈。

14．在向栈顶指针为 top 的链栈中删除结点时，应该先判断_____。

15．在向一个栈顶指针为 top 的链栈中插入一个新结点 p 时，应执行_____和_____的语句。

16．在从一个栈中删除元素时，首先取出_____，然后移动栈顶指针。

17．在从一个栈顶指针为 top 的链栈中删除结点时，应执行_____和_____的语句。

18．8+7-6/2+3^2-5 的后缀表达式是_____。

二、选择题

1．常用于函数调用的数据结构是（　　）。

    A．栈　　　　　　　B．队列　　　　　　　C．链表　　　　　　　D．数组

2．在栈中进行插入和删除操作的位置是（　　）。

    A．栈顶　　　　　　B．任意位置　　　　　C．栈底　　　　　　　D．与元素有关

3．设一数列的入栈顺序为 1、2、3、4、5、6，不可能出现的出栈序列为（　　）。

    A．3、2、5、6、4、1　　　　　　　　B．1、5、4、6、2、3

    C．2、4、3、5、1、6　　　　　　　　D．4、5、3、6、2、1

4．如果以链表作为栈的存储结构，则出栈操作时（　　）。

    A．必须判断栈是否为满　　　　　　　B．必须判断栈是否为空

    C．必须判断栈元素类型　　　　　　　D．栈不作任何判断

5．顺序栈使用（　　）存储元素。

　　　A．链表　　　　　　　B．数组　　　　　　　C．循环链表　　　D．变量

6．一个顺序栈一旦被声明，它占用空间的大小（　　　）。

　　　A．已固定　　　　　　B．不固定　　　　　　C．可以改变　　　D．动态变化

7．与顺序栈相比，链栈的一个明显的优点是（　　　）。

　　　A．插入操作更加方便　　　　　　　　B．通常不会出现栈满的情况

　　　C．不会出现栈空的情况　　　　　　　D．删除操作更加方便

8．在从栈顶指针为 top 的链栈中删除一个结点时，应执行下列（　　　）语句。

　　　A．p=top;top->next; delete p;　　　　　B．top=top->next; delete p;

　　　C．x=top->data; delete top;　　　　　　D．p=top->data;top=top->next;

9．在一个栈顶指针为 HS 的链栈中，将一个 s 指针所指的结点入栈，应执行下列（　　　）语句。

　　　A．HS->next=s;　　　　　　　　　　　B．s->next=HS->next;HS->next=s;

　　　C．s->next=HS;s=HS->next　　　　　　D．s->next=HS;HS=s;

10．4 个元素按 A、B、C、D 的顺序入栈 s，执行两次 Pop(s,x)运算后，栈顶元素是（　　　）。

　　　A．A　　　　　　　B．B　　　　　　　C．C　　　　　　D．D

11．在元素 A、B、C、D 依次入栈后，栈底元素是（　　　）。

　　　A．A　　　　　　　B．B　　　　　　　C．C　　　　　　D．D

12．在经过 InitStack(s);Push(s,a);Push(s,b)和 Pop(s);运算后，执行 ReadTop(s)的结果是（　　　）。

　　　A．a　　　　　　　B．b　　　　　　　C．1　　　　　　D．0

13．在经过 InitStack(s)；Push(s,a)；Push(s,b)；ReadTop(s)；Pop(s,x)；运算后，x 的值是（　　　）。

　　　A．a　　　　　　　B．b　　　　　　　C．1　　　　　　D．0

14．在经过 InitStack(s)；Push(s,a)；Push(s,b)；Pop(s,x)；Pop(s,x)；运算后，EmptySeque(s)的值是（　　　）。

　　　A．a　　　　　　　B．b　　　　　　　C．1　　　　　　D．0

15．在向顺序栈中输入元素时，（　　　）。

　　　A．先存入元素，后移动栈顶指针　　　　B．先移动栈顶指针，后存入元素

　　　C．谁先谁后无关紧要　　　　　　　　　D．同时进行

16．在初始化一个空间大小为 5 的顺序栈 s 后，s->top 的值是（　　　）。

　　　A．0　　　　　　　　　　　　　　　　B．-1

　　　C．不再改变　　　　　　　　　　　　　D．动态变化

17．设有一个入栈次序为 A、B、C、D、E 的序列，则栈不可能的输出序列是（　　　）。

　　　A．E、D、C、B、A　　　　　　　　　B．D、E、C、B、A

　　　C．D、C、E、A、B　　　　　　　　　D．A、B、C、D、E

18．设有一个顺序栈 s，元素 A、B、C、D、E、F 依次入栈。如果这 6 个元素出栈的顺序是 B、D、C、F、E、A，则栈的容量至少应是（　　　）。

　　　A．3　　　　　　　B．4　　　　　　　C．5　　　　　　D．6

三、综合应用题

1. 在栈的输入端，元素的输入顺序为 1、2、3、4、5、6，入栈过程中可以出栈，则出栈时能否排成序列 3、2、5、6、4、1 和 1、5、4、6、2、3，若能，写出入栈、出栈过程；若不能，简述理由。用 push(x)表示 x 入栈，用 pop(x)表示 x 出栈。

2. 给出后缀表达式"8 4 * 3 2 + -"的求值过程以及结果。

3. 编写一个算法，检查字符串"(x=0)[x=1](x++)[x=x-5](x=0)"中的中括号和小括号是否配对，若能够全部配对，则返回 1，否则返回 0。

4. 编写一个算法，将中缀表达式转换为后缀表达式。

5. 编写一个算法，求解后缀表达式的值。

第4章 队列

队列也是一类特殊的线性表。在实际应用中，经常需要按照先来先服务的规则进行排队，等待具体的服务，比如银行排队等待服务的客户队列、待批改的作业队列等，它们的逻辑结构都是队列的模型。队列也常应用在多种算法中，作为辅助数据结构用于暂存数据，包括操作系统中的作业调度和进程调度、网络中的路由缓冲区管理、表达式求值、图的广度遍历等算法。本章将系统介绍队列的逻辑结构，以及相应的存储结构和其上的算法实现。

1. 知识与技能目标
➤ 了解队列的逻辑结构。
➤ 掌握循环队列的基本操作以及算法。
➤ 掌握链队列的基本操作以及算法。
➤ 理解队列的基本应用。
➤ 了解队列与栈的各类应用背景。
➤ 具备编程实现循环队列、链队列上的算法的能力。
➤ 具备队列上的简单应用算法的设计与实现能力。

2. 素养目标
➤ 树立开发项目与维护项目的意识。
➤ 培养勤于学习与归类项目文档的能力。
➤ 培养组织协调能力与形成友善的价值观。

4.1 队列的定义与基本运算

队列作为一种特殊的线性表，是实际应用中比较常见的数据模型。本节主要介绍队列的定义、逻辑结构以及相关术语，同时介绍队列的基本运算及其含义，这里需要注意队列的运算和栈的运算的异同点。

4.1.1 队列的定义

前面所讲的栈是一种先进后出的数据结构，而在实际应用中，还经常使用一种先进先出的数据结构，即队列。队列（Queue）是运算受限的线性表，是一种先进先出的线性表。它是一种只允许在表的一端进行插入，而在另一端进行删除的线性表。

● 队首（Front）：允许进行删除的一端。
● 队尾（Rear）：允许进行插入的一端。

图 4-1 是一个有 6 个元素的队列。入队的顺序为 a_5、a_4、a_3、a_2、a_1、a_0，出队时的顺序只能是 a_5、a_4、a_3、a_2、a_1、a_0。

$$入队 \longrightarrow a_0、a_1、a_2、a_3、a_4、a_5 \longrightarrow 出队$$

图 4-1 队列结构

在日常生活中，队列的例子有很多，如排队等待服务的一组对象，排在队首的先接受服务，再离开，后面的对象依次接受服务。新来的请求服务的对象则需要排在队尾。计算机系统领域中的许多应用，如电子商务系统中的缓冲队列、邮件服务中的邮件队列、客户机/服务器系统中的用户请求服务的队列等，都是队列结构。

4.1.2 队列的基本运算

队列的基本运算与栈类似，主要运算如下。

1. 队列的初始化

4-1
顺序队列的基本运算

队列的初始化算法表示为 InitQueue(q)，操作结果是构造一个空的队列 q。

2. 入队

入队的算法表示为 InQueue(q,x)，操作结果是在队列 q 尾部插入一个元素 x。

3. 出队

出队的算法表示为 OutQueue(q,x)，若队列非空，则删除队首元素，并将该元素返回给 x。

4. 读队首元素

可以在队列中读取队首元素，读取算法表示为 FrontQueue(q,x)，操作结果：若队列非空，则将队首元素返回给 x。

5. 判断队列是否为空

判断队列是否为空的算法表示为 EmptyQueue(q)，操作结果：若队列 q 为空队列，则返回 1，否则返回 0。如果是顺序队列，则有相应的"判断队列是否为满"的算法。

4.2 队列的存储结构及其上基本算法实现

由于队列是运算受限的线性表，因此线性表的存储结构对队列也是适用的。常用的队列的存储结构有顺序存储结构和链式存储结构，两种存储结构在队列的算法实现上略有不同。队列的运算集中在队首和队尾两端进行，不允许在队列的中间进行插入和删除等操作。本节介绍队列的顺序存储结构和链式存储结构，同时介绍在对应存储结构上的算法实现。

4.2.1 顺序队列

如果队列中的元素以顺序结构进行存储，则称为顺序队列。从队列的定义可以知道，随着队列中元素入队和出队的动态变化，队首元素和队尾元素的位置也是在变化的。因此，除队列的数据区以外，还

4-2
顺序队列的结构体类型定义

需要两个参数来分别表示队首、队尾的两个指针，这样可以确定队列的访问范围。

下面是顺序队列的类型定义。

```
typedef struct QueueNode {
int data[MAXSIZE];          /*队列的数据区域*/
int rear,front;             /*队首和队尾指针*/
}*SeqQueue;
```

顺序队列的基本运算和栈类似，比较简单。这里直接给出运算实现的主要语句。

1）定义一个指向队列的指针变量：SeqQueue *sq。

2）申请一个顺序队列的存储空间：sq=new(SeqQueue)。

3）队列的数据区的空间范围：sq->data[0]～sq->data[MAXSIZE-1]。

4）队首指针：sq->front。

5）队尾指针：sq->rear。

为便于顺序队列上运算的实现，设队首指针指向队首元素前面一个位置，队尾指针指向队尾元素的位置。这样的设置是为了运算方便，并不是唯一的表示方法。初始，队列为空，表示为 sq->front=sq->rear=-1；入队时，首先队尾指针 rear 加 1，然后元素入队；出队时，首先队首指针 front 加 1，然后队首元素出队。按照上述思想建立的空队列的入队和出队示意图如图 4-2 所示，设队列的最大容量 MAXSIZE=10。

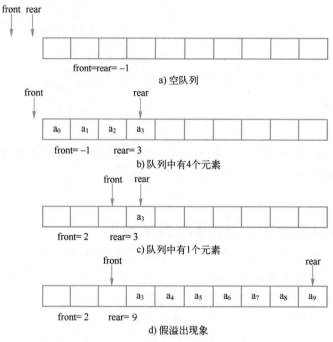

图 4-2　顺序队列操作示意图

在不考虑队列满或空的情况下，下面是顺序队列中入队、出队等主要运算的实现语句，其中 m 表示队列中元素总个数。

（1）入队

```
sq->rear++;
sq->data[sq->rear]=x;        /*原队首元素送入 x 中*/
```

（2）出队

sq->front++;
x=sq->data[sq->front];

（3）队中元素个数

m=(sq->rear)-(sq->front);

（4）判断队列满或队列空

队列满时，m= MAXSIZE；队列空时，m=0。

随着动态入队和出队，整个队列的元素向队列尾部集中，这样就出现了图 4-2d 中的现象：队尾指针已经移到了队列的尾部，表示队列已经满了，再有元素入队就会溢出。而事实上，此时队列中不是所有的空间都有元素，还有一些空间是可以继续入队元素的，但是按照队列的逻辑定义，不能继续入队。如果继续入队，那么只能在队列的尾部进行入队，但是这时候队列的尾部已经没有空间存放元素。这种现象称为"假溢出"。解决假溢出问题的方法之一是将队列的数据区 sq.data[0～MAXSIZE-1]看成首尾相接的循环结构，首尾指针的关系不变。这样的队列称为循环队列。循环队列示意图如图 4-3 所示。

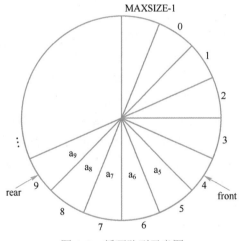

图 4-3　循环队列示意图

循环队列是首尾相接的循环结构，与一般的顺序队列相比，在入队和出队操作时，队首和队尾的指针变化不同，但真正的数据存储空间还是顺序的，只是在入队时，队尾指针的操作修改为

sq->rear=(sq->rear+1) % MAXSIZE;

在出队时，队首指针的操作修改为

sq->front=(sq->front+1) % MAXSIZE;

设 MAXSIZE=10，图 4-4 是循环队列操作示意图。

从图 4-4 所示的循环队列可以看出，图 4-4a 中是空队列，front=rear=-1；图 4-4b 是 a_0、a_1、a_2、a_3 四个元素入队的情况，此时 front=-1，rear=3；如图 4-4c 所示，随着 a_0～a_2 相继出队，队列中只剩 1 个元素，此时 front=2，rear=3，在此基础上，如果 a_3 继续出队，则队列空，有 front=rear=3；如图 4-4d 所示，a_4～a_9 继续入队，front=2，rear=9。在图 4-4d 的基础上，如

果继续有 3 个元素入队，则此时队列为满，有 front=rear=2。从中可以看出，在队列满和队列空的情况下，都有：front==rear，也就是说，"队列满"和"队列空"的条件是相同的。如何确定是队列空还是队列满呢？

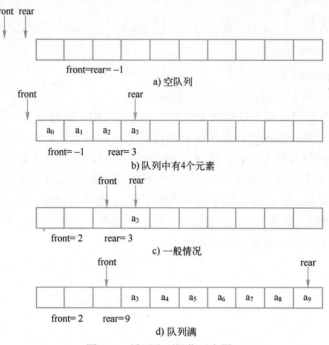

图 4-4　循环队列操作示意图

一般有两种方法来解决这一问题。第一种方法是附设一个存储队列中元素个数的变量，如 num，当 num==0 时，表示队列空，当 num==MAXSIZE 时，表示队列满。第二种方法是少用一个元素空间，此时的状态是队尾指针加 1 就会从后面"赶上"队首指针，这种情况下队列满的条件：(rear+1)%MAXSIZE==front，也能和空队列区分开。

下面的循环队列使用的是第一种方法，首先给出循环队列的类型声明。

下面是循环队列的结构体定义。

```
typedef struct SeqQueue{
    int data[MAXSIZE];          /*数据的存储区*/
        int front,rear;          /*队首和队尾指针*/
        int num;                 /*队列中元素的个数*/
    } /*循环队列*/
```

因为循环队列的基本操作比较简单，所以下面直接给出其算法实现。

1．初始化循环队列

初始化循环队列操作设置一个空的队列 q，算法实现如下。

算法 4-1　循环队列的初始化算法

```
void InitSeqQueue(SeqQueue *&q){
    q->front=q->rear=-1;
    q->num=0;
}
```

2. 入队

在循环队列 q 中，入队一个元素 x，如果入队成功，则算法返回 1，否则返回 0。算法实现如下。

算法 4-2 循环队列的入队算法

```
int InSeqQueue ( SeqQueue *q , int x){
    if(num==MAXSIZE){
        cout<<"队列满";
        return 0;        /*队列满，不能入队*/
     }
    else{
        q->rear=(q->rear+1) % MAXSIZE;
        q->data[q->rear]=x;
        num++;
        return 1;        /*入队完成*/
    }
}
```

3. 出队

在循环队列 q 中，出队一个元素，并将出队元素返回到变量 x 中，如果出队成功，则算法返回 1，否则返回 0。算法实现如下。

算法 4-3 循环队列的出队算法

```
int OutSeqQueue (SeqQueue *q , int *x){
    if(num==0){
        cout<<"队列空";
        return 0;     /*队列空，不能出队*/
    }
    else {
        q->front=(q->front+1) % MAXSIZE;
        *x=q->data[q->front]; /*读取队首元素*/
        num--;
        return 1;     /*出队完成*/
    }
}
```

4. 判断队列是否为空

如果循环队列 q 为空，则算法返回 1，否则返回 0。算法实现如下。

算法 4-4 判断循环队列是否为空的算法

```
int EmptySeqQueue(SeqQueue *q){
    if (num==0)   return 1; /*队列为空，返回 1*/
    else return 0; /*队列非空，返回 0*/
}
```

5．判断队列是否为满

如果循环队列 q 已满，则算法返回 1，否则返回 0。算法实现如下。

算法 4-5　判断循环队列是否为满的算法

```
int FullSeqQueue(SeqQueue *q){
    if(num==MAXSIZE)   return 1; /*队列为满，返回 1*/
    else return 0; /*队列非满，返回 0*/
}
```

4.2.2　链队列

采用链式存储结构的队列称为链队列。和链栈类似，用单链表来实现链队列。它是一种限制仅在表头删除结点和在表尾插入结点的单链表。而单链表只能从表头开始进行操作，不便于在表尾进行插入操作。因此，在单链表的基础上，附设一个尾指针，指向链表的最后一个结点，以便于在链队列尾部插入结点，如图 4-5 所示。

4-3
队列的链式存储与实现

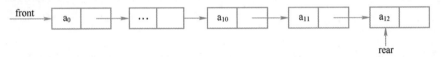

图 4-5　链队列示意图

在图 4-5 中，队首指针 front 和队尾指针 rear 是两个独立的指针变量，从结构性上考虑，通常将二者封装在一个结构中，用结构体来表示链队列。

链队列的定义如下。

```
typedef struct QueueNode{
    int data;
    struct QueueNode *next;
} /*链队列结点的类型*/
struct LinkQueue{
    QueueNode *front,*rear;
};/*将首尾指针封装在一起的链队列*/
```

定义一个指向链队列的指针。

```
LinkQueue *Q;
```

按照这种定义建立的带头结点的链队列如图 4-6 所示。

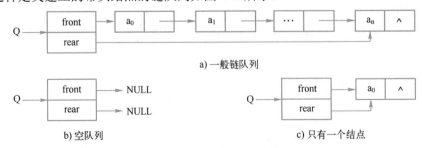

图 4-6　结构体链队列示意图

链队列上基本运算的算法实现如下。

1. 初始化链队列

初始化一个空的链队列 q，算法实现如下。

算法 4-6　初始化链队列的算法

```
void InitLinkQueue(LinkQueue *&q ) {
    q=new LinkQueue;
    q->rear = NULL;
    q->front=NULL;
}
```

2. 入队

将变量 x 所在的结点入队，如果入队成功，则算法返回 1，否则返回 0。算法实现如下。

算法 4-7　链队列的入队算法

```
void InLinkQueue(LinkQueue *&q, int x) {
    QueueNode *p;
    p = new QueueNode;    /*申请新结点*/
    if (!p)
        return 0;
    p->data = x;
    p->next = NULL;
    q->rear->next = p;       /*新结点入队*/
    q->rear = p;
    return 1;
}
```

3. 判断队列是否为空

如果链队列 q 为空，则算法返回 1，否则返回 0。算法实现如下。

算法 4-8　判断链队列是否为空的算法

```
int EmptyLinkQueue( LinkQueue *q){
    if (q->front==q->rear=NULL)     return 1;
    else    return 0;
}
```

4. 出队

如果链队列 q 不为空，则队首元素出队，元素返回到参数 x 中。如果出队成功，则算法返回 1，否则返回 0。算法实现如下。

算法 4-9　链队列的出队算法

```
int OutLinkQueue(LinkQueue *&q, int *x) {
    QueueNode *p;
    if (EmptyLinkQueue(q) ) {
        cout <<"队列空";return 0;
```

```
        }    /*队列空，出队失败*/
        else {
            p = q->front;
            q->front = p->next;
            *x = p->data; /*将队首元素放入 x*/
            delete(p);
            if (q->front == NULL)
                q->rear = NULL;
            /*只有一个元素时，它出队后，队列空，此时还要修改队尾指针为空*/
            return 1;
        }
    }
```

关于链队的运算实现，有以下两点需要说明。

● 入队时，不需要判断队列是否为满，因为在链式存储结构中，一般在内存空间不足时，才会申请不到存储空间，影响入队操作，对于这种情况，一般可以不做考虑。

● 链栈中是没有头结点的，但为了便于运算的统一实现，和链表一样，链队列中设置了头结点。

4.3 案例分析与实现

迷宫最短路径求解

对于求解迷宫的最短路径问题，要求找到一条从迷宫入口到出口的最短路径，试设计一个算法，找出最短路径。求最短路径实际就是先求迷宫中的所有路径，再从中比较判断出一条最短路径。

4-4
队列的应用

【算法分析】算法的基本思想：首先，从迷宫入口坐标点(1,1)出发，向四周搜索，记下所有一步能到达的坐标点；接着依次从这些坐标点出发，再记下所有一步能到达的坐标点，以此类推，直到到达迷宫的出口坐标点(m,n)为止；然后从出口坐标点沿搜索路径回溯至入口，这样就找到了从出口到入口的所有路径；最后，从这些路径中就可以找到一条走出迷宫的最短路径。

有关迷宫的数据结构、试探方向、如何防止重复到达某个坐标点以避免发生死循环的问题的处理与 3.3 节中的"迷宫问题求解"类似。二者的不同之处体现在如何存储搜索路径上。在搜索过程中，必须记下每一个可到达的坐标点，以便从这些坐标点出发继续向四周搜索。因为从先到达的坐标点向下搜索，故使用队列来保存已到达的坐标点。在到达迷宫的出口点(m,n)后，为了能够从出口坐标点沿搜索路径回溯至入口，对于每一个坐标点，一是需要记下该坐标点，二是要记下到达该坐标点的前驱坐标点。因此，可以将一个结构数组 sq[num]作为队列的存储空间。因为迷宫中每个坐标点至多被访问一次，所以 num 至多等于 m×n。sq 的每一个结构有三个域 x、y 和 pre，其中 x、y 分别为所到达点的坐标；pre 为前驱坐标点在 sq 中的坐标，是一个静态链域。除 sq 以外，还有队首指针 front 和队尾指针 rear，它们分别用来指向队首元素和队尾元素。

下面是队列的类型定义。

```
        typedef    struct{
```

```
        int x,y;
        int pre;
    }Seq;
    Seq sq[num];
    int front,rear;
```

下面是算法的步骤描述。

1）初始状态。队列中只有一个元素 sq[1]来记录入口点的坐标(1,1)，该坐标点是出发点，没有前驱坐标点，pre 域为-1、队首指针 front 和队尾指针 rear 均指向它。

2）搜索过程。搜索时都是以 front 所指坐标点为搜索的出发点，当搜索到一个可到达点时，将该点的坐标和 front 所指的点的位置入队，不但记下了到达点的坐标，还记下了它的前驱点的坐标。在对 front 所指的点的 8 个方向搜索完毕后，front 所指坐标点出队。

3）回到步骤 2），继续对下一坐标点搜索。在搜索过程中，若遇到出口点，则成功，搜索结束，打印走出迷宫最短路径，算法结束；或者，当前队列空，即没有搜索坐标点了，表明没有可通的路径，则算法结束。

下面是具体的算法实现，其中参数 maze 是用二维数组表示的迷宫，参数 move 表示移动的 8 个方向。

算法 4-10　求迷宫最短路径的算法

```
void Path(int maze[m][n],item move[8]) {
    /*maze：迷宫数组*/
    /*move：坐标增量数组*/
    Seq sq[NUM];
    int front, rear;
    int x, y, i, j, v ;
    front = rear = 0;
    sq[0].x = 1;
    sq[0].y = 1;
    sq[0].pre = -1; /*入口点入队*/
    maze[1, 1] = -1;
    while (front <= rear) { /*队列不空*/
        x = sq[front].x ;
        y = sq[front].y ;
        for (v = 0; v < 8; v++) {
            i = x + move[v].x;
            j = x + move[v].y;
            if (maze[i][j] == 0) {
                rear++;
                sq[rear].x = i;
                sq[rear].y = j;
                sq[rear].pre = front;
                maze[i][j] = -1;
            }
            if (i == m && j == n) {
                PrintPath(sq, rear); /*打印走出迷宫的最短路径*/
                return 1;
```

```
                }
            }   /*对 8 个方向的搜索完毕*/
            front++;   /*当前点搜索完毕，取下一个点继续搜索*/
        }   /*队列为空，循环结束*/
        return 0;
    }
```

在上面的例子中，不能采用循环队列，因为上例的队列中保存了已探索到的路径序列。如果用循环队列，则会把先前得到的路径序列覆盖掉，导致无法找到最短路径。而在有些问题中，可以采用循环队列。例如，在持续运行的实时监控系统中，监控系统源源不断地收到监控对象顺序发来的报警信息，为了保持报警信息的顺序性，就要按顺序一一保存报警信息，而这些信息是无穷多个，不可能全部同时驻留内存，可根据实际问题，设计一个适当的向量空间，用作循环队列，最初收到的报警信息一一入队，当队列满之后，又有新的报警信息到来时，新的报警信息将覆盖掉旧的报警信息，内存中始终保持当前最新的若干条报警信息，以便满足快速查询的需求。

本章小结

本章主要讨论了线性结构中一类特殊的结构——队列。队列和栈都是特殊的线性表，二者的结构不同，应用背景也不同。本章首先介绍了队列的定义、相关术语和队列上常用的基本运算操作，接着介绍了队列的存储结构和相应算法在计算机中的实现。队列的存储实现主要有以下两类。

- 顺序队列。
- 链队列。

对于每种存储结构，需要理解以下三点内容。

- 存储结构的特点。
- 两种存储结构在计算机中的实现方法，以及和栈上运算实现的区别与联系。
- 链队列中队首、队尾指针的作用。

习题

一、填空题

1．队列是一种特殊的，只允许在_____操作的线性表。

2．在队列中存取数据应遵循的原则是_____。

3．栈和队列的区别仅在于_____不相同。

4．队列在逻辑结构上属于_____结构。

5．队列中允许插入的一端称为_____，允许删除的一端称为_____。

6．在顺序队列中出队操作时，首先需要判断队列是否为_____。

7. 在顺序队列中进行入队操作时，首先需要判断队列是否为_____。

8. 对于顺序存储的队列，如果不采用循环队列方式，则会出现_____问题。

9. 循环队列的队首指针为 front，队尾指针为 rear，则队列内共有_____个元素。

10. 循环队列的队首指针为 front，队尾指针为 rear，则队列空的条件为_____。

11. 链队列 q 为空的条件是_____。

12. 在具有 n 个单元且采用顺序存储方式的循环队列中，队列满时，共有_____个元素。

13. 若 front 和 rear 分别表示循环队列 q 的队首指针与队尾指针，m 表示该队列的最大容量，则循环队列为空的条件是_____。

14. 对于带头结点的链队列 q，判定队列中只有一个数据元素的条件是_____。

15. 设循环队列的容量为 100（序号为 0～99），在经过一系列入队和出队运算后，front=13，rear=39，循环队列中还有_____个元素。

二、选择题

1. 队列是一种限定在（　　）进行操作的线性表。

　　A. 中间者　　　　　B. 队首　　　　　　C. 队尾　　　　　　D. 端点

2. 在链队列中执行入队操作，（　　）。

　　A. 需要判别队列是否为空　　　　　B. 需要判别队列是否为满

　　C. 限制对队首指针的修改　　　　　D. 限制对队尾指针的修改

3. 在一个顺序存储的循环队列中，队首指针指向队首元素的（　　）。

　　A. 前一个位置　　　　　　　　　　B. 后一个位置

　　C. 队首元素位置　　　　　　　　　D. 任意位置

4. 一个循环队列一旦声明，它占用空间的大小（　　）。

　　A. 固定　　　　B. 可以变动　　　　C. 不能固定　　　D. 动态变化

5. 顺序队列占用的空间（　　）。

　　A. 必须连续　　　B. 不必连续　　　C. 不能连续　　　D. 可以不连续

6. 将有 50 个元素的顺序循环队列用数组 data 来存储，则 data 数组的下标范围是（　　）。

　　A. 0～10　　　　B. 0～9　　　　　C. 1～9　　　　　D. 1～10

7. 4 个元素 A、B、C、D 按此顺序依次进入队列 q，先执行 3 次 QutQueue(q)操作，再执行 EmptyQueue(q)，得到的值是（　　）。

　　A. 0　　　　　　B. 1　　　　　　C. 2　　　　　　D. 3

8. 在链队列中，结点的结构：data 为数据域，next 为指针域，rear 和 front 分别指向队尾与队首，对于从链队列中出队的结点，由指针 s 指向它，应执行下列（　　）操作。

　　A. s->next=front->next;front->next=s

　　B. front->next=s

　　C. s->next=front;front->next=front

　　D. s->next=front;front=s

9. 若进队的序列为 A、B、C、D，则出队的序列是（　　）。

　　A. B、C、D、A　　　　　　　　　B. A、C、B、D

    C．A、B、C、D   D．C、B、D、A

10．用一个大小为 10 的数组来实现循环队列，且当前 front 和 rear 的值分别为 3 与 0，当先从队列中删除一个元素，再加入两个元素后，front 与 rear 的值分别为（   ）。

    A．5 和 1   B．4 和 2   C．2 和 4   D．1 和 5

三、简答题

1．试举出几个生活中的例子，要求其操作规律符合队列的操作特征。

2．分别简单描述队列、队首、队尾、空队列、链队列和循环队列的概念。

3．线性表、栈、队列之间有什么区别与联系？

4．什么是顺序队列的上溢现象？什么是顺序队列的假溢出现象？

5．循环队列的优点是什么？如何判断循环队列是空还是满？

四、算法设计题

1．设用一维数组 data[n]来表示一个队列，实现入队与出队的操作算法。

2．编写算法，实现利用两个栈 s_1、s_2 来模拟一个队列的入队、出队和判断队列是否为空的运算。

3．已知一个循环队列 q，它只有队首指针 front，不设队尾指针，另设一个含有元素个数的计数器 count，试编写相应的入队算法和出队算法。

4．已知 q 是一个非空队列，s 是一个空栈。试设计一个算法，利用栈和队列的基本运算，将队列 q 中的全部元素逆置存放。

5．已知循环队列 q，它只设置了队首指针和队尾指针，试设计算法求循环队列中当前元素的个数。

第 5 章　字符串和数组

在办公自动化软件中，经常需要对字符串进行处理，如在文本文档的编辑过程中，对字符串进行插入、删除、查找和替换等操作。应用程序开发中的源代码、目标程序都是字符串数据。字符串作为一类特殊的数据，有其自身的特点，一般是作为一个整体被处理。本章将首先介绍字符串的定义、相关术语和基本运算，以及字符串的定长顺序存储和基本运算；然后讨论一般程序设计语言都支持的固有结构类型——数组。

1. 知识与技能目标

➤ 了解字符串的定义和相关概念。
➤ 掌握字符串常用运算的实现。
➤ 理解字符串的模式匹配算法。
➤ 理解数组的顺序表示和实现。
➤ 理解稀疏矩阵的压缩算法。
➤ 具备编程实现字符串上常用算法的能力。
➤ 具备利用数组对数据进行组织与处理的能力。

2. 素养目标

➤ 培养程序复用设计的能力。
➤ 培养整体的、全面的、统筹的思维能力。
➤ 培养学习和总结的能力。

5.1　字符串及其基本运算

在一些应用中，需要进行非数值处理，例如，在办公自动化软件中，常涉及一系列字符操作。计算机的硬件结构主要反映数值类型数据计算的要求，字符串的处理比具体数值型数据更复杂。本节先介绍字符串的基本概念，再介绍字符串的基本运算。

5.1.1　字符串的基本概念

字符串是一类特殊的线性表。字符串中的数据元素是一个个字符，字符的操作运算更加丰富和复杂。下面先介绍字符串的定义以及相应的术语。

1. 字符串的定义

字符串是由零个或多个字符组成的有限序列，记作：s="$a_0a_1a_2...a_{n-1}$"，其中 s 是字符串名；a_i（$0 \leqslant i \leqslant n-1$）是单个字符，称为字符串的数据元素，是构成字符串的基本单位，可以是字母、数字或其他字符。

2. 串值

双引号括起来的字符序列是串值。如果是空串，则字符串中没有任何字符。

3. 串长

字符串中包含的字符的个数称为该串的长度。例如，字符串 s="data struct"，串长为 11。

4. 空串

长度为零的字符串称为空串，它不包含任何字符。例如，空串 s=""，串长为 0。

5. 空格串

所有字符都是空格的字符串称为空格串。这里需要注意空串和空格串的区别，空串是长度为零的字符串，而空格串是由特殊字符空格组成的字符串。

6. 子串

字符串中任意一个或多个连续字符组成的子序列称为该字符串的子串，包含子串的字符串相应地被称为主串。

将子串在主串中首次出现时该子串的首字符在主串中的对应序号称为子串在主串中的序号（或位置）。例如，设有两个字符串 s_1 和 s_2，s_1="banana"，s_2="an"，则 s_2 是 s_1 的子串，s_1 为主串。子串 s_2 在主串 s_1 中首次出现的位置序号是 1，这里的第一个位置序号从 0 开始计数。因此，称 s_2 在 s_1 中的序号为 1。特别地，空串是任意字符串的子串，任意字符串是其自身的子串。

设有字符串 s="good"，那么字符串 s 有 10 个子串：空串、g、o、d、go、oo、od、goo、ood、good。

7. 串相等

如果两个字符串的长度相等，并且对应位置上的字符相等，则称这两个字符串相等。

5.1.2　字符串的基本运算

字符串作为一类特殊的线性表，除具有一般线性表的基本操作以外，还因其自身内容的特殊性，具有一些特有的操作。字符串操作的基本单位除单独的字符以外，还可以是子串。字符串上的运算，除针对一般简单数值类型线性表的基本运算以外，还有具备其自身特点的运算。下面介绍字符串的常用运算。

1. 求串长

求串长的算法表示为 LengthString(s)。操作结果为返回字符串中所含元素的个数。

2. 串赋值

串赋值的算法表示为 AssignString(s_1,s_2)。操作结果是将字符串 s_2 的串值赋值给字符串 s_1，字符串 s_1 原来的值被覆盖，而字符串 s_2 的值保持不变。

3. 串连接

串连接的算法表示为 ConcatString(s_1,s_2)。操作结果是将字符串 s_2 连接到字符串 s_1 尾部，字符串 s_1 的值发生改变，其长度为两个字符串的长度之和，而字符串 s_2 保持不变。例如，s_1="he is"，s_2="smart"，操作结果为 s_1="he is smart"，s_2="smart"。

4. 求子串

求子串的算法表示为 SubString (s,i,len)。操作结果为返回字符串 s 的一个子串，子串的取值是从字符串 s 的第 i 个字符开始的长度为 len 的字符串。当 len=0 时，得到的子串是空串。例如，SubString("computer",3,4)= "pute"。

5．串比较

串比较的算法表示为 CompareString(s_1,s_2)。操作结果：若两个字符串相等，即 s_1==s_2，则算法返回值为 0；若 s_1<s_2，则返回值为-1；若 s_1>s_2，则返回值为 1。例如，设有两个字符串：s_1="abc"，s_2= "good"，则 CompareString(s_1,s_2)返回-1。

6．模式匹配

模式匹配的算法表示为 IndexString(s,t)，其目的是查找子串 t 在主串 s 中首次出现的位置。操作结果：若 t∈s，则返回 t 在 s 中首次出现的位置，否则返回值为-1。例如，IndexString("true or false","e")返回的值为 3。

7．串插入

串插入的算法表示为 InsertString(s,i,t)。操作结果为将字符串 t 插入到字符串 s 的第 i 个位置上，s 的串值发生改变。例如，有字符串 s="true"，t="or false"，InsertString(s,4,t)的结果为 s="true or false"。

8．串删除

串删除的算法表示为 StringDelete(s,i,len)。操作条件：字符串 s 存在，并且 0≤i<LengthString(s)，1≤len≤LengthString(s)-i+1。操作结果为删除字符串 s 中从第 i 个字符开始的长度为 len 的子串，s 的串值改变。例如，字符串 s="true or false"，算法 StringDelete(s,4,3)运行后，s="true false"。

9．串替换

串替换的算法为 ReplaceString(s,t,r)。操作结果是用字符串 r 替换字符串 s 中出现的所有与字符串 t 相等的不重叠的子串，s 的串值改变。例如，字符串 s="you are always right"，则 ReplaceString(s,"a","n")="you nre nlwnys right"。

以上是对字符串的几个基本操作，其中求串长、串赋值和求子串不能用其他操作组合完成，也被称为最小操作集。

5.2　字符串的定长顺序存储结构及其上基本运算

字符串具有一定的特殊性，其存储结构比较灵活，在一般的顺序存储结构和链式存储结构基础上，都有一定的变化，导致对字符串的运算实现不同于一般线性表。本节将详细介绍字符串的存储结构和对应的算法实现。

5-1
串的顺序存储

5.2.1　字符串的定长顺序存储结构

字符串是一种特殊的线性表，其存储结构和线性表类似，可以是顺序存储结构，也可以是链式存储结构，但二者又不完全相同。下面是字符串在计算机中的 3 种存储方式。

（1）定长顺序存储结构

与顺序表的定义类似，事先为字符串分配连续的固定长度的存储空间来存储字符串，这种存储方式称为字符串的定长顺序存储结构，也称为顺序串，即定义一个字符串类型的数组来存储字符，从而实现在连续内存区域中存储的目的。在 C++中，将字符串定义成字符数组，利用串名可以直接访问串值。

（2）堆分配存储方式

从字符串的定长顺序存储方式可以看出，一个字符串的存储空间大小是固定的。在运算的过程中，当出现字符串长度超过预先设定的字符串最大长度时，必须对字符串进行截取超出长度的处理。这会导致在字符串上的操作的复杂度不断增加。为了既可以顺序存储又可以动态分配存储空间，需要应用堆分配存储方式。堆分配存储方式将一段连续分配的地址作为存储字符串的地址，与定长不同的是，要求使用 new 和 delete 函数进行内存的动态添加与删除，表示字符串的存储空间是在程序运行时根据字符串的实际长度动态分配的。

（3）块链存储方式

块链存储方式利用链式存储结构来表示字符串的信息。在字符串的定长顺序存储与堆分配存储中，字符串的每一个字符都是作为单个的单元进行存储的。而在块链存储方式中，链表中每个结点存储字符串中的若干连续字符，所有结点中存储完整的串值。其中，链表中每个结点的大小可以不同，也就是说，每个结点中存储的字符长度可以不同。

下面主要介绍字符串的顺序存储结构。所谓定长顺序存储结构是指，直接使用定长的字符数组来定义，数组的上界预先确定。

字符串的顺序存储结构类似于顺序表，用一组地址连续的存储单元存储串值中的字符序列。为每一个字符串变量分配一个固定长度的存储区，如果用一个指针来指向最后一个字符，那么顺序存储结构的结构体表示可描述如下。

```
struct SeqString{
    char data[MAXSIZE];
    int last;
};
```

可用下面的语句定义一个字符串变量。

```
SeqString str;
```

这种存储方式可以直接得到字符串的长度：str.last+1。

在 C++语言中，在串尾存储一个不会在字符串中出现的特殊字符'\0'，将它作为字符串的终结符，以此表示字符串的结尾。在这类方法中，需要通过判断当前字符是否是'\0'来确定字符串是否结束，从而求得字符串的长度。

顺序串的初始化、插入、删除、查找等运算与顺序表类似，这里不再赘述。下面主要讨论顺序串的连接、求子串、串比较运算的算法实现。

（1）串连接运算

串连接运算的算法表示为 int ConcatString(SeqString s,SeqString t)。运算的目的是将字符串 t 追加到字符串 s 的尾部，字符串 s 变为一个新的串，字符串 t 不变，字符串 s 的长度为 s.last+t.last+2。若串连接成功，则算法返回 1，否则返回 0。算法实现如下。

算法 5-1 串连接算法

```
int ConcatString(SeqString s, SeqString t) {
    int i,   j ;
    if ((s.last + t.last + 2) > MAXSIZE)
          return 0 ;      /*连接后，字符串长度超出范围*/
    for (i = 1 ; i <= t.last+1 ; i++)
          s.data[s.last + i] = t.char[i-1] ; /*字符串 t 连接到字符串 s 之后  */
    s.last = s.last + t.last ; /*连接后的字符串长度*/
    return 1;
}
```

（2）求子串运算

求子串运算的算法表示为 SubString (SeqString s,int pos,int len, SeqString *sub)。运算过程：从主串 s 下标为 pos 开始，复制 len 个字符的子串，构成一个新串 sub。求子串运算完成的仅仅是字符串的复制过程。若求子串成功，则算法返回 1，否则返回 0。算法实现如下。

算法 5-2 求子串算法

```
int SubString (SeqString s, int pos, int len, SeqString *sub) {
    int k,i,j ;
    if (pos <0 || pos > s.last || len < 0 || len > (s.last-pos+1))
          return 0 ;                  /*截取位置越界*/
    for (j = 0, i = pos ; i<pos+len ; i++, j++)
          sub->data[j] = s.data[i] ; /*逐个字符复制，求得子串*/
    sub->last = len - 1 ;
    return 1 ;
}
```

（3）串比较运算

串比较运算的算法表示为 int CompareString(SeqString s,SeqString t)。该运算用来比较字符串 s 和 t 的大小，但首先会比较两个字符串的长度，如果长度不等，则算法直接返回 0；否则，需要逐个字符进行比较，依据最后比较字符的大小来确定字符串的大小。如果两个字符串相等，则算法返回 1，否则返回 0。

算法 5-3 串比较算法

```
int CompareString(SeqString s, SeqString t) {
    int i ;
    if (s.last != t.last)                /*长度不相等，返回 0*/
        return 0 ;
    else
        for (i = 0; i <= s.last; i++)
            if (s.data[i] != t.data[i]) {  /*有一个对应的字符不相等，返回 0*/
                return 0;
            }
    return 1 ;
}
```

5.2.2 模式匹配

在文本处理中，经常需要进行特定的字符串检索。在字符串处理中，把子串 t 在主串 s 中的定位称为模式匹配。例如，给定主串 s="find the dog"，从中检索子串 t="the"。子串 t 在主串 s 中的匹配结果为 5，也就是子串在主串中首次出现的位置序号。模式匹配的应用非常广泛。例如，在文本编辑程序中，经常要查找某一特定单词在文本中出现的位置。解此类问题的有效算法能极大地提高文本编辑程序的响应性能。

5-2
朴素串匹配算法过程示意

在字符串的模式匹配中，设 s 为目标串，t 为模式串，两个字符串分别表示为 s="$s_0s_1s_2\cdots s_{n-1}$"、t="$t_0t_1\ldots t_{m-1}$"，其中串的长度分别为 n 和 m。

字符串的模式匹配实际上是在合法的位置序号 i（$0 \leq i \leq n-m$）上依次将目标串中的子串 s[i~i+m-1] 和模式串 t[0~m-1] 进行比较，若 s[i~i+m-1]=t[0~m-1]，则称从位置 i 开始的匹配成功，亦称模式串 t 在目标串 s 中存在；若 s[i~i+m-1] ≠t[0~m-1]，则称从位置 i 开始的匹配失败。注意，位置 i 称为位移，当 s[i~i+m-1]=t[0~m-1]时，i 称为有效位移；当 s[i~i+m-1]≠t[0~m-1]时，i 称为无效位移。

下面介绍两种基本的匹配算法。

1. Brute-Force 模式匹配算法

Brute-Force 模式匹配算法就是从目标串中某个起始位置 i 开始，与模式串中的字符依次比较的过程，一旦有字符不相等，则表示本轮匹配失败，也就是说，从起始位置 i 开始的匹配不成功。然后，从下一个起始位置 i=i+1 开始，继续新一轮的匹配。如此往复循环比较过程，直到匹配成功为止。下面是该算法的步骤描述。

1）初始化。设置三个参数：i，j 和 k，它们的含义如下。

- i：表示目标串的当前比较位置，初始值 i=0。
- j：表示模式串的当前比较位置，初始值 j=0。
- k：表示目标串中每轮重新开始比较的起始位置，初始值 k=0。

2）比较。从目标串的第 i 个字符和模式串的第 j 个字符开始比较，即将 s_i 与 t_j 进行比较。比较结果有以下两种情况。

- 若 s_i=t_j，则继续下一个位置的比较，即位置 i++、j++。
- 若 s_i≠t_j，则开始新一轮的匹配比较，需要确定新的起始比较位置，k=k+1，i=k，j=0。

3）重复上述步骤，直到 t 中的字符全部比较完毕且相等为止，说明匹配成功，否则说明匹配失败。

下面通过一个例子来说明模式匹配过程。设目标串 s="he1you12is123he"，模式串 t="123"，模式匹配过程如图 5-1 所示。

下面是 Brute-Force 模式匹配的算法实现，其中参数 s 为目标串，t 为模式串，返回模式串 t 在目标串 s 中匹配成功的起始位置。如果匹配成功，则算法返回模式串在目标串中匹配的初始位置，否则返回-1。算法实现如下。

算法 5-4　Brute-Force 模式匹配算法

```
int IndexString(SeqString s, SeqString t) {
    char *p, *q ;
```

```
        int    k, j ;
        k = 0;j = 0 ;                    /*初始匹配位置设置*/
        p = s.data ;
        q = t.data ;
        while (k <= s.last)&& (j < t.last) {
            if (*p == *q)    {
                p++ ;
                q++ ;
                k++ ;
                j++ ;
            } else {
                k = k - j + 1 ;          /*重新设置匹配的起始位置*/
                j = 0 ;
                q = t.data ;
                p = s.data + k ;
            }
        }
        if (j == t.last)
            return(k - t.last) ;         /*匹配成功, 返回位置*/
        else
            return(-1) ;                 /*匹配不成功, 返回-1*/
    }
```

比较位置	0	1	2	3	4	5	6	7	8	9	10	11	12	13	14
	h	e	l	y	o	u	1	2	i	s	1	2	3	h	e
0	1×														
1		1×													
2			1√	2×											
3				1×											
4					1×										
5						1×									
6							1√	2√	3×						
7								1×							
8									1×						
9										1×					
10											1√	2√	3√		

图 5-1　Brute-Force 模式匹配过程

Brute-Force 模式匹配算法简单，易于理解。在文字处理的文本编辑中，其效率较高。该算法的关键是，当第一次 $s_k \neq t_j$ 时，需要重新在目标串中确定新的起始比较位置，即目标串要退回到 k-j+1 的位置，而模式串也要退回到第一个字符（即 j=0）的位置；当首次比较出现 $s_k \neq t_j$ 时，则应该有 $s_{k-1}=t_{j-1}\cdots s_{k-j+1}=t_1$、$s_{k-j}=t_0$。

下面分析该算法的时间复杂度，首先设目标串 s 长度为 n，模式串 t 长度为 m。在匹配成功的情况下，考虑下面两种极端情况。

（1）最好情况

每次不成功的匹配都发生在第 1 对字符比较时，例如，目标串 s="yougood123"，模式串 t="123"。假设匹配成功发生在目标串 s 的第 i 个字符处，则前面 i-1 轮匹配中一共比较了 i-1

次，第 i 轮比较了 m 次，所以共比较了 i+m-1 次。所有匹配成功的可能共有 n-m+1 种，在每种匹配成功的概率相等的情况下，即概率 p=1/(n-m+1)，则在最好情况下，平均比较的次数为

$$\sum_{i=1}^{n-m+1} p_i \times (i-1+m) = \sum_{i=1}^{n-m+1} \frac{1}{n-m+1} \times (i-1+m) = \frac{n+m}{2}$$

即最好情况下的时间复杂度是 O(n+m)。

（2）最坏情况

若匹配成功发生在 s 的第 i 个字符处，那么对于前面的 i-1 轮比较，如果每轮都是比较 m 次，也就是说，在每轮的比较中，前面 m-1 个字符的比较都是相等的，只有最后一个字符比较时是不等的，那么前面 i-1 轮比较共比较了(i-1)×m 次，第 i 轮成功的匹配则比较了 m 次，所以总共比较了 i×m 次，所以最坏情况下平均比较次数是

$$\sum_{i=1}^{n-m+1} p_i \times (i \times m) = \frac{1}{n-m+1} \sum_{i=1}^{n-m+1} (i \times m) = \frac{m \times (n-m+2)}{2}$$

即最坏情况下的时间复杂度是 O(n×m)。

2. 改进后的模式匹配算法（KMP 算法）的思想

（1）KMP 算法基本思想

Brute-Force 算法虽然简单，但效率较低，而 KMP 算法是一种对 Brute-Force 算法做了很大改进的模式匹配算法。该改进算法由 D. E. Knuth、J. H. Morris 和 V. R. Pratt 提出，简称为 KMP 算法。其改进之处在于每当一趟匹配过程出现字符不相等时，主串指针不用回溯，而是利用已经得到的部分匹配结果，将模式串的指示器向右滑动尽可能远的一段距离，然后继续进行比较。

Brute-Force 算法速度慢的原因是回溯，即在某趟的匹配过程失败后，对于 s 串，要回到本趟开始字符的下一个字符，而对于 t 串，要回到第一个字符，而这些回溯并不是必要的。

下面通过一个例子说明 KMP 算法过程。设有字符串 s="abacabab"，t="abab"。第一趟匹配过程如图 5-2 所示。

```
s= "abacabab"        i=3
    ===≠             匹配失败
t="abab"             j=3
```

图 5-2　KMP 算法的第一趟匹配

在 i=3 和 j=3 时，匹配失败。但重新开始第二趟匹配时，不必从 i=1，j=0 开始，因为 $s_1=t_1$，$t_0 \neq t_1$，所以必有 $s_1 \neq t_0$，又因为 $t_0=t_2$，$s_2=t_2$，所以必有 $s_2=t_0$。由此可知，第二趟匹配可以直接从 i=3，j=1 处开始，而不需要回溯到 i=1 和 j=0 后再开始下一趟匹配。

总之，在目标串 s 与模式串 t 的匹配过程中，一旦出现 $s_i \neq t_j$，目标串 s 的指针不必回溯，而是直接与模式串的 t_k（0≤k<j）进行比较，而 k 的取值与目标串 s 无关，只与模式串 t 本身的构成有关，即从模式串 t 可求得 k 值。

不失一般性，设目标串 s="$s_1 s_2 \ldots s_n$"，模式串 t="$t_1 t_2 \ldots t_m$"。

当 $s_i \neq t_j$（1≤i≤n-m，1≤j≤m，m<n）时，目标串 s 的指针 i 不必回溯，而模式串 t 的指针 j 回溯到第 k（k<j）个字符后继续比较，则模式串 t 的前 k-1 个字符必须满足式（5-1），而且不可能存在 k>k，同时满足式（5-1）。

$$t_1 t_2 \cdots t_{k-1} = s_{i-(k-1)} \ s_{i-(k-2)} \cdots s_{i-2} \ s_{i-1} \tag{5-1}$$

而已经得到的部分匹配的结果为

$$t_{j-(k-1)}\ t_{j-(k-2)}\cdots t_{j-1}=s_{i-(k-1)}\ s_{i-(k-2)}\cdots s_{i-2}\ s_{i-1} \tag{5-2}$$

由式（5-1）和式（5-2）得

$$t_1 t_2 \cdots t_{k-1}=t_{j-(k-1)}\ t_{j-(k-2)}\cdots t_{j-1} \tag{5-3}$$

该推导过程可用图 5-3 形象描述。实际上，式（5-3）描述了模式串中存在相互重叠的子串的情况。若某趟匹配在 s_i 和 t_j 处匹配失败，模式串中有满足式（5-3）的子串，即模式串中的前 k-1 个字符与模式串中 t_j 字符前面的 k-1 个字符相等，模式串 t 就可以向右滑动，使 t_k 和 s_i 对准，继续向右进行比较即可。

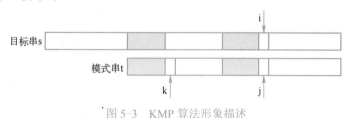

图 5-3　KMP 算法形象描述

（2）next 函数

模式串中的每一个 t_j 都对应一个 k 值，由式（5-3）可知，这个 k 值仅依赖于模式串 t 本身字符序列的构成，而与目标串 s 无关。用 next[j]表示 t_j 对应的 k 值。根据以上分析，next 函数有如下性质。

1）next[j]是一个整数，且 0≤next[j]<j。

2）为了使 t 的右移不丢失任何匹配成功的可能，当存在多个满足式（5-3）的 k 值时，应取最大的，这样向右"滑动"的距离最短，"滑动"的字符为 j-next[j]个。如果在 t_j 前不存在满足式（5-3）的子串，此时，若 $t_1 \neq t_j$，则 k=1；若 $t_1=t_j$，则 k=0；这时的"滑动"最远，滑动了 j-1 个字符，即用 t_1 和 s_{j+1} 继续比较。

因此，next 函数定义如下

$$next[j]=\begin{cases} 0 & \text{当 } j=1 \text{ 时} \\ \max\{k \mid i<k<j \text{ 且 } t_1 t_2 \cdots t_{k-1}=t_{j-(k-1)} t_{j-(k-2)} \cdots t_{j-1}\} & \text{该集合不空时} \\ 1 & \text{其他情况} \end{cases}$$

（3）KMP 算法的步骤

在求得了 next[j]的值之后，KMP 算法的步骤如下。

1）设目标串（主串）为 s，模式串为 t，并设 i 指针和 j 指针分别指示目标串与模式串中待比较的字符，设 i 和 j 的初始值均为 1。

2）若有 $s_i=t_j$，则 i 和 j 分别加 1，否则，i 不变，j 退回到 j=next[j]的位置；再比较 s_i 和 t_j，若相等，则 i 和 j 分别加 1，否则，i 不变，j 再次退回到 j=next[j]的位置；以此类推，直到出现下列两种可能为止。

● 若 j 退回到 next[j]值时，字符比较相等，则指针各自加 1，继续进行匹配。

● j 退回到 j=0，将 i 和 j 分别加 1，即从目标串的第 s_{i+1} 个字符的位置，模式串的第 t_1 个字符的位置重新开始匹配。

在假设已有 next 函数的情况下，KMP 算法实现如下。

算法 5-5　KMP 算法

```
#define Max_Strlen 1024
int next[Max_Strlen];
int KMP_index (SeqString s , SeqString t){
    /*用 KMP 算法进行模式匹配，若匹配，则返回位置，否则返回-1*/
    /*用静态存储方式保存字符串，s 和 t 分别表示目标串与模式串  */
    int k=0 , j=0 ;        /*初始化匹配位置设置*/
    while ((k<=s.last)&&(j<=t.last)){
        if ((j==-1)|| (s[k]==t[j])){
        k++;
         j++;
         }
        else
            j=next[j];
    }
    if (j>= t.last+1)
        return(k-t.last+1);
    else
        return(-1);
}
```

显然，KMP_index 方法是在已知下一个函数值的基础上执行的，以下讨论如何求 next 函数值。由式（5-3）知，求模式串的 next[j]值与目标串 s 无关，只与模式串 t 本身的构成有关，则可把求 next 函数值的问题看成一个模式匹配问题。由 next 函数定义可知：当 j=1 时，next[1]=0。设 next[j]=k，即在模式串中存在：$t_1t_2\cdots t_{k-1}=t_{j-(k-1)}t_{j-(k-2)}\cdots t_{j-1}$，其中下标 k 满足 $1<k<j$ 的某个最大值，此时求 next[j+1]的值有两种可能。

- 若 $t_k=t_j$，则表明模式串中有 $t_1t_2\cdots t_{k-1}t_k=t_{j-(k-1)}t_{j-(k-2)}\cdots t_{j-1} t_j$，且不可能存在 k'>k，同时满足条件 $t_1t_2\cdots t_{k'-1}t_k=t_{j-(k'-1)}t_{j-(k'-2)}\cdots t_{j-1} t_j$，即 next[j+1]=next[j]+1=k+1。
- 若有 $t_k\neq t_j$，则表明模式串中有 $t_1 t_2\cdots t_{k-1} t_k\neq t_{j-(k-1)} t_{j-(k-2)}\cdots t_{j-1} t_j$。当 $t_k\neq t_j$ 时，应将模式串向右滑动至第 next[k]个字符，和目标串中的第 j 个字符比较。若 next[k]= k'，且 $t_j =t_{k'}$，则说明在目标串中第 j+1 字符之前存在一个长度为 k'（即 next[k]）的最长子串，与模式串中从第一个字符起长度为 k'的子串相等，即 next[j+1]=k'+1。

同理，若 $t_j\neq t_{k'}$，则应将模式串继续向右滑动至第 next[k']个字符并和 t_j 对齐，以此类推，直到 t_j 和模式串中的某个字符匹配成功或者不存在任何 k'（$1<k'<j$）满足等式：$t_1 t_2\cdots t_{k'-1} t_k=t_{j-(k'-1)}$ $t_{j-(k'-2)}\cdots t_{j-1} t_j$ 为止，则 next[j]+1=1。模式串的 next 函数求解过程如图 5-4 所示，其中目标串 s=aabcbabcaabcaababc，模式串 t=abcaababc。

根据上述分析，求 next 函数值的算法如下。

算法 5-6　next 函数求解算法

```
void next(SeqString t , int next[]){
    /*求模式串 t 的 next 函数，并将值保存在 next 数组中*/
    int k=1 , j=0 ; next[1]=0 ;
    while (k<=t.last){
        if ((j==0)|| (t[k]==t[j])){
```

```
            k++ ; j++ ;
        if ( t[k]!=t[j] )
            next[k]=j ;
        else
            next[k]=next[j] ;
    }
    else next[j]=j ;
}
}
```

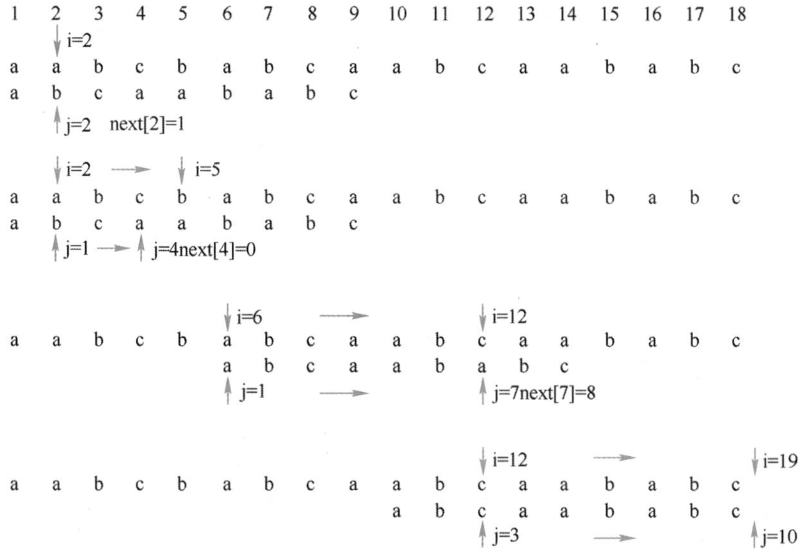

图 5-4　next 函数求解过程

5.3　多维数组

数组是一种常用的数据结构。在计算机程序设计中，支持这种数据结构，一般将它设定为语言的固有类型。本节主要介绍多维数组中常用的二维数组。

5.3.1　数组的逻辑结构

在科学计算中，涉及大量的矩阵问题，如图 5-5 所示。在程序设计语言中，矩阵一般都采用数组来存储。数组作为一种数据结构，其特点是结构中的元素本身可以是具有某种结构的数据，确保数据类型相同即可。可以将高维数组的元素看作低维数组，即将一维数组看作一个线性表，二维数组看作"数据元素是一维数组"的一维数组，三维数组看作数据元素是二维数组的一维数组，以此类推。图 5-5 是一个 m 行 n 列的二维数组。在高级程序设计语言中，每一个数据元素有唯一的一组下标来标识，数组的下标一般是从 0 开始的。

$$A = \begin{bmatrix} a_{11} & a_{12} & \cdots & a_{1n} \\ \vdots & \vdots & \vdots & \vdots \\ a_{m1} & a_{m2} & \cdots & a_{mn} \end{bmatrix}$$

图 5-5　m 行 n 列的
二维数组

数组是一种顺序存储结构，有其固定格式，并且元素的数量是固定的，因此，避免在数组上做插入、删除数据元素的操作，因为插入和删除操作需要进行批量数据元素的移动，效率较低。通常，在各种高级语言中，数组一旦被定义，每一维的大小及上下界都不能改变。也就是说，数组一旦建立，结构中的元素个数和元素间的关系就不再发生变化。在数组中，通常做取值和赋值两类操作。这里着重研究二维和三维数组，因为它们的应用比较广泛，尤其是二维数组。

5.3.2 数组的存储结构

二维数组一般都是采用顺序存储的方法来表示。二维数组在逻辑上是二维的，而计算机的内存是一维地址结构，将它存放到内存这个一维结构时，需要将二维结构转换为一维结构，这有个次序约定问题，即必须按某种次序将数组元素排成一维序列，然后将这个线性序列存放到内存中。而对于一维数组，按下标顺序分配内存空间即可。

下面将对二维数组在内存中的存储实现方式进行分析，以此来说明多维数组存放到内存一维结构时的次序约定问题。数组中各元素的存储是有先后顺序的，它们在内存中按照这个先后顺序连续存放在一起。在逻辑上，通过对数组的行列号进行映射，将所有的数据重新排列为一行，数组的行列固定后，通过一个映射函数，根据数组元素的下标得到它的存储地址。

在对二维数组分配时，要把它的元素映射存储在一维存储器中，一般有下面两种存储方式。

（1）行优先顺序存储

行优先顺序存储是指对数组所有行，按照行号的大小顺序，将各行进行首尾相连，形成一个线性序列。也就是说，第 i 行元素后面紧跟着的就是第 i+1 行的元素。对于一个 m×n 的二维数组，按行优先顺序存储的线性序列为 a_{11}、a_{12}、…、a_{1n}、a_{21}、a_{22}、…、a_{2n}、…、a_{m1}、a_{m2}、…、a_{mn}。

（2）列优先顺序存储

列优先顺序存储是指对数组所有列，按照列号的大小顺序，将各列进行首尾相连，形成一个线性序列。也就是说，第 i 列元素后面紧跟着的就是第 i+1 列的元素。对于一个 m×n 的二维数组，按列优先顺序存储的线性序列为 a_{11}、a_{21}、…、a_{m1}、a_{12}、a_{22}、…、a_{m2}、…、a_{1n}、a_{2n}、…、a_{mn}。

例如，有一个 5×6 的二维数组，其逻辑结构可以用图 5-6a 表示。行优先顺序的内存映射如图 5-6b 所示，按行的次序依次存储。列优先顺序的内存映射如图 5-6c 所示，按列的次序依次存储。

对于二维数组的访问，需要依据行、列的下标来定位元素的存储位置。下面讨论二维数组中元素定位的实现过程。对于 m×n 的二维数组 A，如果以行优先顺序存储，设数组的基址为 $LOC(a_{11})$，数组中每一维的下界定义为 1，每个数组元素占据 d 个地址单元，那么 a_{ij} 的物理地址可用下列线性寻址函数计算。

$$LOC(a_{ij}) = LOC(a_{11}) + ((i-1) \times n + j-1) \times d$$

这是因为数组元素 a_{ij} 的前面有 i-1 行，每一行的元素个数为 n，在第 i 行中，它的前面还有 j-1 个数组元素。如果数组中每一维的下界定义为 0，则寻址函数如下

$$LOC(a_{ij}) = LOC(a_{00}) + (i \times n + j) \times d$$

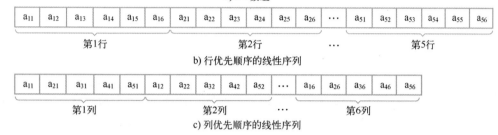

a) 5×6数组

b) 行优先顺序的线性序列

c) 列优先顺序的线性序列

图 5-6　5×6 数组的两种存储方式

推广到一般的二维数组 $A[c_1 \cdots d_1][c_2 \cdots d_2]$，则 a_{ij} 的寻址函数如下

$$LOC(a_{ij})=LOC(a_{c1\,c2})+((i-c_1)\times(d_2-c_2+1)+(j-c_2))\times d$$

同理，对于 m×n×p 的三维数组 A，数组元素 a_{ijk} 的寻址函数如下

$$LOC(a_{ijk})=LOC(a_{111})+((i-1)\times n\times p+(j-1)\times p+k-1)\times l$$

推广到一般的三维数组 $A[c_1 \cdots d_1][c_2 \cdots d_2][c_3 \cdots d_3]$，则 a_{ijk} 的寻址函数如下

$$LOC(a_{ijk})=LOC(a_{c1\,c2\,c3})+((i-c_1)\times(d_2-c_2+1)\times(d_3-c_3+1)+(j-c_2)\times(d_3-c_3+1)+(k-c_3))\times d$$

5.3.3　特殊矩阵

对于一般矩阵结构，如果用一个二维数组来表示，那么是非常恰当的。但在有些情况下，比如常见的一些特殊矩阵（如三角矩阵、对称矩阵、带状矩阵和稀疏矩阵等），从节省存储空间的角度考虑，这种按照顺序存储结构存储所有元素的方式是不太合适的。下面从提高存储空间利用率这一角度来考虑这些特殊矩阵的存储方法。

1. 对称矩阵

若 n 阶方阵 A 中的元素 a_{ij} 满足性质

$$a_{ij}=a_{ji} \qquad 1\leqslant i,j\leqslant n \text{ 且 } i\neq j$$

则称 A 为对称矩阵。图 5-7 是一个 5 阶对称矩阵。

$$A = \begin{bmatrix} 1 & 2 & 0 & 7 & 8 \\ 2 & 2 & 6 & 1 & 0 \\ 0 & 6 & 8 & 0 & 3 \\ 7 & 1 & 0 & 3 & 5 \\ 8 & 0 & 3 & 5 & 0 \end{bmatrix}$$

图 5-7　5 阶对称矩阵

对称矩阵中的元素是关于主对角线对称的，因此，为每一对对称元素 a_{ij} 和 a_{ji}（$i\neq j$）分配一个存储空间就可以了。如果对下三角部分以行优先顺序存储，则 n^2 个元素压缩存储到 1+2+⋯+n= n(n+1)/2 个存储空间，能节省近一半的存储空间。下面按行优先顺序存储下三角部分的数据元素，包括主对角线上的元素。

用一维数组 sa[0…n(n+1)/2−1]存储 n 阶对称矩阵，如图 5-8 所示。

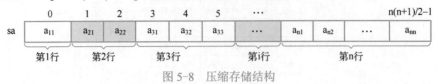

图 5-8 压缩存储结构

图 5-7 所示的矩阵对应的压缩存储结构如图 5-9 所示。

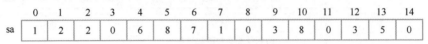

图 5-9 5 阶对称方阵的压缩存储结构

为了便于访问，必须找出矩阵 A 中的元素的下标值(i,j)和数组 sa 中的下标值 k 之间的对应关系。对于下三角部分中的元素 a_{ij}，其下标满足条件 i≥j 且 1≤i≤n。

根据上述存储结构，元素 a_{ij} 前面有 i−1 行，共有 1+2+⋯+i−1=i(i−1)/2 个元素，而 a_{ij} 又是它所在的行中的第 j 个，所以在上面的压缩存储结构的排列顺序中，a_{ij} 是第 i(i−1)/2+j 个元素，于是它在 sa 中的下标 k 与 i、j 的关系为

$$k=i(i-1)/2+j-1 \qquad 0\leq k<n(n+1)/2$$

若 i≤j，则 a_{ij} 是上三角部分中的元素。因为 $a_{ij}=a_{ji}$，所以，在访问上三角部分中的元素 a_{ij} 时，访问和它对应的下三角部分中的 a_{ji} 即可。因此，将上式中的行列下标交换，就得到了上三角部分中的元素与 sa 中的 k 的对应关系

$$k=j(j-1)/2+i-1 \qquad 0\leq k<n(n+1)/2$$

综上所述，根据上述的下标对应关系，对于矩阵中的任意元素 a_{ij}，均可在一维数组 sa 中唯一确定其位置 k；反之，对于 k=1,2,⋯,n(n+1)/2，能确定 sa[k]中的元素在矩阵中的行列号(i,j)。可以称 sa[0…n(n+1)/2]为 n 阶对称矩阵 A 的压缩存储。对于对称矩阵中的任意元素 a_{ij}，若令 I=max(i,j)，J=min(i,j)，则将上面两个式子综合起来会得到存储位置的下标 k=I(I−1)/2+J−1。

2. 三角矩阵

三角矩阵也是一类特殊的矩阵，它以主对角线为界，将矩阵划分为两部分：上三角矩阵和下三角矩阵。

（1）上三角矩阵

上三角矩阵是指矩阵的下三角部分中的元素（不包括主对角线元素）均为同一个常数 c，如图 5-10a 所示。

$$A=\begin{bmatrix} 7 & 5 & 3 & 6 & 1 \\ c & 0 & 4 & 3 & 6 \\ c & c & 0 & 9 & 3 \\ c & c & c & 6 & 5 \\ c & c & c & c & 4 \end{bmatrix} \qquad A=\begin{bmatrix} 4 & c & c & c & c \\ 5 & 6 & c & c & c \\ 3 & 9 & 0 & c & c \\ 6 & 3 & 4 & 0 & c \\ 1 & 6 & 3 & 5 & 7 \end{bmatrix}$$

a) 上三角矩阵   b) 下三角矩阵

图 5-10 5 阶三角矩阵

三角矩阵与对称矩阵类似，不同之处在于，三角矩阵在存储完对应三角位置中的元素之后，还需要存储一个元素，即常量 c。因为是同一个常数，所以存储一个即可，这样一共存储了 n(n+1)/2+1 个元素，设存入数组 sa[n(n+1)/2+1]中，上三角矩阵元素 a_{ij} 保存在数组 sa 中时的

下标值 k 与行列号 i、j 之间的对应关系如图 5-11 所示。

图 5-11　上三角矩阵存储结构

图 5-10a 所示的上三角矩阵的存储结构如图 5-12 所示，如果给定矩阵的行列序号 i、j，则可得出存储位置的序号 k；反之，给定存储位置的序号 k，可推出该元素在矩阵中的行列号 i、j。例如，给定元素的矩阵行列号分别为 3、4，该元素为 9，则依据数组 sa 中的下标值 k 与行列号 i、j 之间的对应关系可知，该元素在 sa 中的位置为 10。同理，如果给定元素在 sa 中的序号为 10，则可以知道它在该矩阵中的行列号分别为 3、4。

0	1	2	3	4	5	6	7	8	9	10	11	12	13	14	15
7	5	3	6	1	0	4	3	6	0	9	3	6	5	4	c

图 5-12　5 阶上三角矩阵存储结构

（2）下三角矩阵

下三角矩阵的主对角线上方的元素均为常数 c，如图 5-10b 所示。

下三角矩阵元素 a_{ij} 保存在数组 sa 中时的下标值 k 与行列号 i、j 之间的对应关系为

$$k = \begin{cases} i(i+1)/2 + j & i \geqslant j \\ n(n+1)/2 & i < j \end{cases}$$

图 5-10b 所示的下三角矩阵的存储结构如图 5-13 所示，其元素在数组 sa 中的存放序列如图 5-14 所示。例如给定元素的矩阵行列号分别为 4、3，该元素为 4，则依据数组 sa 中的下标值 k 与行列号 i、j 之间的对应关系可知，该元素在 sa 中的位置为 8。同理，如果给定元素在 sa 中的序号为 10，则可以知道它在该矩阵中的行列号分别为 4、3。

图 5-13　下三角矩阵存储结构

0	1	2	3	4	5	6	7	8	9	10	11	12	13	14	15
4	5	6	3	9	0	6	3	4	0	1	6	3	5	7	c

图 5-14　5 阶下三角矩阵存储结构

（3）带状矩阵

对于 n 阶矩阵 A，如果存在最小正数 m，满足当 |i-j|≥m 时，a_{ij}=0，则矩阵 A 称为带状矩阵，也称为对角矩阵。这时，称 w=2n-1 为矩阵 A 的带宽。图 5-15a 是一个 w=3 的带状矩阵。由图 5-15a 可以看出，在这种矩阵中，所有非零元素都集中在以主对角线为中心的带状区域，即除主对角线和它的上下方若干对角线上的元素以外，其他所有元素都为零或同一个常数 c。

带状矩阵 A 也可以压缩存储。一种压缩方法是将 A 压缩到一个 n 行 w 列的二维数组 B 中，如图 5-15b 所示，当某行非零元素的个数小于带宽 w 时，先存放非零元素后补零。

　　另一种压缩方法是将带状矩阵压缩到向量 C 中，以行优先顺序顺序存储其非零元素，如图 5-15c 所示。按其压缩规律，可找到相应的映射函数。例如，当 w=3 时，映射函数：k=2i+j-3。

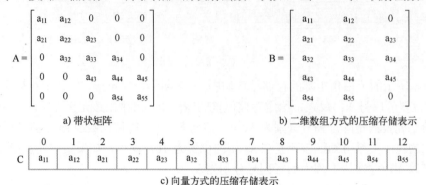

a) 带状矩阵　　　　　　　　　　　b) 二维数组方式的压缩存储表示

c) 向量方式的压缩存储表示

图 5-15　带状矩阵及其压缩存储

3. 稀疏矩阵

　　稀疏矩阵也是一类特殊矩阵，一般认为该矩阵中非零元素的个数远远小于矩阵元素的总数，并且非零元素的分布没有规律。通常认为，当矩阵中零元素的总数比矩阵中非零元素总数多很多时，称该矩阵为稀疏矩阵。目前，关于稀疏矩阵，还没有一个确切的定义。稀疏矩阵几乎产生于所有的大型工程计算领域，包括计算流体力学、统计物理、电路模拟、图像处理、纳米材料计算等。对于图 5-16 所示的 5×6 稀疏矩阵，如果采用常规的顺序存储方法，则要分配 30 个单元的内存空间，而实际上需要存储的数据元素只有 7 个，这会造成存储空间浪费，尤其是在大型的稀疏矩阵中，存储空间利用率较低。例如，在一个 100×100 的矩阵中，其中只有 100 个非零元素，非零元素个数远远小于矩阵中元素总数 10000。如果采取一般的顺序存储结构，则需要开辟 10000 个单位的存储空间，而实际上只需要存储 100 个元素的存储空间。对于稀疏矩阵，一般采用压缩存储方法，仅仅存放非零元素。但对于这类矩阵，通常零元素分布没有规律，为了能找到相应的元素，仅存储非零元素的值是不够的，还要存储非零元素的行下标值、列下标值。下面具体讨论稀疏矩阵的压缩存储方法。

　　稀疏矩阵采用三元组来表示。三元组表示法是指将稀疏矩阵中的非零元素按照其所在的行下标值、列下标值和元素值来表示。同时，将三元组按行优先的顺序进行组织，在每一行中，列号按从小到大的规律排列成一个线性表，用顺序存储方法存储该表。图 5-16 所示的稀疏矩阵对应的三元组表如图 5-17 所示。显然，想要唯一地表示一个稀疏矩阵，还需要存储一个三元组表，其中存储该矩阵中非零元素的行、列的序号。

$$\begin{bmatrix} 11 & 0 & 0 & 22 & 0 & 10 \\ 0 & 0 & 13 & 0 & 0 & 0 \\ 0 & 0 & 0 & 19 & 0 & 0 \\ 0 & 0 & 0 & 0 & 0 & 16 \\ 24 & 0 & 0 & 0 & 0 & 0 \end{bmatrix}$$

	i	j	v
0	1	1	11
1	1	4	22
2	1	6	10
3	2	3	13
4	3	4	19
5	4	6	16
6	5	1	24

图 5-16　稀疏矩阵　　　　　　　　　　图 5-17　三元组表

若以行优先顺序存储，那么稀疏矩阵中所有非零元素对应的三元组就可以构成该稀疏矩阵的一个三元组顺序表。为了运算方便，同时存储矩阵的非零元素的个数。对应的三元组结点和三元组顺序表定义如下。

```
typedef struct Triple{      /*三元组结点定义*/
    int row ;               /*行下标*/
    int col ;               /*列下标*/
    int value;              /*元素值*/
};
struct TMatrix{    三元组顺序表定义
    int rn ;                /*行数*/
    int cn ;                /*列数*/
    int tn ;                /*非零元素个数*/
    Triple data[MAXSIZE] ;
};
```

图 5-17 所示的三元组的存储结构如图 5-18 所示。

5	行数	
6	列数	
7	个数	
1	1	11
1	4	22
1	6	10
2	3	13
3	4	19
4	6	16
5	1	24
row	col	value

a) 原始矩阵的三元组表示

6	行数	
5	列数	
7	个数	
1	1	11
1	5	24
3	2	13
4	1	22
4	3	19
6	1	10
6	4	16
row	col	value

b) 转置矩阵的三元组表示

图 5-18　矩阵以及转置矩阵的三元组变换

压缩存储方法确实节省了存储空间，但从算法上来看，矩阵的运算可能变得复杂一些。矩阵的运算包括矩阵的转置、矩阵求逆、矩阵的加减、矩阵的乘除等。这里讨论压缩存储结构下的矩阵的转置和乘法运算。

（1）稀疏矩阵的转置运算

5-3
三元组表的转置

对于一个 $m \times n$ 的矩阵 A，它的转置矩阵 B 是一个 $n \times m$ 的矩阵，且 $b[i][j]=a[j][i]$，$1 \leq i \leq n$，$1 \leq j \leq m$，即 B 的行是 A 的列，B 的列是 A 的行。设稀疏矩阵 A 是按行优先顺序压缩存储在三元组表 A.data 中的，若只简单地交换 A.data 中 i 和 j 的内容，得到三元组表 B.data，那么 B.data 表示的将不是按行优先顺序存储的稀疏矩阵 B。想要得到按行优先顺序存储的 B.data，就必须重新排列三元组表 B.data 中元素的顺序，确保转置后的矩阵 B 也是三元组的压缩存储，这就需要在简单的行列值交换后，做一些特殊的处理。稀疏矩阵的转置过程如下。

1）将矩阵的行、列下标值交换，即将 A.data 的每一个三元组中的行、列交换，然后转化到 B.data 中。

2）重排三元组表中元素的顺序，即交换后仍然是按行优先顺序排序的，对于同一行元素，再按列排序。

对于图 5-19a 所示的原始矩阵三元组，通过上面的转置过程，第一步完成行、列号的交换，如图 5-19b 所示；第二步完成后得到转置结果，如图 5-19c 所示。

5	行数	
6	列数	
7	个数	
1	1	11
1	4	22
1	6	10
2	3	13
3	4	19
4	6	16
5	1	24
row	col	value

a) 原始矩阵三元组

6	行数	
5	列数	
7	个数	
1	1	11
4	1	22
6	1	10
3	2	13
4	3	19
6	4	16
1	5	24
row	col	value

b) 行列交换后的三元组

6	行数	
5	列数	
7	个数	
1	1	11
1	5	24
3	2	13
4	1	22
4	3	19
6	1	10
6	4	16
row	col	value

c) 重新排列后的三元组

图 5-19　矩阵转置过程中对应三元组的变化

（2）稀疏矩阵的乘法运算

如果稀疏矩阵不是压缩存储的，那么按照一般矩阵乘法的运算规则来实现。设有两个矩阵 $A=(a_{ij})_{m \times n}$，$B=(b_{ij})_{n \times p}$，矩阵 $C=A \times B=(c_{ij})_{m \times p}$（$1 \leqslant i \leqslant m$，$1 \leqslant j \leqslant p$）。矩阵乘法运算规则如下

$$C(i,j) = A(i,1) \times B(1,j) + A(i,2) \times B(2,j) + \cdots + A(i,n) \times B(n,j)$$

$$= \sum_{n=0}^{n-1} A(i,k) \times B(k,j)$$

对于图 5-20a 和图 5-20b 所示的矩阵 A 与矩阵 B，得到的两个矩阵的乘法运算结果如图 5-20c 所示。

$$\begin{bmatrix} 2 & 0 & 0 & 6 \\ 0 & 0 & 0 & 3 \\ 1 & 5 & 0 & 0 \end{bmatrix}$$

a) 矩阵A

$$\begin{bmatrix} -1 & 1 \\ 0 & 0 \\ 1 & -1 \\ 0 & 2 \end{bmatrix}$$

b) 矩阵B

$$\begin{bmatrix} -2 & 2 \\ 0 & 0 \\ -1 & 1 \end{bmatrix}$$

c) 矩阵C

图 5-20　矩阵乘法演示

从上面运算公式可以看出，只有在两个元素 A(i,k) 与 B(k,j) 的列与行号相等的情况下，才有相乘的机会，且当两项都不为零时，乘积中的这一项才不为零。在将矩阵用二维数组表示时，传统的矩阵乘法是 A 的第一行与 B 的第一列对应相乘并累加后得到 c_{11}，A 的第一行再与 B 的第二列对应相乘并累加后得到 c_{12}……无论其元素是否为零，都要进行乘法运算，而对于稀疏矩阵，这个操作实际上是没有必要的。对于图 5-20 所示的稀疏矩阵 A、B 和 C，以三元组表方式存储，则对应的三元组表如图 5-21 所示。

a) A.data

row	col	value
3	行数	
4	列数	
5	个数	
1	1	2
1	4	6
2	4	3
3	1	1
3	2	5

b) B.data

row	col	value
4	行数	
2	列数	
5	个数	
1	1	−1
1	2	1
3	1	1
3	2	−1
4	2	2

c) C.data

row	col	value
3	行数	
2	列数	
4	个数	
1	1	−2
1	2	2
3	1	−1
3	2	1

图 5-21　稀疏矩阵 A、B 和 C 的三元组表示

其三元组表都是按行优先顺序存储的，在 B.data 中，同一行的非零元素在三元组表中是相邻存放的，而同一列的非零元素在三元组表中并未相邻存放，因此，需要在 B.data 中搜索某一列的非零元素，这在一定程度上降低了算法的效率。因此，改变一下求值的顺序，以求 c_{11} 和 c_{12} 为例，如图 5-22 所示。因为 a_{11} 只有可能和 B 中第 1 行的非零元素相乘，a_{12} 只有可能和 B 中第 2 行的非零元素相乘，而同一行的非零元素是相邻存放的，所以求 c_{11} 和 c_{12} 可以同时进行，求 $a_{11} \times b_{11}$ 后累加到 c_{11}，求 $a_{11} \times b_{12}$ 后累加到 c_{12}，再求 $a_{12} \times b_{21}$ 后累加到 c_{11}，再求 $a_{12} \times b_{22}$ 后累加到 c_{12}，依此类推，只有在 a_{ik} 和 b_{kj}（即列号与行号相等且均不为零）时，才相乘，并且累加到 c_{ij} 当中。

$c_{11}=$	$c_{12}=$	说明
$a_{11} \times b_{11}+$	$a_{11} \times b_{12}+$	a_{11} 只与 B 中第 1 行非零元素相乘
$a_{12} \times b_{21}+$	$a_{12} \times b_{22}+$	a_{12} 只与 B 中第 2 行非零元素相乘
$a_{13} \times b_{31}+$	$a_{13} \times b_{32}+$	a_{13} 只与 B 中第 3 行非零元素相乘
$a_{14} \times b_{41}+$	$a_{14} \times b_{42}+$	a_{14} 只与 B 中第 4 行非零元素相乘

图 5-22　矩阵乘法局部过程

为了运算方便，设一个累加器 ctemp[n+1]，用来存放当前行中 c_{ij} 的值，当前行中所有元素全部计算出来之后，再存放到 C.data 中。

为了便于在 B.data 中寻找 B 的第 k 行的第一个非零元素，在此需要引入 num 和 rpot 两个向量。num[k] 表示矩阵 B 中第 k 行的非零元素的个数；rpot[k] 表示第 k 行的第一个非零元素在 B.data 中的位置。于是有 rpot[1]=1，rpot[k]=rpot[k-1]+num[k-1]（2≤k≤n）。例如，矩阵 B 的 num 和 rpot 的变化如图 5-23 所示。

row	1	2	3	4
num[row]	2	0	2	1
rpot[row]	1	0	3	5

图 5-23　num[row] 和 rpot[row] 的值变化情况

根据以上分析，稀疏矩阵的乘法运算的步骤描述如下。

1）求 B 的 num、rpot。

2）作矩阵乘法。将 A.data 中三元组的列值与 B.data 中三元组的行值相等的非零元素相

乘，即 $a_{ik} \times b_{kj}$，并将乘积累加到 c_{ij}。

在计算效率方面，与一般的矩阵相比，稀疏矩阵具有显著优势，因为稀疏矩阵不会执行零元素的相乘，可以节省大量内存并加快数据的处理速度。

5.4 案例分析与实现

文本编辑系统中的查找与替换

给定一篇关于介绍宠物的文档，该文档中多次出现单词"dog"，试设计一程序，将文档中的单词"dog"全部替换为"cat"。

【算法分析】依据题目要求，可以将整篇文档看作目标串 s，其中涉及两个模式串 s_1="dog" 和 s_2="cat"。在将模式串 s_1 替换为模式串 s_2 前，首先要在目标串 s 中查找模式串 s_1，即模式匹配，然后在模式匹配的基础上进行替换或复制操作。

【算法实施】通过分析可知，该问题主要涉及字符串的查找和连接操作。这里需要多次模式匹配，需要查找和替换所有的单词"dog"。这里直接应用简单的模式匹配算法来定位模式串的位置。

首先设置一个新串，它用来保存当前替换后的目标串，原有的目标串保持不变；然后通过模式匹配算法，将当前需要替换的模式串"dog"替换成模式串"cat"，同时将目标串中已经遍历的字符追加到新串中。具体算法实现如下。

算法 5-7　文本匹配算法

```
/*countBefore：目标串长度*/
/*countAfter：替换后字符串的长度*/
/*strBefore：目标串*/
/*strAfter：替换后的目标串*/
/*dog：要查找的单词*/
/*cat：替换单词*/
void MatchReplace (char strBefore[], char strAfter[],int countBefore, countAfter,char dog[],char cat[]){
    int i, j;
    int flag; /*用于标记匹配单词*/
    int countFlag; /*用于检查匹配计数*/
    for (i = 0; i<countBefore;i++) {
        if (dog[0] == strBefore[i]) { /*判断查找的单词的第一个字符是否匹配*/
            if ((' ' == strBefore[i - 1])||
                ('\n' == strBefore[i - 1]) ||
                (0 == i)) { /*检查单词前的一个字符*/
                flag = 1;
                countFlag = i + 1;
                for (j = 1; dog[j] != '\0'; j++) {
                    /*逐个检查对应位置上的字符是否相等*/
                    if (dog[j] != strBefore[countFlag++]) {
                        flag = 0; break;
                    }
                }
                if ((' ' == strBefore[countFlag]) || /*检查单词前的字符*/
                    ('\n' == strBefore[countFlag]) ||
```

```
                    (EOF == strBefore[countFlag])) { /*检查单词后的一个字符*/
                if (flag== 1) { /*查找到一个单词，若匹配成功，则进行复制*/
                    i = countFlag - 1;
                    for (j = 0; cat[j] != '\0'; j++) {
                        strAfter[countAfter++] = cat[j];
                    }
                }
            } else { /*对于不满足条件的单词，其前后还有其他字符*/
                strAfter[countAfter++] = strBefore[i];
            }
        } else { /*其他不满足条件的情况*/
            strAfter[countAfter++] = strBefore[i];
        }
    } else { /*单词的第一个字符不匹配*/
        strAfter[countAfter++] = strBefore[i];
    }
    }
}
```

本章小结

本章主要讨论了字符串和数组两部分内容。

1. 字符串

本章介绍了字符串的定义、常用的串运算及算法实现。子串定位运算是非常重要的一种算法，又称为模式匹配。本章主要讨论了下面两种模式匹配算法。

● Brute-Force 模式匹配算法。
● KMP 算法。

2. 数组

数组是一种特殊的线性表，其特殊在于表中的元素本身也是一种线性表。数组是应用广泛的数据存储结构，它已被植入大部分编程语言。因为数组简单易懂，所以它常被用来作为介绍数据结构的起步点。数组也是可供使用的数据类型。数组的顺序存储方式有下面两种。

● 行优先顺序存储。
● 列优先顺序存储。

对于特殊的二维数组，即特殊矩阵，可以实现压缩存储，以提高存储空间利用率。

习题

一、填空题

1．在计算机软件系统中，有两种处理字符长度的方法，一是＿＿＿＿＿＿，二是

_____。

2．如果 s="this is the first string"，sub="the"，则 stringindex(s,sub)的结果是_____。

3．已知字符串 s_1="abcde"，字符串 s_2="ba"，则 CompareString(s_1,s_2)=_____。

4．两个字符串相等的充分必要条件是_____。

5．s="xiaotech"所含子串的个数是_____。

6．一个 10×10 的三角矩阵 A 采用行优先顺序压缩存储后，如果首元素 A[0][0]是第一个元素，那么 a[4][2]是第_____个元素。

7．两个矩阵 $A_{m×n}$、$B_{n×p}$ 相乘，其时间复杂度为_____。

8．两个矩阵 $A_{m×n}$、$B_{n×p}$ 相加，其时间复杂度为_____。

9．稀疏矩阵采用的压缩存储方法是_____。

10．若矩阵 $A_{10×20}$ 采用行优先顺序存储方式，每个元素占 4 个存储单元，首元素 A[0][0]的存储地址为 300，则 A[10][10]的地址为_____。

二、选择题

1．字符串的逻辑结构与（　　）不同。

    A．线性表   B．队列   C．栈   D．树

2．设有 50×60 的二维数组 A，其元素长度为 1 字节，按列优先顺序存储，首元素 A[0][0]的地址为 200，则元素 A[10][20]的存储地址为（　　）。

    A．820   B．720   C．1210   D．1410

3．一个 100×100 的三角矩阵 A 采用行优先顺序压缩存储后，如果首元素 A[0][0]是第一个元素，那么 A[4][2]是第（　　）元素。

    A．13   B．401   C．402   D．403

4．字符串的长度是（　　）。

    A．字符串中不同字符的个数   B．字符串中不同字母的个数

    C．字符串中所含字符的个数 n（n>0）   D．字符串中所含字符的个数 n（n≥0）

5．设有一个 10 阶的对称矩阵 A，采用压缩存储方式，以行优先顺序存储，A[0][0]的存储地址为 100，每个元素占 1 个地址空间，则 A[3][2]的地址为（　　）。

    A．102   B．105   C．106   D．108

6．设有两个字符串 p 和 q，求 q 在 p 中首次出现的位置的运算称作（　　）。

    A．连接   B．模式匹配   C．求子串   D．求串长

7．假设有 60 行、70 列的二维数组 a，以列优先顺序存储，其基地址为 10000，每个元素占两个存储单元，那么第 32 行、第 58 列的元素 a[31,57]的存储地址为（　　）。

    A．16902   B．16904   C．14454   D．以上答案均不对

8．在下面关于字符串的叙述中，不正确的是（　　）。

    A．字符串是字符的有限序列

    B．空串是由空格构成的字符串

    C．模式匹配是字符串的一种重要运算

    D．字符串既可以采用顺序存储方式，又可以采用链式存储方式

9．在 C++语言中，数组元素的存放方式通常是（　　）。

    A．行优先顺序的存储结构   B．列优先顺序的存储结构

C．行或列优先顺序的存储结构　　　　D．具体存储结构无法确定

10．n×m 二维数组 A 采用列优先顺序存储方式，每个元素占用 1 字节，A[1][1]为首元素，其地址为 0，则元素 A[i][j]的地址为（　　　）。

A．(j-1)×m+j-1　　　　　　　　　B．(j-1)×n+i-1

C．(j-1)×n+i　　　　　　　　　　D．j×n+i

三、简答题

1．简述下列每对术语的区别。

● 空串和空格串。

● 串变量和串常量。

● 主串和子串。

● 串变量的名字和串变量的值。

2．设有 6×8 的二维数组 A，每个元素的存储占 6 字节，元素顺序存放，A 的起始地址为 1000，计算：①数组 A 的"体积"（即存储量）；②数组 A 的最后一个元素的起始地址；③在按行优先顺序存储时，元素 a_{14} 的地址；④在按列优先顺序存储时，元素 a_{47} 的地址。

四、算法设计题

1．写一个算法来实现字符串逆序存储，要求不另设字符串存储空间。

2．设 s、t 为两个字符串，分别放在两个一维数组中，m、n 分别为其长度，判断 t 是否为 s 的子串。如果是，则输出子串所在位置（第一个字符所在位置），否则输出-1。

3．编写程序，统计输入字符串中不同字符出现的频度并将结果存入文本文件（为了简化，假设字符串中的合法字符为 A～Z 这 26 个字母和 0～9 这 10 个数字）。

4．试编写算法，实现将字符串 s 中所有值为 c 的字符换成值为 d 的字符。

5．试编写算法，实现将字符串 s 中所有值为 s_1 的子串替换成值为 s_2 的子串。

6．试编写算法，从字符串 s 中删除值等于 c 的所有字符。

7．试编写算法，实现将字符串 s 中所有值为 s_1 的子串删除。

第6章　树和二叉树

树形结构是一类非常重要的非线性结构。直观地讲，树形结构是以分支关系定义的层次结构。树形结构在计算机领域中有着广泛的应用，例如，在编译程序中，树形结构可以用来表示源程序的语法结构；在数据库系统中，可用树形结构来组织信息；在分析算法行为时，可以用树形结构来描述其执行过程等。本章将详细讨论树和二叉树的数据结构，包括树和二叉树的概念、术语和性质等，同时介绍树和二叉树的各类存储结构以及建立在存储结构上的算法实现等。

1. 知识与技能目标
➢ 了解树和二叉树的逻辑结构。
➢ 掌握二叉树的性质和存储结构。
➢ 理解二叉树易于更新与快速查找的特点。
➢ 理解二叉树的遍历与常用算法。
➢ 理解树的存储结构以及树、森林与二叉树的转换。
➢ 掌握哈夫曼树的概念，理解哈夫曼编码的原理。
➢ 具备编程实现二叉树上常用算法的能力。
➢ 具备利用二叉树求解简单应用问题的能力。

2. 素养目标
➢ 培养递归算法分析与设计思维。
➢ 养成在英文环境下阅读、查阅资料和编程的习惯。
➢ 构建层次结构性系统思维，树立全局、协同处理问题的观念。

6.1　树的定义与常用术语

非线性结构包括树和图，其中树是以分支关系定义的层次结构。本节主要介绍树的定义以及相关术语。

6.1.1　树的定义

树在实际模型中的应用非常广泛，是一种典型的层次结构。例如，部门组织结构关系、任务从粗到细的划分、家谱的结构图等都是层次结构，其结点间的关系不再是线性的 1∶1 关系，而是 1∶n 的关系。图 6-1 是《红楼梦》中贾家家谱的一部分，图 6-2 表示某公司的部门组织关系图，这类模型都是典型的树形结构或层次结构。那么，树的具体定义是什么呢？

6-1
树的逻辑模型

树（Tree）是 n（n≥0）个结点的有限集合 T，当n=0时，称为空树，否则应满足如下两个条件。

● 根结点。树中有且只有一个特殊的结点，该结点无前驱结点，这个结点称为树的根（Root）结点。

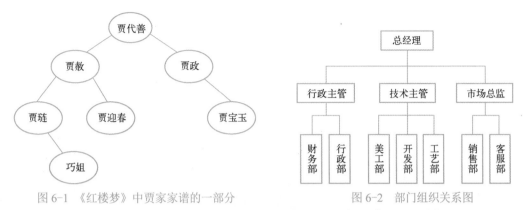

图 6-1 《红楼梦》中贾家家谱的一部分　　　　　图 6-2 部门组织关系图

- 子树。当 n>1 时，其余的结点被分为 m（m>0）个互不相交的子集 $T_1,T_2,T_3,\cdots,T_m$，其中每个子集本身又是一棵树，称它为根的子树（Subtree）。

从中可以看出，树的定义是递归的，即树中包含若干子树，子树中又可以包含子树。如图 6-3a 所示，它是一个以 A 为根结点的树。该树包含两棵子树，子树的根结点分别为 B 和 C。其中以 C 为根结点的树又包含三棵子树。图 6-3b 所示的为非树结构，它不满足树的定义，因为以 E 和 F 为子树的结点中有交集，实际上，这是一种图的结构模型。

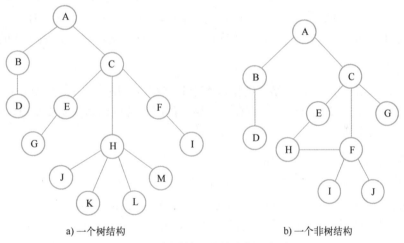

a) 一个树结构　　　　　　　　　　　b) 一个非树结构

图 6-3 树结构和非树结构示意图

综上所述，树具有下面两个特点。

- 树的根结点没有前驱结点，除根结点以外的所有结点有且只有一个前驱结点。
- 树中所有结点可以有零个或多个后继结点。

6.1.2 树的常用术语

在树的结构模型中，存在若干专业术语，下面就以图 6-4 中的树为例来介绍树中的常用术语。

6-2
树中的基本术语

1. 结点

结点（node）是树中的一个数据元素。图 6-4 中的 A、

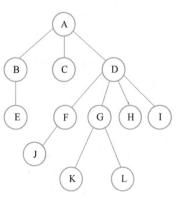

图 6-4 树示例

B、C、D、E 等都是树的结点，结点下面可能有若干分支，其中 D 结点有 4 个分支，K 结点没有分支。

2．结点的度

一个结点拥有的子树的个数称为该结点的度（degree）。图 6-4 中的结点 A 有 3 个子树，它的度为 3；D 有 4 个子树，它的度为 4；E 结点有 0 个子树，它的度为 0。

3．树的度

树中结点度的最大值称为树的度。图 6-4 中树的度为 4。注意，树的度并不是根结点 A 的度。

4．叶子结点、非叶子结点

树中度为 0 的结点称为叶子结点或终端结点，度不为 0 的结点称为非叶子结点。图 6-4 中的结点 E、J、K、L、H、I 是叶子结点，除根结点 A 以外，其他所有结点都是分支结点，分支结点又称为内部结点。

5．子结点、父结点、兄弟结点

一个结点的子树的根称为该结点的子结点或孩子结点；相应地，该结点是其子结点的父结点或双亲结点。同一父结点的所有子结点互称为兄弟结点。结点 A 的子结点为 B、C 和 D，而结点 A 是结点 B、C 和 D 的父结点；结点 C 没有子结点；结点 D 是结点 F、G、H 和 I 的父结点。

6．层次、堂兄弟结点

规定根结点的层次为 1，其余结点的层次等于其父结点的层次加 1。在图 6-4 中，结点 A、B 和 K 的层次分别为 1、2 与 4。父结点在同一层上的所有结点称为堂兄弟结点，如图 6-4 中的结点 E、F 为堂兄弟结点。

7．结点的层次路径、祖先、子孙

从根结点开始，到达某结点所经过的所有结点称为该结点的层次路径，路径有且只有一条。该结点的层次路径上的所有结点（该结点除外）称为其祖先结点。以某一结点为根的子树中的任意结点称为该结点的子孙结点。在图 6-4 中，K 的祖先结点有 G、D 和 A。D 的子孙结点有 F、G、H、I、J、K 和 L。

8．树的深度

树中结点的最大层次值称为树的深度。图 6-4 中树的深度为 4。

9．有序树和无序树

对于一棵树，若其中每一个结点的子树具有一定的次序，则该树被称为有序树，否则被称为无序树。在本书中，如没有特别说明，树都是指无序树。

10．森林

"森林"是 m（m≥0）个互不相交的树的集合。显然，若将一棵树的根结点删除，则剩余的子树就构成了"森林"。

11．树的表示形式

树有多种表示形式，树表示的多样化说明了树结构的重要性。树主要有以下四类表示形式。

- 倒悬树。常用的表示形式，如图 6-4 所示。
- 嵌套集合。它用来表示一些集合的包含关系。对于任意两个集合，或者互不相交，或者一个集合包含另一个集合。图 6-5a 是图 6-4 所示树的嵌套集合形式。
- 广义表形式，如图 6-5b 所示。
- 凹入目录表示形式，如图 6-5c 所示。

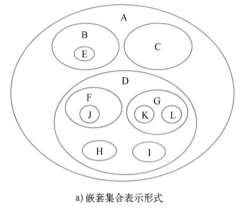

a) 嵌套集合表示形式

A(B(E),C,D(F(J),G(K,L),H,I))

b) 广义表形式

c) 凹入目录表示形式

图 6-5 树的表示形式

6.2 二叉树

树在计算机中的存储和实现比较复杂，在实际应用中，一般会将它转换为一类特殊的树——二叉树。二叉树在逻辑上比较简单，便于在计算机中存储和实现。本节将介绍二叉树的定义、基本形态、性质、存储结构和遍历算法，以及线索二叉树等内容。

6.2.1 二叉树的定义和基本形态

二叉树应用广泛，例如在细胞分裂过程中，一个细胞一次可以分裂为两个细胞，经过 5 次分裂后，可以产生 32 个细胞，那么这样的细胞分裂模型如图 6-6 所示，即每个结点最多可以有两个子树。

6-3
二叉树的逻辑模型

二叉树（Binary Tree）是 n（n≥0）个结点的有限集合，当 n=0 时，称为空树，否则二叉树应满足如下两个条件。

- 二叉树中有且只有一个特殊的结点，该结点没有前驱结点，这个结点称为树的根结点。
- 当 n>1 时，其余结点被分为两个互不相交的子集 T_1、T_2，这两个子集分别称为左子树和右子树，并且左、右子树又都是二叉树。

由此可知，二叉树的定义类似树的定义，也是一种递归定义。图 6-7 是二叉树的基本形态。二叉树在树结构中起着非常重要的作用，因为二叉树结构简单，存储效率高，操作运算相对简单，且任何树都很容易转化成二叉树结构。6.1.2 节

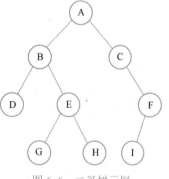

图 6-6 二叉树示例

中引入的有关树的术语也都适用于二叉树。

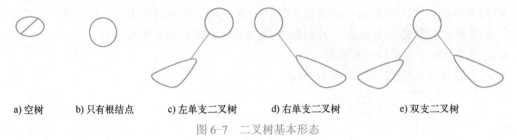

a) 空树 b) 只有根结点 c) 左单支二叉树 d) 右单支二叉树 e) 双支二叉树

图 6-7 二叉树基本形态

6.2.2　二叉树的性质

性质 1：一个非空二叉树的第 i 层上最多有 2^{i-1} 个结点（i≥1）。

证明：用数学归纳法证明。

- 当 i=1 时，只有一个根结点 $2^{i-1}=2^0=1$，命题成立。
- 现假设在 i>1 时，第 i-1 层上至多有 $2^{(i-1)-1}$ 个结点。
- 由归纳假设可知，第 i-1 层上至多有 2^{i-2} 个结点。由于二叉树上每个结点的度最大为 2，故第 i 层上最大结点数为第 i-1 层上最大结点数的 2 倍，即第 i-1 层上的结点数为 $2\times2^{i-2}=2^{i-1}$。

6-4
二叉树的性质 1

性质 2：一个深度为 k 的二叉树中，最多有 2^k-1 个结点。

证明：设第 i 层的结点数为 n_i，那么由性质 1 可以知道，第 i 层至少有一个结点，最多有 2^{i-1} 结点，即 $1\leq n_i\leq 2^{i-1}$。设深度为 k 的二叉树的结点数为 M，则有

6-5
二叉树的性质 2

$$M = \sum_{i=1}^{k} n_i = \sum_{i=1}^{k} 2^{i-1} = 2^k - 1$$

从中可以看出，当 M=k 时，二叉树退化为一个单支二叉树。当 M 达到最大值 2^k-1 时，也就是每一层的结点数都达到最多，即第 i 层的结点数为 2^{i-1}。图 6-8 是 k=4 时的二叉树形态，共有 15 个结点。这里给出两类特殊的二叉树，分别是满二叉树和完全二叉树。

（1）满二叉树

一个深度为 k 且有 2^k-1 个结点的二叉树称为满二叉树。满二叉树有如下特点。

- 满二叉树上每一层上的结点总数达到最大值，如第 3 层上有 4 个结点，第 4 层上有 8 个结点，第 i 层上有 2^{i-1} 个结点。
- 满二叉树的所有的分支结点都有左、右子树，除叶子结点以外。反过来，如果在一个二叉树中，除叶子结点以外，其他结点都有两个子树，则并不能保证这样的二叉树就是满二叉树。
- 可以对满二叉树的结点进行连续编号，若规定从根结点开始，则按从上而下、从左至右的原则进行。如图 6-8a 所示，其中根结点的编号为 1。

（2）完全二叉树

对于深度为 k，由 n 个结点构成的二叉树，当且仅当其每一个结点都与深度为 k 的满二叉树中的结点编号从 1 到 n 一一对应，该二叉树称为完全二叉树。简单地说，一个深度为 k 的完全二叉树，除最后一层（即第 k 层）以外，每一层上的结点都达到最多，即第 i 层的结点个数

为 2^{i-1}，只有最后一层自右向左连续缺少若干结点。一个深度为 k 的完全二叉树，总的结点个数满足 $2^{k-1}-1<n\leq 2^k-1$。满二叉树是完全二叉树的特例。完全二叉树有如下特点。

● 若完全二叉树的深度为 k，则所有的叶子结点都出现在第 k 层或 k-1 层上。

● 对于任一结点，如果其左子树的最大层次为 h，则其右子树的最大层次为 h 或 h+1。

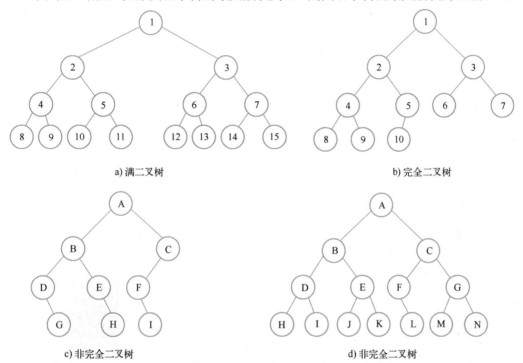

图 6-8   满二叉树和完全二叉树

性质 3：对于一个非空的二叉树，如果叶子结点数为 n_0，度为 2 的结点数为 n_2，则有 $n_0=n_2+1$。

证明：设 n 为二叉树的结点总数，n_1 为二叉树中度为 1 的结点数，则有

$$n=n_0+n_1+n_2$$

在二叉树中，除根结点以外，其余结点都有唯一一个进入分支。设 s 为二叉树中总的分支数，那么有

$$s=n-1$$

这些分支是由度为 1 和度为 2 的结点贡献的，一个度为 1 的结点有一个分支，一个度为 2 的结点有两个分支，所以有

$$s=n_1+2n_2=n_0+n_1+n_2$$
$$n_0=n_2+1$$

性质 4：具有 n 个结点的完全二叉树的深度 $k=[\log_2 n]+1$。

证明：根据完全二叉树的定义和性质 2 可知，当一个完全二叉树的深度为 k、结点个数为 n 时，有

$$2^{k-1}-1<n\leq 2^k-1$$

即

$$2^{k-1}\leq n<2^k$$

对不等式取对数，有

6-7
二叉树的基本
性质4和5

$$k-1 \leqslant \log_2 n < k$$

因为 k 是整数，所以 k=[log₂n]+1。

性质5：对于具有 n 个结点的完全二叉树，如果按照从上至下和从左到右的顺序对二叉树中的所有结点从 1 开始顺序编号，则对于任意的序号为 i 的结点，有下面的关系。

- 如果 i>1，则序号为 i 的结点的父结点的序号为[i/2]；如果 i=1，则序号为 i 的结点是根结点，无父结点。
- 如果 2i≤n，则序号为 i 的结点的左子结点的序号为 2i；如果 2i>n，则序号为 i 的结点无左子结点。
- 如果 2i+1≤n，则序号为 i 的结点的右子结点的序号为 2i+1；如果 2i+1>n，则序号为 i 的结点无右子结点。

此外，若对二叉树的根结点从 0 开始编号，则相应的第 i 个结点的父结点的编号为（i+1)/2，左子结点的编号为 2i+1，右子结点的编号为 2i+2。

6.2.3 二叉树的存储结构

二叉树主要有下面三类存储结构。

1. 顺序存储结构

6-8
二叉树的顺序
存储结构

二叉树的顺序存储就是用一组连续的存储空间存放二叉树中的结点，按照二叉树结点从上至下、从左到右的顺序存储。图 6-9a 是具有 5 个结点的二叉树的顺序存储结构，每个结点在顺序表中占用一个单元的存储空间，和前面介绍的线性存储结构类似。但实际上，二叉树是一种非线性结构，除存储结点以外，还需要存储结点之间的关系。从这个顺序存储结构中，无法判断出该存储结构所对应的二叉树的形态，也无法判断出结点 B 的子结点是哪个，哪些是叶子结点。

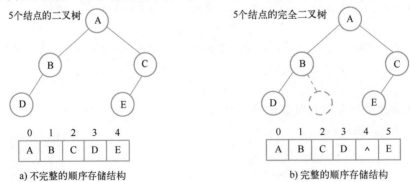

图 6-9　二叉树的顺序存储结构

完全二叉树中结点之间的父子关系可以通过编号来判断。在 n 个结点的完全二叉树中，如果根结点编号为 0，则各个结点间父子编号满足如下关系。

- 非根结点（序号 i>0）的父结点的序号是[i/2]。
- 结点（序号为 i）的左子结点的序号是 2i+1。
- 结点（序号为 i）的右子结点的序号是 2i+2。

那么，可以将一般的二叉树按照其对应的完全二叉树的形态来存储。图 6-9b 是二叉树改造后的完全二叉树形态和其顺序存储示意图，其中虚线标注的结点为空结点，在内存中也占用一个单元的存储空间。从中可以看出，二叉树的顺序存储结构不仅要存储结点，还要存储部分空结点的信息。这样就可以从二叉树的存储结构还原出对应的唯一的一个二叉树。

二叉树的顺序存储可用结构体数组表示，其中 BitTreeNode 为二叉树中的结点类型，可依据实际应用定义相应的结构类型：BitTreeNode SeqBitTree[MAXSIZE]。

显然，这种存储结构需要附加额外的结点空间，而需要附加的额外的结点在图 6-9 中用虚线表示。将一个二叉树转换成为一个完全二叉树，按照完全二叉树的结构进行存储。图 6-10 是 9 个结点的二叉树的顺序存储结构，其中存储的空结点域有 5 个，造成 5 个单元空间的浪费。最坏的情况是右单支树，一个深度为 k 的右单支树，只有 k 个结点，却需要分配 2^k-1 个存储单元。对于一个深度为 10 的右单支树，有 1013 个存储单元是浪费的。

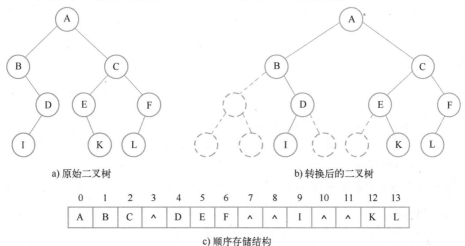

a) 原始二叉树　　　　　　　　　b) 转换后的二叉树

0	1	2	3	4	5	6	7	8	9	10	11	12	13
A	B	C	∧	D	E	F	∧	∧	I	∧	∧	K	L

c) 顺序存储结构

图 6-10　转换后的二叉树的顺序存储结构示意图

2. 二叉链表存储结构

二叉树的链式存储结构是指用链表来表示一个二叉树，即用指针来指示元素间的逻辑关系。链表中结点不仅要存放数据，还要存放结点的逻辑关系。一般二叉链表中每个结点由三个域组成，除数据域（data）以外，还有两个指针域，它们分别用来给出该结点的左子结点（lchild）和右子结点（rchild）所在的链结点的存储地址，如图 6-11 所示。

lchild	data	rchild

图 6-11　二叉链表的结点结构

其中，data 域存放结点的数据信息；lchild 与 rchild 分别存放指向左子结点和右子结点的指针，当左子结点或右子结点不存在时，相应指针域值为空，用符号∧或 NULL 表示。图 6-12 给出了一个二叉树对应的二叉链表表示的存储结构。二叉树的二叉链表存储表示可描述如下。

```
typedef struct BitNode{
    int data;
    struct BitNode *lchild;*rchild;    /*左、右子结点指针*/
}BitNode,*LinkBitTree;
```

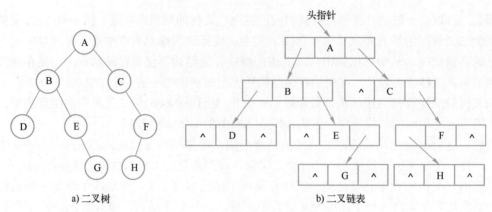

图 6-12　二叉链表存储结构示意图

3. 三叉链表存储结构

从二叉链表的存储结构可以看出，从一个结点出发，可以方便地利用结点的两个指针向下检索到它的左子树和右子树上的结点，但是无法向上检索到它的父结点。为了便于检索到结点的父结点，可以在结点的定义中，再增加一个指针域，用来指向结点的父结点，这就是三叉链表存储结构。在三叉链表中，每个结点由四个域组成，其中一个数据域（data），三个指针域（lchild、rchild、parent），具体结构如图 6-13 所示。

其中，data、lchild 和 rchild 三个域的意义与二叉链表存储结构相同；parent 域为指向该结点的父结点的指针。

lchild	data	rchild	parent

图 6-13　三叉链表的结点结构

二叉树的三叉链表存储表示可描述如下。

```
struct BitNode{
    int data;
    struct BitNode *parent,*lchild,*rchild;      /*指向父结点和左、右子结点的指针*/
}BitNode,*LinkBitTree;
```

每个结点增加一个指向父结点的指针 parent，使得查找父结点变得很方便。

图 6-14 给出了图 6-12a 所示的二叉树的三叉链表表示。相对于二叉链表存储结构，三叉链表中每个结点增加了一个向上的指针域，目的是从任何一个结点出发，可以访问到结点的父结点和左右子结点，便于实现向上或向下访问结点的过程。

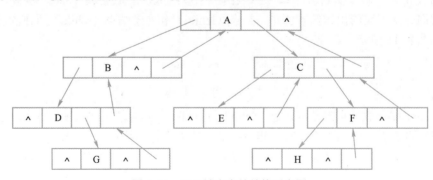

图 6-14　三叉链表存储结构示意图

尽管在二叉链表中无法由结点直接找到其父结点，但由于二叉链表结构灵活，操作方便，对于一般情况的二叉树，甚至比顺序存储结构还节省空间。因此，二叉链表是常用的二叉树存储方式。对于后面涉及的二叉树的链式存储结构，如果不加以特别说明，都默认为二叉链表结构。

6.2.4　遍历二叉树

遍历是二叉树中经常要用到的一种操作，因为在实际应用问题中，常常需要按一定顺序对二叉树中的每个结点逐个进行访问，查找满足条件的结点，然后对这些满足条件的结点进一步处理。

二叉树的遍历是指按照某种顺序访问二叉树中的每个结点，确保每个结点访问一次且仅被访问一次。访问是指对结点做某种处理，可以是输出信息、修改结点的值和统计结点个数等操作。总的来说，二叉树的遍历包含三层意思。

● 确保访问到所有的结点。

● 确保每个结点只访问一次。

● 确保遍历的结点序列是唯一的。

二叉树的遍历不同于线性结构遍历，线性结构结点的访问次序与其逻辑次序是一致的。而二叉树是一种非线性结构，每个结点都可能有左、右两棵子树，当前结点访问结束后，下一个结点是访问左子树上的结点，还是右子树上的结点，需要给出访问的规则或方法，使二叉树上的结点能按照访问的次序排列在一个线性序列中，从而完成遍历。如果对图 6-15 中以 A 为根的这两个具有 8 个结点的二叉树遍历，按照不同的方法遍历，会有不同的遍历结果。遍历的序列结果可以是 ABCDEFGH、ABDGECFH 或 DGEBACHF 等序列。这里的每一种不同的遍历结果，应是按照指定的方法得出的确定结果，遍历的结点序列一定是唯一的，不可能是其他的序列。这里的关键是遍历的方法，包括从哪个结点开始访问，到哪个结点访问结束，结点访问中是如何交替次序的。

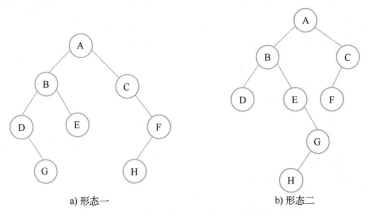

a) 形态一　　　　　　　　　b) 形态二

图 6-15　8 个结点的二叉树的不同形态

由二叉树的定义可知，二叉树中基本的结点构成有根结点、左子树和右子树三部分。若能依次遍历这三部分，就可以完成二叉树的遍历。二叉树的遍历就是解决根结点、左子树和右子树三个部分谁先访问、谁后访问的次序问题。若以 D、L、R 分别表示访问二叉树的根结点、左子树和右子树，则二叉树的遍历方式有六种：DLR、LDR、LRD、DRL、RDL 和 RLD。如果限定先遍历左子树后遍历右子树，则只有下面的三种情况。

● 先序遍历：DLR。

- 中序遍历：LDR。
- 后序遍历：LRD。

对于图 6-16 所示的二叉树，有三种遍历结果，每种遍历方法的结果是唯一的。依据任何一种遍历序列不能还原出一个唯一的二叉树，但是可以依据二叉树的两种遍历序列（其中必须包含中序遍历序列）还原出唯一的一个二叉树。

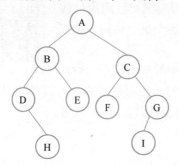

- 先序遍历序列：A B D H E C F G I
- 中序遍历序列：D H B E A F C I G
- 后序遍历序列：H D E B F I G C A

图 6-16　二叉树的三种遍历

已知下面的先序和中序的二叉树遍历序列。

先序遍历序列：ABFGCHDE。

中序遍历序列：FGBHCDEA。

从中可以还原出如图 6-17 所示的二叉树。该二叉树的后序遍历序列为 GFHEDCBA。

其求解的过程为首先从先序遍历中找到根结点，然后在中序遍历中查找左、右子树；对于左、右子树，也是在先序遍历中递归地查找根结点，然后确定其对应的左、右子树，如此重复，直到所有结点查找完成为止。

如果给出中序遍历序列为 DCBGEAHFIJK，后序遍历序列为 DCEGBFHKJIA，则此二叉树的先序遍历序列为 ABCDGEIHFJK。其对应的二叉树如图 6-18 所示。其求解的过程为首先从后序遍历中找到根结点，然后在中序遍历中查找左、右子树；对于左、右子树，也是在后序遍历中递归地查找根结点，然后到中序遍历序列中找其对应的左、右子树，如此重复，直到所有结点查找完成为止。

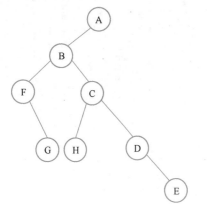

图 6-17　还原后的二叉树示例一

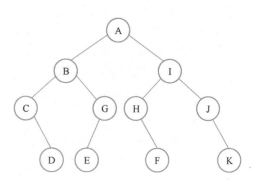

图 6-18　还原后的二叉树示例二

对于二叉树的遍历算法，首先讨论递归遍历算法，然后介绍非递归遍历算法。其中递归遍历算法具有非常清晰的结构，但初学者往往难以接受，一方面是对递归遍历算法应用较少，另一方面是没有根本理解递归的原理。实际上，递归遍历算法是由系统通过使用堆栈来实现控制的。

1. 二叉树的递归遍历算法

（1）DLR——先序遍历

若二叉树为空，则遍历结束，否则转入下面的步骤。

1）访问根结点。

2）先序遍历左子树（递归调用本算法）。

3）先序遍历右子树（递归调用本算法）。

下面是先序遍历的递归算法实现，其中指针变量 T 用来指向二叉树的根结点。

算法 6-1　二叉树先序遍历的递归算法

```
void PreorderTraverse(BitNode    *T){
if (T!=NULL) {
        visit(T->data);                /*访问根结点*/
        PreorderTraverse(T->lchild);   /*递归遍历左子树*/
        PreorderTraverse(T->rchild);   /*递归遍历右子树*/
    }
}
```

图 6-15a 中二叉树的先序遍历序列为 ABDGECFH。先序遍历算法的时间复杂度为 $O(n)$。上述代码中的 visit() 函数访问结点的数据域，至于对结点做何种处理，可视具体问题而定。

（2）LDR——中序遍历

若二叉树为空，则遍历结束，否则执行下面的步骤。

1）中序遍历左子树（递归调用本算法）。

2）访问根结点。

3）中序遍历右子树（递归调用本算法）。

下面是中序遍历的递归算法实现，其中指针变量 T 用来指向二叉树的根结点。

算法 6-2　二叉树中序遍历的递归算法

```
void InorderTraverse(BitNode    *T) {
    if (T != NULL) {
        InorderTraverse(T->lchild);   /*递归遍历左子树*/
        visit(T->data);               /*访问根结点   */
        InorderTraverse(T->rchild);   /*递归遍历右子树*/
    }
}
```

图 6-15a 中二叉树的中序遍历序列为 DGBEACHF。中序遍历算法的时间复杂度为 $O(n)$。

（3）LRD——后序遍历

若二叉树为空，则遍历结束，否则执行下面的步骤。

1）后序遍历左子树（递归调用本算法）。

2）后序遍历右子树（递归调用本算法）。

3）访问根结点。

下面是后序遍历的递归算法实现，其中指针变量 T 用来指向二叉树的根结点。

算法 6-3　二叉树后序遍历的递归算法

```
void PostorderTraverse(BitNode  *T) {
    if   (T != NULL) {
         PostorderTraverse(T->lchild);
         PostorderTraverse(T->rchild);
         visit(T->data);          /*访问根结点 */
    }
}
```

图 6-15a 中二叉树的后序遍历序列为 GDEBHFCA。后序遍历算法的时间复杂度为 O(n)。

2．二叉树的非递归遍历算法

从二叉树先序、中序和后序的遍历路径来看，它们都是从根结点 A 开始的，且在遍历过程中经过结点的路线是一样的，只是访问各结点的时机不同而已。在非递归遍历过程中，需要用到辅助数据结构栈，初始时栈为空，整个非递归遍历的关键是栈结点入栈和出栈的变化过程。

（1）DLR——先序遍历

下面是二叉树先序遍历的非递归算法实现步骤。

1）入栈过程。找到一个结点 p（初始时结点 p 为根结点），p 入栈；沿着 p 结点一路向左，即沿着左链遍历左子结点 p_i，将所有 p_i 结点全部入栈，同时访问结点 p_i，直到 p_i=NULL 为止。

2）出栈过程。出栈一个结点 s，并进行如下判断。

● 如果结点 s 无右子树，则回到步骤 2），继续出栈。

● 如果结点 s 有右子树，则 p=s->rchild，回到步骤 1）。

3）直到栈空为止。

下面是二叉树先序遍历的非递归算法实现，其中指针变量 T 用来指向二叉树的根结点。

算法 6-4　二叉树先序遍历的非递归算法

```
void Preorder(BitBode *T) {              /*先序遍历的非递归算法*/
    SeqStack S;
    InitSeqStack(&S);                    /*初始化*/
    while(T || !EmptySeqStack(&S)) {
        while(T) {
            cout << T->data;
            PushSeqStack(&S, T);
            T = T->lchild;
        }
        if(!EmptySeqStack(&S)) {
            T = OutSeqStack(&S);         /*出栈*/
            T = T->rchild;               /*转向右子树*/
        }
    }
}
```

（2）LDR——中序遍历

中序遍历与先序遍历类似，只是访问结点的时机不同而已，中序遍历是在出栈的时候访问结点。下面是算法的实现步骤。

1）入栈过程。找到一个结点 p（初始时结点 p 为根结点），p 入栈；沿着 p 结点一路向左，即沿着左链遍历左子结点 p_i，将所有 p_i 结点全部入栈，直到 p_i=NULL 为止。

2）出栈过程。出栈一个结点 s，同时访问结点 s，并进行如下判断。

● 如果结点 s 无右子树，则回到步骤 2），继续出栈。

● 如果结点 s 有右子树，则 p=s->rchild，回到步骤 1）。

3）直到栈空为止。

下面是二叉树中序遍历的非递归算法实现，其中指针变量 T 用来指向二叉树的根结点。

算法 6-5　二叉树中序遍历的非递归算法

```
void Inorder(BitBode *T) {              /*中序遍历的非递归算法*/
    SeqStack S;
    InitSeqStack(&S);                   /*初始化*/
    while(T || !EmptySeqStack(&S)) {
        while(T) {
            PushSeqStack(&S, T);
            T = T->lchild;
        }
        if(!EmptySeqStack(&S)) {
            T = OutSeqStack(&S);        /*出栈*/
            cout << T->data;
            T = T->rchild;              /*转向右子树*/
        }
    }
}
```

（3）LRD——后序遍历

在后序遍历过程中，因为左、右子树同时入栈，为了识别出左、右子树，这里给每个结点设置一个标志位（0 或 1），以此来区别是访问结点的左子树还是右子树。下面是具体算法的实现步骤。

1）入栈过程。找到一个结点 p（初始时结点 p 为根结点），将 p 结点的标志位设置为 0，p 入栈；沿着 p 结点一路向左，即沿着左链遍历左子结点 p_i，将所有 p_i 结点全部入栈，直到 p_i=NULL 为止。

2）栈顶元素 s 的处理过程有下面两类情况。

● 若栈顶元素的标志为 0，则把标志改成 1，并进行如下判断。

■ 如果结点 s 无右子树，则回到步骤 2）。

■ 如果结点 s 有右子树，则 p=s->rchild，回到步骤 1）。

● 若栈顶元素的标志位 1，则 s 出栈，并访问结点 s，回到步骤 2）。

3）直到栈空为止。

下面是二叉树后序遍历的非递归算法实现，其中指针变量 T 用来指向二叉树的根结点。

算法 6-6　二叉树后序遍历的非递归算法

```
void Postorder(BitBode *T) {            /*后序遍历的非递归算法*/
    SeqStack S;
    InitSeqStack(&S);                   /*初始化*/
```

```
BitBode *P;
while(T || !EmptySeqStack(&S)) {
    while(T) {
        PushSeqStack(&S, T);
        T = T->lchild;
    }
    while(S.a[S.top] == 1) {              /*再次到根结点*/
        P = OutSeqStack(&S);
        cout << P->data;
    }
    if(!EmptySeqStack(&S)) {
        T = GettopSeqStack(&S);           /*取栈顶元素*/
        S.a[S.top] = 1;                   /*经过根结点，标志位改为 1*/
        T = T->rchild;                    /*转向右子树*/
    }
}
}
```

3．二叉树的层次遍历

二叉树的层次遍历是指首先用顺序表存储结点，采用一组地址连续的存储单元自上而下、自左至右依次存储完全二叉树上的结点元素，然后顺序访问该顺序表即可。具体的算法实现是设置一个队列结构，从根结点开始遍历，首先将根结点指针入队，然后开始执行下面三个操作，当队列为空时，算法结束。

层次遍历的具体算法实现步骤如下。

1）从队列中取出一个元素。

2）访问该元素所指结点。

3）若该元素所指结点的左、右子树非空，则将其左、右子树的指针顺序入队，回到步骤1）。

下面是二叉树层次遍历的非递归算法实现，其中指针变量 T 用来指向二叉树的根结点。

算法 6-7　二叉树层次遍历的非递归算法

```
void LevelOrderTraversal ( BitNode *BT ) {
    Queue Q;
    BitNode *T;
    if (!BT )
        return;                          /*若是空树，则直接返回*/
    Q = CreateQueue( MaxSize );          /*创建并初始化队列 Q*/
    InQueue( Q, BT );
    while ( !EmptyQueue( &Q ) ) {
        T = OutQueue( &Q );
        cout<<T->Data<<endl;             /*访问并取出队列中的结点*/
        if ( T->Left )
            InQueue( &Q, T->lchild );
        if ( T->Right )
            InQueue( &Q, T->rchild );
    }
}
```

这里主要介绍了二叉树的遍历，关于二叉树的其他操作，如建立二叉树、求二叉树的深度、统计二叉树的叶子结点等算法，都可以在二叉树遍历的基础上实现。下面在遍历的基础上对二叉树的常用算法进行分析与实现。

4. 二叉树的常用算法

在二叉树遍历的基础上，可以实现二叉树的一些常用算法。

（1）建立二叉树

可以通过先序、中序或后序的方式建立二叉树，只是在使用遍历的算法时，将访问结点的操作更换为创建结点。下面是通过先序方法建立二叉树的算法实现。

算法 6-8 先序递归创建二叉树算法

```
BitNode* CreateTree() {                     /*结点指针*/
    BitNode *p;
    char ch;
    cin >> ch;
    if(ch == '#') {                         /*若输入字符'#'，则表示创建空二叉树*/
        p = NULL;
    } else {
        p = new BitNode;                    /*创建根结点*/
        p->data = ch;
        p->lchild = CreateTree();           /*先序创建左子树*/
        p->rchild = CreateTree();           /*先序创建右子树*/
    }
    return p;
}
```

（2）统计二叉树的结点数

二叉树中结点的个数包含三部分：根结点、左子树结点个数和右子树结点个数，即总的结点个数 n=1+leftNum+rightNum，这里 leftNum 与 rightNum 分别表示左、右子树的结点个数。

求总的结点个数的递归定义如下。

1）如果树为空，则返回 0。

2）如果树不为空，则返回 n=1+leftNum+rightNum。

二叉树结点个数的统计算法实现如下。

算法 6-9 统计二叉树结点个数的递归算法

```
Int CalculateNode(BitNode   *T) {
    if (T == NULL)
            return 0;
        else
        return (1+CalculateNode(T->lchild)+CalculateNode(T->rchild));
}
```

（3）统计二叉树中叶子结点的个数

二叉树中叶子结点分布在左子树和右子树中，统计其左、右子树中叶子结点的个数即可。

求叶子结点个数的递归定义如下。

1）如果树无左、右子树，则返回 1。

2）如果树为空树，则返回 0。

3）除上述两种情况以外，则返回左、右子树叶子结点个数之和。

统计二叉树中叶子结点的个数算法实现如下。

算法 6-10   统计二叉树中叶子结点个数的递归算法

```cpp
int CalculateLeaf(BitNode    *T) {
    if (T == NULL)
        return 0;
    else if (T->lchild == NULL && T->rchild == NULL)
        return 1;
    else
        return CalculateLeaf(T->lchild) + CalculateLeaf(T->rchild）;
}
```

（4）计算二叉树的深度

二叉树的深度为子树的最大深度加 1。下面是求二叉树深度的递归定义。

1）如果树无左、右子树，则返回 1。

2）如果树为空树，则返回 0。

3）除上述两种情况以外，则返回左、右子树较大者的深度加 1。

二叉树深度的算法实现如下。

算法 6-11   计算二叉树深度的递归算法

```cpp
int CalculateDepth(BitNode    *T) {
    if(T == NULL)
        return 0;
    else if(T->lchild == NULL && T->rchild == NULL)
        return 1;
    else
        if(CalculateDepth(T->lchild)>CalculateDepth(T->rchild))
            return CalculateDepth(T->lchild)+1;
        else
            return ClculateDepth(T->rchild)+1;
}
```

（5）比较两个二叉树是否相同

需要判断两个二叉树的根结点、左子树与右子树三者是否相等，其递归定义如下。

1）如果左、右子树都为空树，则自然相同，返回 true。

2）如果两个二叉树中一个为空树，另一个不为空树，则不相同，返回 false。

3）如果两个二叉树都不为空树，且根结点不等，则返回 false。

4）其他情况，则分别比较左、右子树，根据比较结果进行共同判定，只要有一个为 false，就返回 false。

比较两个二叉树是否相同的算法实现如下，其中参数 T1 与 T2 分别表示两个二叉树的根指针。

算法 6-12   比较两个二叉树是否相等的递归算法

```cpp
bool IsEqual(BitNode* T1, BitNode* T2) {
```

```
    if(T1 == NULL && T2 == NULL)
        return true;              /*左、右子树都为空，则相等*/
    if(!T1 || !T2)                /*由于上面的判断不成立，则 T1、T2 至少有一个不为空*/
        return false;             /*若一个空，另一个不空，则不相等*/
    /*判断左、右子树是否相等*/
    if(T1->data == T2->data)      /*如果根结点相等*/
        return isEqual(T1->lchild, T2->lchild) && isEqual(T1->rchild, T2->rchild);
    else
        return false;
}
```

6.2.5　线索二叉树

遍历二叉树是按照一定的规则将树中的结点排列成一个线性序列，即对非线性结构的线性化操作。如何找到遍历过程中动态得到的每个结点的直接前驱结点和直接后继结点？如何保存这些信息？这就需要对二叉树进行线索化。

设一个二叉树有 n 个结点，每个结点都有指向左子结点的指针 lchild 和指向右子结点的指针 rchild，共有 2n 个指针域，而只有 n-1 个指针域是指向结点的，有 n+1 个指针域是空的，未被使用。于是，可以利用这些空的指针域来存放结点的直接前驱结点和直接后继结点。

为避免混淆，对结点结构加以改进，除数据域以外，增加两个标志域，构成如图 6-19 所示的结点结构。

| lchild | ltag | data | rtag | rchild |

图 6-19　线索二叉树的结点结构

下面是对各个域的说明。

- lchild：若结点有左子结点，则指向其左子结点，否则，指向其直接前驱结点。
- rchild：若结点有右子结点，则指向其右子结点，否则，指向其直接后继结点。
- ltag：如果值为 0，则 lchild 域指向结点的左子结点；如果值为 1，则 lchild 域指向结点的直接前驱结点。
- rtag：如果值为 0，则 rchild 域指向结点的右子结点；如果值为 1，则 lchild 域指向结点的直接后继结点。

用这种结点构成的二叉树的存储结构称为线索链表。指向结点的直接前驱结点和直接后继结点的指针称为线索。在遍历方法上加上线索后，遍历的二叉树称为线索二叉树。根据二叉树的先序、中序和后序遍历方式，对应的线索二叉树分别为先序线索二叉树、中序线索二叉树和后序线索二叉树，如图 6-20 所示，其中的虚线指向结点的直接前驱结点或者直接后继结点。

```
    typedef struct BitTreedNode{
        ElemType   data;
        struct BitTreeNode *lchild , *rchild;
        int   ltag , rtag;
    }BitTreeNode;
```

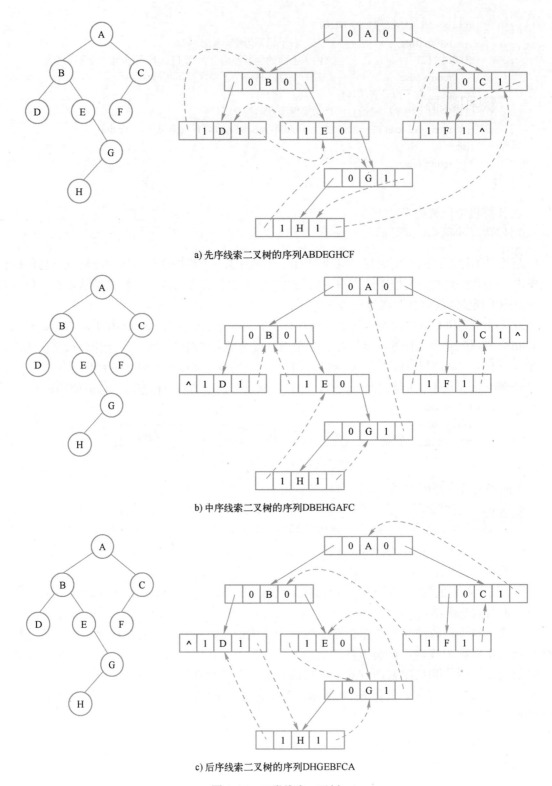

a) 先序线索二叉树的序列ABDEGHCF

b) 中序线索二叉树的序列DBEHGAFC

c) 后序线索二叉树的序列DHGEBFCA

图 6-20　三类线索二叉树

在线索二叉树中，实线表示指针，指向结点的左、右子结点；虚线表示线索，左指针指向结点的直接前驱结点，右指针指向结点的直接后继结点。在线索二叉树上进行遍历，从任何一个结点出发，都可以找到结点的直接后继结点。所以，只要先找到二叉树中遍历序列中的第一个结点，就可以依次找到结点的直接后继结点，直到直接后继结点为空为止。

6.3　树和森林

本节将讨论树的存储结构，以及树和森林与二叉树之间的转换。

6.3.1　树的存储结构

在计算机中，树的存储结构有多种方式，如可以采用顺序存储结构、链式存储结构，但无论采用何种存储结构，都要求存储结构不但能存储各结点本身的数据信息，而且要能唯一地表示出树中各结点之间的逻辑关系。下面介绍树的四种存储结构。

1. 父结点表示法

由树的定义可以知道，树中的每个结点都有唯一的一个双亲结点，根据这一特性，可用一组连续的存储空间（即数组）来存储树中的各个结点，数组中的一个元素表示树中的一个结点。结点不仅包含自身的数据信息，还包含其父结点在数组中的位置，即下标信息，这样就可以从结点中方便地检索到其父结点。树的这种存储方法称为父结点表示法。结点结构可以用结构体类型来构造。下面是父结点表示法中关于结点类型的描述。

```
struct TreeNode{
    char data;
    int parent;
};
TreeNode tree[MAXSIZE];
```

图 6-21 中树的父结点表示如图 6-22 所示，若 parent 域的值为-1，则表示该结点无父结点，即该结点是一个根结点。

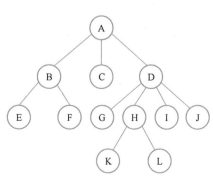

图 6-21　树

序号	data	parent
0	A	−1
1	B	0
2	C	0
3	D	0
4	E	1
5	F	1
6	G	3
7	H	3
8	I	3
9	J	3
10	K	8
11	L	8

图 6-22　树的父结点表示法

在树的父结点表示法中，容易求得任意结点的父结点，但是，如果想查找某个结点的子结点，则需要遍历整个顺序表。同时，这种存储方式不能反映各兄弟结点之间的关系。在实际应用中，如果需要实现这些操作，则可在结点结构中增设两个域，分别用来存放该结点的第一个子结点和其第一个右兄弟结点，这样就能较方便地实现上述操作了。

2. 子结点链表表示法

子结点链表表示法是对所有结点进行顺序存储，设置一个与结点个数一样的一维数组来存放树中所有结点。结点除包含自身数据域以外，还需要另外附设一个指针域，用来指向该结点的子结点，同一个父结点的所有子结点构成一个链表。下面是对子结点链表表示法中两类结点结构的定义描述。

```cpp
typedef struct ChildNode{
    int child;
    struct ChildNode *nextChild;
}
struct TreeNode{
    char data;
    struct ChildNode *firstChild;
};
TreeNode tree[MAXSIZE];
```

首先，顺序表结点由数据域与指针域构成，指针域指向第一个子结点。

其次，由同一个父结点的子结点构成一个链表，链表中的结点由数据域和指针域构成，指针域指向兄弟结点，数据域的值为结点在数组中的序号。图 6-21 中树的子结点链表表示法的存储结构如图 6-23 所示。

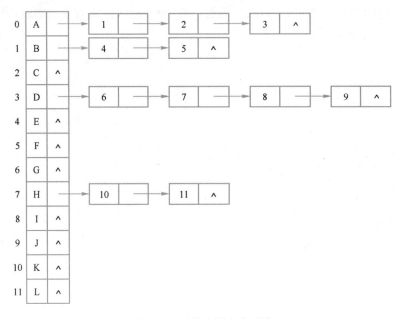

图 6-23　子结点链表表示法

在子结点链表表示法中，查找父结点比较困难，需要遍历整个链表，但查找子结点却十分方便。子结点链表表示法的存储结构适用于对子结点操作较多的应用。

3. 父结点+子结点链表表示法

父结点+子结点链表表示法是将父结点表示法和子结点链表表示法相结合，主要是在顺序表中增加了父结点的信息。具体组织结构分成两部分，一是将各结点的子结点分别构成单链表，二是用一维数组顺序存储树中的各结点，数组元素除包括结点本身的信息和该结点的子结点链表的头指针以外，还增设一个域，用来存储该结点的父结点在数组中的序号。图 6-24 是对图 6-21 中的树采用父结点+子结点链表表示法后的存储示意图。父结点+子结点链表表示法与子结点链表表示法类似，只是前者在顺序表的结点中增加了存储结点的父结点信息。具体结点的定义可以参考子结点链表表示法中结点的定义描述。

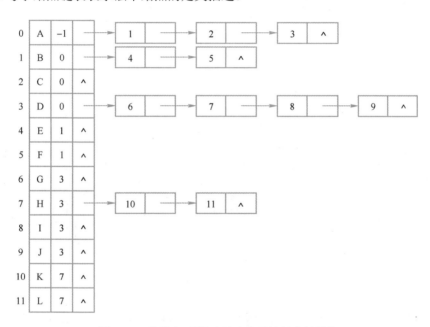

图 6-24　父结点+子结点链表表示法的存储结构

4. 子结点+兄弟结点表示法

子结点+兄弟结点表示法就是将二叉链表作为树的存储结构，链表中每个结点的两个指针域分别指向其第一个子结点和下一个兄弟结点。其特点是操作容易，但是破坏了树的层次性。在这种存储结构下，树中结点的存储表示描述如下。

```
typedef struct TreeNode {
    int data;
    struct TreeNode    *son;
    struct TreeNode    *next;
};
```

图 6-21 中树的子结点+兄弟结点表示法结果如图 6-25 所示。

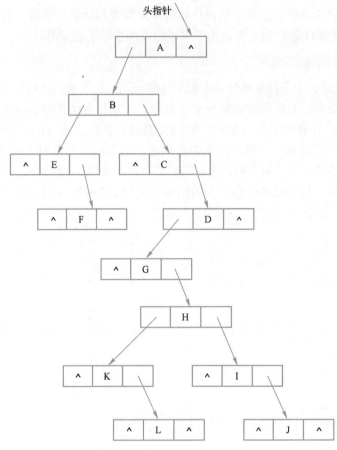

图 6-25　子结点+兄弟结点表示法

6.3.2　树和森林与二叉树之间的转换

在用层次结构处理实际问题时，多数都是一对多的树、森林这样的数据结构，而不是二叉树结构。但是，树中每个结点的子树个数不同，存储和运算都比较困难，而二叉树便于计算机存储与处理，因此，在实际应用中，可以将树或森林转换为二叉树，然后进行存储和运算。树或森林与二叉树之间存在唯一的映射关系，因此不影响后续应用或处理。下面介绍树和森林与二叉树的相互转换方法。

1．树转换成二叉树的方法

对于一般的树，可以方便地将它转换成一个唯一的二叉树，其转换的详细步骤如下（见图 6-26）。

1）加虚线。在树的每一层，按从左至右的顺序将兄弟结点用虚线相连。

2）去连线。除最左侧的第一个子结点以外，父结点与所有其他子结点的连线都去掉。

3）旋转。将树顺时针旋转 45°，将旋转后树中的所有虚线改为实线，并向右斜，转换结果如图 6-26c 所示。

树转换后的二叉树有下面两个特点。

● 二叉树的根结点没有右子树，只有左子树。

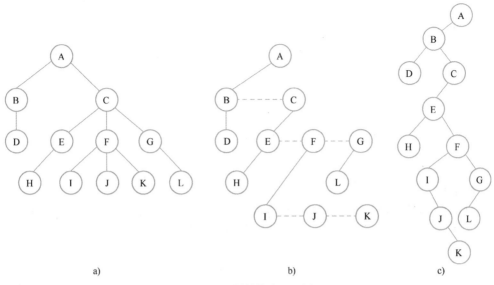

图 6-26 树转换为二叉树

● 左子树根结点仍然是原来树中相应结点的左子结点，而所有沿右链向下的右子树结点均是原来树中该结点的兄弟结点，也就是说，所有树的子结点在二叉树中构成一个右单支链表。

2．二叉树转换成树的方法

对于一个转换后的二叉树，可以还原成对应的树。其转换的详细步骤如下。

1）加虚线。若某结点是其父结点的左子树的根结点，则将该结点的右子结点以及沿右子链不断搜索得到的所有的右子结点与该结点的父结点用虚线相连。

2）去连线。去掉二叉树中所有父结点与其右子结点之间的连线。

3）调整。将各结点按层次排列，且将所有的虚线变成实线。

二叉树转换为树的过程如图 6-27 所示。

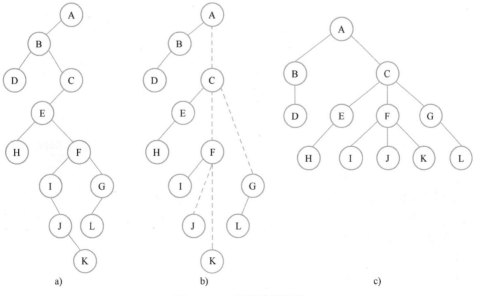

图 6-27 二叉树转换为树

3．森林转换成二叉树

6-13
森林转化为
二叉树

森林是由多个树构成的。森林转换二叉树是首先把森林中的每棵树都转换成二叉树，接着把多棵二叉树合并为一棵二叉树的过程。从前面的分析可知，在树转换成二叉树后，二叉树的右子树必为空，可以将第二棵二叉树作为第一棵二叉树的右子树，这样就可以将两棵二叉树合并为一棵二叉树。依此方法，可以将其他二叉树逐次合并为一棵二叉树。下面给出森林转换成二叉树的转换步骤。

设 $F=\{T_1,T_2,\cdots,T_n\}$ 是森林，T_i 表示森林中的树的根结点。按以下步骤可将森林转换成一棵二叉树 B。

1）若 n=0，则 B 是空树。

2）若 n>0，分别将森林中的每棵树都转换为二叉树，这样就有 n 棵二叉树（$B_1,B_2,\cdots,B_n$），每棵二叉树都没有右子结点，n 棵二叉树的根结点分别为（$T_1,T_2,\cdots,T_n$）。

3）将 T_i 作为 T_{i-1} 的右子结点（i=2～n）。

图 6-28a 是由三棵树构成的森林，图 6-28b 是转换后的二叉树。

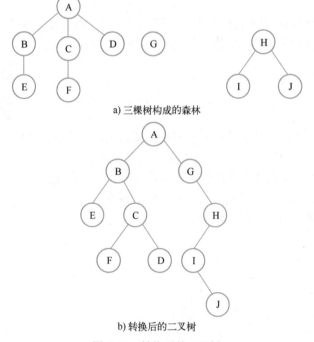

a) 三棵树构成的森林

b) 转换后的二叉树

图 6-28　转换后的二叉树

4．二叉树转换为森林

6-14
二叉树转换为
森林

由上面的分析可知，在树转换为二叉树后，二叉树是没有右子树的。假如一棵二叉树的根节点有右子树，则这棵二叉树能够转换为森林，否则将转换为一棵树。下面给出二叉树转换成森林的转换步骤。

1）从根节点开始，若右子结点存在，则把与右子结点的连线删除。再查看分离后的二叉树，若其根节点的右子结点存在，则删除连线，以此类推，直到所有这些根节点与右子结点的连线都删除为止。

2）将每个分离后的二叉树转换为树。

3）将转换后的树构成森林。

图 6-29b 的森林是图 6-29a 中二叉树转换后的森林。

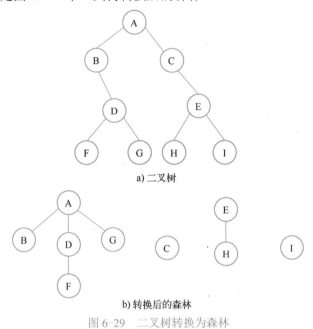

a) 二叉树

b) 转换后的森林

图 6-29 二叉树转换为森林

6.4 哈夫曼树及其应用

哈夫曼树是以哈夫曼（David Huffman）本人命名的，他发明的哈夫曼编码能够使通常的数据传输数量减少到最小。哈夫曼树的相关算法广泛应用于传真机、图像压缩和计算机安全等领域。下面首先介绍哈夫曼树的定义，然后讨论哈夫曼树的创建以及哈夫曼编码内容。

6-15
哈夫曼树应用背景

6-16
哈夫曼树的定义

6.4.1 哈夫曼树的定义

下面介绍哈夫曼树的概念和相关术语。

1. 路径与路径长度

● 结点路径：从树中一个结点到另一个结点的分支构成这两个结点之间的路径。

● 路径长度：结点路径上边的数目称为路径长度。

● 树的路径长度：从根结点到每一个结点的路径长度之和。

在如图 6-30 所示的树中，结点 1 到 4 的路径为 1-2-4；路径长度为 2；树的路径长度为各个结点路径长度之和，就是 $2\times1+3\times2+2\times3=14$。

2. 带权路径长度

● 结点的带权路径长度：从结点到树的根结点的路径长度与

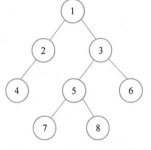

图 6-30 路径与路径长度

结点的权值的乘积。权值可以是开销、代价和频度等的抽象表示。

● 树的带权路径长度：树中所有叶子结点的带权路径长度之和，记作

$$WPL=w_1m_1+w_2m_2+\cdots+w_nm_n=\sum w_im_i \qquad (i=1,2,\cdots,n)$$

式中，n 为叶子结点的个数；w_i 为第 i 个叶子结点的权值，m_i 为第 i 个叶子结点的路径长度，w_im_i 为第 i 个结点的带权路径长度。

3. 哈夫曼树

具有 n 个叶子结点，每个结点对应的权值为 w_i 的二叉树不止一个，但在所有的这些二叉树中，必定存在一个带权路径长度（Weighted Path Length，WPL）最小的树，称这棵树为哈夫曼树或最优树。

在许多情况下，判定问题时，利用哈夫曼树可以得到最佳判断算法。

图 6-31 是利用权值分别为 4、6、7、8 的 4 个叶子结点构造的二叉树，它们的带权路径长度分别如下。

● WPL=4×2+7×3+8×3+6×2=65。
● WPL=8×1+4×3+6×3+7×2=52。
● WPL=4×1+6×2+7×3+8×3=61。

其中图 6-31 中的第二棵二叉树的带权路径长度最小，可以证明这棵树是哈夫曼树。

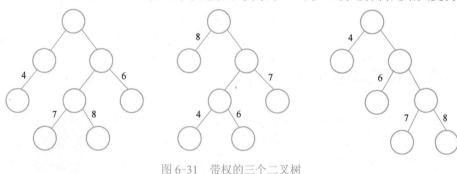

图 6-31　带权的三个二叉树

6.4.2　哈夫曼树的构造

给定一组带权结点，以这些结点作为叶子结点的二叉树可以有多棵。下面介绍如何构造一棵哈夫曼树，具体步骤如下。

6-17
构造哈夫曼树
实例演示

1）将给定的 n 个权值（$w_1,w_2,\cdots,w_n$）构造为 n 个结点，每个结点被看作一棵二叉树，也就是每棵二叉树中只有一个根结点，将这 n 棵二叉树构成一个森林$\{T_1,T_2,\cdots,T_n\}$。

2）在森林中，选取两棵子树，将这两棵子树构造为一棵新的二叉树。两棵子树分别作为新二叉树的左、右子树，新二叉树的根结点的权值为这两棵子树的根结点的权值之和。所选的两棵子树的权值确保是森林中权值最小和次小的。

3）在森林中，将上面选择的这两个根结点的权值最小的二叉树从森林中删除，并将新构造的二叉树加入到森林中，这时森林中的二叉树个数减少 1。

4）重复上面步骤 2）和 3），直到森林中只有一棵二叉树为止，这棵二叉树就是哈夫曼树。

假设一组结点为$\{a,b,c,d,e,f,g,h\}$，各个结点对应的权值为$\{6,23,7,2,10,41,3,8\}$。下面将利用这

组权值演示构造哈夫曼树的方法，具体构造过程如图 6-32 所示（为了讲解方便，此处用权值替代结点名称）。

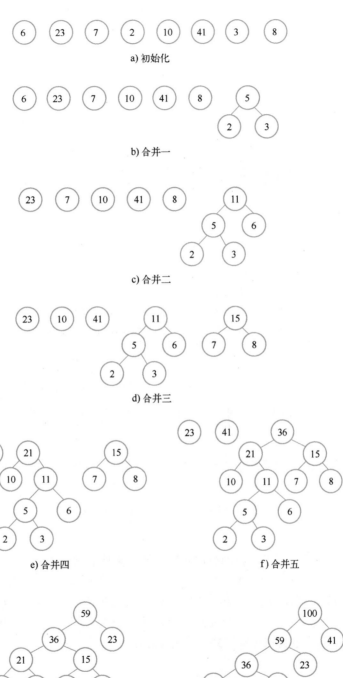

图 6-32　哈夫曼树的构造过程

首先以 8 个权值结点生成 8 棵子树构成的森林，然后逐步将多棵二叉树按照步骤合并为一棵二叉树。

图 6-32h 就是以上述 8 个权值为叶子结点构造的哈夫曼树，哈夫曼树的带权路径长度 WPL=41×1+23×2+(7+8+10)×4+6×5+(2+3)×6=247。从上面构造哈夫曼树的过程可知，哈夫曼树具有下面的特点。

- 权值越大的叶子结点，与根结点的距离越大，即路径越长。
- 哈夫曼树中无度为 1 的结点。
- 给定一组结点，构造的哈夫曼树并不唯一。

6.4.3 哈夫曼编码

在电报的发送过程中，首先需要将传输的文字转换成由二进制字符 0、1 组成的代码，然后传输。为了使收发的速度提高，就要求电文编码尽可能短。假如有一段长为 7 个字符的电文 ABACCDA，如何编码才能使总的编码长度尽可能小？

6-18
哈夫曼编码与译码

图 6-33 是对电文 ABACCDA 设计的三种编码，对应的电文编码长度分别是 14、9 和 22。电文编码总长度不同，传输速率也不同。在该例中，第二种编码总长度最短，传输速率最快。

A	B	C	D	电文ABACCDA对应编码	编码长度
00	01	10	11	00010010101100	14
0	00	1	01	000011010	9
01	001	0001	00001	0100101000100010000101	22

图 6-33　三种编码方式

一般电文设计编码时需要遵守两个原则，一是发送方传输的二进制编码在接收方解码后必须具有唯一性，发送方与接收方传输的电文完全一样；二是为了提高传输速率，发送的编码要尽可能短，使得整个电文在传输过程中，尽可能减少数据传输量。下面介绍两种编码方法。

1. 等长编码

等长编码的特点是每个字符的编码长度相同，编码长度就是每个编码所含的二进制位数。假设字符集中只含有 3 个字符 A、B、C，用二进制两位表示的编码分别为 00、11、01。若现在有一段电文：BBACCB，则应发送二进制序列：111100010111，总长度为 12 位。当接收方接收到这段电文后，将按两位一段进行译码，得到唯一的电文：BBACCB。这种等长编码的特点是译码简单，但是整段电文的传输量并不一定是最小的。

2. 不等长编码

为了提高传输速率，在传送电文时，使其总的二进制位数尽可能少，可以为每个字符设计不等长的编码。依据报文中每个字符的使用频率，出现频率较高的字符编码应尽可能短，出现频率较低的字符分配比较长的编码。例如电文为 BBACCB，那么字符 A、B、C 的编码可以分别设置为 11、0、1，并可将上述电文用二进制序列 0011110 发送，其长度只有 7 个二进制位。

在不等长编码中，又分为即时译码与非即时译码，即时译码是指接收方收到一个完整的码字后，能立即译码，不需要等待接收下一个码字；反之则为非即时译码，需要等下一个码字开始接收后才能判断是否可以译码。在不等长编码中，必须保证任意字符的编码都不是另一个字符编码的前缀码。哈夫曼树可以用来构造不等长编码树且可以即时译码。

下面具体讨论哈夫曼编码的过程。

1）将字符集中每个字符的使用频率作为权值构造一棵哈夫曼树。

2）从根结点开始，对到每个叶子结点的路径上的左分支赋予 0，右分支赋予 1，在从根结点到叶子结点的路径上形成叶子结点的编码。

设有一个电文字符集{a,b,c,I,m,p,s,y}，每个字符的使用频率分别为{0.23,0.03,0.02,0.1,0.41,0.07,0.08,0.06}，现以此为例讨论哈夫曼编码设计过程。为了方便计算，将所有字符的使用频率乘以 100，使它们转换成整型数值集合{23,3,2,10,41,7,8,6}，以此集合中的数值作为叶子结点的权值构造一个哈夫曼树，如图 6-34a 所示，由此哈夫曼树生成的哈夫曼编码如图 6-34b 所示。

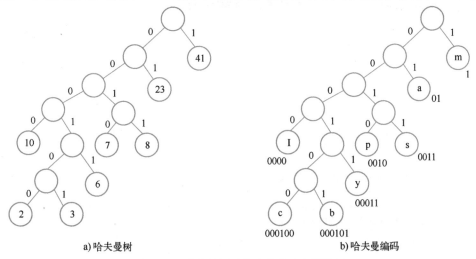

a) 哈夫曼树　　　　　　　b) 哈夫曼编码

图 6-34　哈夫曼树及其生成的哈夫曼编码

各个字符对应的编码为 a（01）、b（000101）、c（000100）、I（0000）、m（1）、p（0010）、s（0011）、y（00011）。

6.5 ## 案例分析与实现

1. 哈夫曼编码与译码系统

下面是关于密码破译的问题。在信息的传输过程中，经常需要对信息进行加密后再传输，这里指定传输信息的双方使用的是哈夫曼的密码系统。设有 8 个字符的电文字符集为{a,b,c,I,m,p,s,y}，每个字符的使用频率分别为{0.23,0.03,0.02,0.1,0.41,0.07,0.08,0.06}，如果对方发送来的密文为 00000110011001000011，则接收方可以准确地通过译码得到有含义的明文信息，实现一个哈夫曼的编码/译码系统，给出破译后的明文信息。

（1）实施步骤

● 根据输入的字符代码集及其权值集，构造哈夫曼树。

● 依据构造的哈夫曼树，构造各个字符的编码。

● 依据哈夫曼编码，对输入的电文译码，输出译码后的明文。

（2）主要数据结构及其定义

1）哈夫曼树结点的构成。

哈夫曼树中的结点采用顺序存储结构实现。一棵有 N 个叶子结点的哈夫曼树，总共有 2N-1 个结点，N 个叶子结点为第一类结点，M=2N-1 个结点为第二类结点。

2）在哈夫曼树的结点定义中，分别定义这两类结点。

首先定义第一类结点。

```
typedef struct HTreeLeave {
    char data;                    /*叶子结点的值*/
    int weight;                   /*权值*/
    char code[N];                 /*叶子结点的编码*/
    int waylength;                /*叶子结点的路径长度*/
};
```

然后定义第二类结点。结构体成员分别用来保存结点的权值、父结点和左右子结点的信息。

```
typedef struct HTreeNode {
    int weight;                          /*权值*/
    int parent, lchild, rchild;          /*父结点和左右子结点的信息*/
};
```

相应的哈夫曼树的顺序存储结构定义如下。

```
HTreeLeave   hufmanLeaf[N + 1];
HTreeNode    hufmanNode[M + 1];
```

（3）算法实现

1）初始化存储叶子结点的顺序表，下面是算法实现。该算法需要用叶子结点的值和权值来初始化叶子结点 hufmanLeaf，参数 n 表示叶子结点个数。

算法 6-13 初始化哈夫曼树的叶子结点

```
void Init(HTreeLeave hufmanLeaf[], int *n) {
    /*初始化，读入待编码字符的个数 n，从键盘输入 n 个字符和 n 个权值*/
    int i;
    cout << "输入叶子结点个数：";
    cin >> *n;
    cout << "输入叶子结点的值: " << endl;
    for (i = 1; i <= *n; i++)
        cin >>hufmanLeaf[i].data;          /*输入叶子结点的值*/
    cout << "输入叶子结点的权值: " << endl;
    for (i = 1; i <= *n; i++)
        cin >>hufmanLeaf[i].weight;        /*输入叶子结点的权值*/
}
```

2）选择两个权值最小和次小的结点来生成一棵新的二叉树，下面是算法实现。该算法从哈夫曼结点 hufmanNode 表中（2n-1 个结点的信息表）选择权值最小和次小的两个结点，并把两个权值分别保存在参数 num1 和 num2 中，参数 n 为哈夫曼树的所有结点个数。

算法 6-14 选择两棵子树生成一棵新的二叉树

```
void Select(HTreeNode hufmanNode[], int n, int *num1, int *num2) {
    /*筛选 weight 最小和次小的两个结点*/
    int i;
    *num1 = i;
    /*利用 for 循环找到所有结点（字符）中权值最小的一个，并且保证该结点的父结点为 0*/
    for (i = 1; i <= n; ++i) {
        if (hufmanNode[i].parent == 0 &&hufmanNode[i].weight
            <hufmanNode[*num1].weight)
            *num1 = i;          /*num1 初始化为 i*/
    }
    /*利用 for 循环找出一个父结点为 0 的结点，并且不能是 num1，该结点编号为 i*/
    for (i = 1; i <= n; ++i) {
        if (hufmanNode[i].parent == 0 && i != *num1)
            break;
    }
    *num2 = i;                  /*num2 初始化为 i
    /*在所有结点中找到权值次小（权值第二小的结点）的结点（字符）*/
    for (i = 1; i <= n; ++i) {
        if (hufmanNode[i].parent == 0 && i != *num1&&hufmanNode[i].weight
            <hufmanNode[*num2].weight)
            *num2 = i;
    }
}
```

3）创建哈夫曼树，下面是算法实现。在该算法中，调用算法 6-14 中选择两棵子树生成一棵新的二叉树的算法。创建哈夫曼树算法就是构造第一类的 N 个叶子结点和第二类的 M=2N-1 个结点，其中参数 hufmanNode 表示 2N-1 个哈夫曼树的结点的信息，参数 hufmanLeaf 存放 N 个叶子结点的信息。

算法 6-15 创建哈夫曼树并编码

```
void CreateHuffman(HTreeNode hufmanNode[], HTreeLeave hufmanLeaf[], int n) {
    /*构造哈夫曼树并编码*/
    char cd[N];
    int i, j, m, c, f, num1, num2, start;
    m = 2 * n - 1;
    /*初始化两类结点的权值、路径长度*/
    /*其中所有结点的父结点、左子结点、右子结点的下标都初始化为 0*/
    for (i = 1; i <= m; ++i) {
        if (i <= n) {
            hufmanNode[i].weight = hufmanLeaf[i].weight;
            hufmanLeaf[i].waylength = 0;
        } else
        hufmanNode[i].parent = 0;
        hufmanNode[i].parent =0;
        hufmanNode[i].lchild = 0;
        hufmanNode[i].rchild = 0;
```

```
        }
        for (i = n + 1; i <= m; ++i) {
            Select(hufmanNode, i - 1, &num1, &num2);        /*选择权值最小和次小的两个结点*/
            /*将 num1、num2 的父结点域由 0 改为 i*/
            hufmanNode[num1].parent = i;
            hufmanNode[num2].parent = i;
            /*num1 与 num2 分别作为 i 的左、右子结点*/
            hufmanNode[i].lchild = num1;
            hufmanNode[i].rchild = num2;
             /*结点 i 的权值为 num1 与 num2 的权值之和*/
            hufmanNode[i].weight = hufmanNode[num1].weight + hufmanNode[num2].weight;
        }
    }
```

4）哈夫曼编码就是对所有的叶子结点进行编码，在从叶子结点到根结点的一条路径上，判断路径所经过的分支，如果是左分支，则编码为 0，反之则为 1。下面的算法是从叶子结点到根结点逆向求每个字符的哈夫曼编码的算法，其中参数 hufmanNode 为哈夫曼树中所有结点的信息，参数 hufmanLeaf 为叶子结点的信息，叶子结点的编码存储在 hufmanLeaf[i].code 中，参数 n 表示叶子结点个数。

算法 6-16　求解每个叶子结点的编码

```
void CreatHuffmanCode(HTreeNode hufmanNode[], HTreeLeave hufmanLeaf, int n) {
    char *cd = new char[n];                    /*分配临时存储字符编码的动态空间*/
    cd[n - 1] = '\0';                          /*编码结束符*/
    for (int i = 1; i <= n; i++) {             /*逐个求字符编码*/
        int start = n - 1;                     /*start 指向最后，即编码结束符位置*/
        int c = i;
        int f = hufmanNode[c].parent;  /*f 指向结点 c 的父结点*/
        while (f != 0) { /*从叶子结点开始回溯，直到根结点为止*/
            --start;                           /*回溯一次，start 指向前一个位置*/
            if (hufmanNode[f].lchild == c)
                cd[start] = '0';               /*结点 c 是 f 的左子结点，则 cd[start] = 0*/
            else
                cd[start] = '1';               /*否则 c 是 f 的右子结点，cd[start] = 1*/
            c = f;
            f = hufmanNode[f].parent;                /*继续向上回溯*/
        }
        strcpy(hufmanLeaf[i].code, &cd[start]);        /*将编码复制到叶子结点的编码表中*/
    }
    delete cd;
}
```

5）从根结点到每个叶子结点都有一条唯一的路径，路径上的编码构成该叶子结点的编码。哈夫曼译码的过程就是将给定的编码，沿着根结点到叶子结点的路径进行——比对，来确定编码对应的字符。译码函数的参数有数组 a、b，以及 hufmanLeaf 和 n 等，其中参数 a 用来传入二进制编码，b 用来记录译出的字符，hufmanLeaf 存放哈夫曼树的叶子结点对应的字符，n 为叶子结点个数。

算法 6-17　哈夫曼译码算法

```
void TranCode(HTreeNode hn[], char a[],HTreeLeave hufmanLeaf[], char b[], int n) {
    int j = 2 * n - 1;    /*j 初始化为根结点的下标*/
    int k = 0;            /*记录存储译出字符的数组的下标*/
    int i = 0;
    for (i = 0; a[i] != '\0'; i++) {
        /*for 循环的结束条件是读入的字符是结束符（二进制编码）*/
        /*此代码块用来判断读入的二进制字符是 0 还是 1*/
        if (a[i] == '0') {
            /*读入 0，把根结点(hufmanNode[j])的左子结点的下标值赋给 j*/
            /*下次循环的时候把 hufmanNode[j]的左子结点作为新的根结点*/
            j = hufmanNode[j].lchild;
        } else if (a[i] == '1') {
            j = hufmanNode[j].rchild;
        }
        /*此代码块用来判断 hufmanNode[j]是否为叶子结点*/
        if (hufmanNode[j].lchild == 0 &&hufmanNode[j].rchild == 0) {
            /*如果是叶子结点，则说明已经译出一个字符，该字符的下标就是找到的叶子结点的下标*/
            b[k++] = hufmanLeaf[i].data;    /*把下标为 j 的字符赋给字符数组 b[]*/
            j = 2 * n - 1;                  /*初始化 j 为根结点的下标*/
            /*在继续译下一个字符的时候，从哈夫曼树的根结点开始*/
        }
    }
    b[k] = '\0';
}
```

本章小结

　　树形结构是一类非常重要的非线性结构，直观地讲，该结构是以分支关系定义的层次结构，数据元素之间是一对多的关系。在这种结构中，任意一个元素可以和多个元素存在关系。本章讨论了树的逻辑结构、存储结构和常用算法实现，重点介绍了一类特殊的树，即二叉树，具体内容如下。

　　1）树与二叉树的逻辑结构。

● 树的定义和相关术语。

● 二叉树的定义和性质。

　　2）二叉树的存储结构。

● 顺序存储结构。

● 二叉链表存储结构。

● 三叉链表存储结构。

　　3）二叉树的遍历。

● 递归遍历。

● 非递归遍历。

- 层次遍历。

4）树（森林）与二叉树的相互转换。

5）哈夫曼树的构造与编码。

习题

一、填空题

1．一个结点拥有子树的数量称为该结点的_____。

2．度为 0 的结点称为_____结点。

3．对于二叉树，第 i 层上至多有_____个结点。

4．56 个结点的完全二叉树有_____个叶子结点。

5．深度为 8 的二叉树最多有_____个结点。

6．有 8 个结点的二叉树的最大深度为_____。

7．前序为 A、B、C 且后序为 C、B、A 的二叉树共有_____种。

8．已知完全二叉树的第 8 层有 8 个结点，则其叶子结点数是_____。

9．中序为 A、B、C 且后序为 C、B、A 的二叉树共有_____种。

10．树与二叉树之间最主要的差别：二叉树中各结点的子树要区分为_____和_____。

11．由一棵二叉树的前序序列和后序序列_____确定这棵二叉树。

12．对于一个有 30 个结点的完全二叉树，编号为 11 的结点的父结点的编号是_____。

13．_____是带权路径长度最短的二叉树。

14．在由树转换为二叉树时，其二叉树没有_____。

15．采用二叉链表存储的 20 个结点的二叉树一共有_____个空指针域。

16．在用链表存储一棵二叉树时，每个结点除数据域以外，还有指向左子结点和右子结点的两个指针。在这种存储结构中，n 个结点的二叉树共有_____个指针域，其中有_____个指针域存放了地址，有_____个指针是空指针。

17．中序遍历二叉排序树得到的序列是_____序列（填有序或无序）。

18．设哈夫曼树中共有 99 个结点，则该树中有_____个叶子结点；若采用二叉链表作为存储结构，则该树中有_____个空指针域。

19．设一棵二叉树中有 50 个度为 0 的结点，21 个度为 1 的结点，则该二叉树总的结点个数为_____。

20．设某二叉树有 100 个结点，则该二叉树的深度最小为_____，最大为_____。

二、选择题

1．树非常适合用来表示（　　）。

　　A．无序数据元素　　　　　　　　　　B．无关系数据元素

　　C．元素间多种联系的数据　　　　　　D．元素间有分支的层次关系

2．在一棵具有 5 层的满二叉树中，结点的个数为（　　）。

　　A．16　　　　　　　B．31　　　　　　　C．32　　　　　　　　D．33

3．具有 64 个结点的完全二叉树的深度为（　　　）。

    A．5　　　　　　　B．6　　　　　　　C．7　　　　　　　D．8

4．任何一个二叉树的叶子结点在前序、中序、后序遍历序列中的相对次序（　　　）。

    A．不发生改变　　　B．发生改变　　　C．不能确定　　　D．以上都不对

5．A、B 为一棵二叉树上的两个结点，在中序遍历时，A 在 B 前的条件是（　　　）。

    A．A 在 B 右方　　　　　　　　　　B．A 是 B 祖先结点

    C．A 在 B 左方　　　　　　　　　　D．A 是 B 子孙结点

6．二叉树的叶子结点的个数比度为 2 的结点的个数（　　　）。

    A．无关　　　　　　B．相等　　　　　　C．多一个　　　　　D．少一个

7．一棵二叉树的后序遍历序列为 DABEC，中序遍历序列为 AEBDC，则前序遍历序列为（　　　）。

    A．DCBEA　　　　B．AECDB　　　　C．AEDBC　　　　D．CEABD

8．对于一棵有 100 个结点的完全二叉树，从上到下、从左到右依次对结点编号，根结点的编号为 1，则编号为 45 的结点的左子结点的编号为（　　　）。

    A．46　　　　　　　B．47　　　　　　　C．90　　　　　　　D．91

9．二叉树在按某种顺序线索化后，任一结点不一定有指向其前驱结点和后继结点的线索，这种说法（　　　）。

    A．正确　　　　　　B．错误　　　　　　C．不确定　　　　　D．都有可能

10．下列陈述正确的是（　　　）。

    A．二叉树是度为 2 的有序树

    B．二叉树中的结点只有一个子结点时无左右之分

    C．二叉树必有度为 2 的结点

    D．二叉树中最多只有两棵子树，且有左右子树之分

11．用 5 个权值{3,2,4,5,1}构造的哈夫曼树的带权路径长度是（　　　）。

    A．32　　　　　　　B．33　　　　　　　C．34　　　　　　　D．15

12．在树结构中，若结点 B 有 4 个兄弟结点，A 是 B 的父结点，则 A 的度为（　　　）。

    A．3　　　　　　　B．4　　　　　　　C．5　　　　　　　D．6

13．依据给定的权值，构造的哈夫曼树是唯一的，这种说法（　　　）。

    A．正确　　　　　　B．错误　　　　　　C．不确定　　　　　D．都有可能

14．哈夫曼树中无度为 1 的结点，这种说法（　　　）。

    A．正确　　　　　　B．错误　　　　　　C．不确定　　　　　D．都有可能

15．线索二叉树中无空指针存在，这种说法（　　　）。

    A．正确　　　　　　B．错误　　　　　　C．不确定　　　　　D．都有可能

16．一棵二叉树的前序序列和后序序列正好相反，则该二叉树一定是（　　　）的二叉树。

    A．空或只有一个结点　　　　　　　B．任一结点无左子树

    C．高度等于其结点数　　　　　　　D．任一结点无右子树

17．引入二叉线索树的目的是（　　　）。

    A．加快查找结点的前驱结点或后继结点的速度

    B．为了能在二叉树中方便地进行插入与删除

    C．为了提高空间利用率

D．为了向上查找父结点

18．线索二叉树是一种（　　）结构。

　　A．逻辑　　　　　　　　　　　　B．存储

　　C．为了方便找到父结点的　　　　D．使二叉树的遍历结果唯一的

19．二叉树在线索化后仍不能有效求解的问题是（　　）。

　　A．先序线索二叉树中求先序后继结点　　B．中序线索二叉树中求中序后继结点

　　C．中序线索二叉树中求中序前驱结点　　D．后序线索二叉树中求后序后继结点

20．哈夫曼树是带权路径最短的树，路径上权值较大的结点与根结点较近，这种说法是（　　）的。

　　A．正确　　　　　B．错误　　　　　C．不确定　　　　　D．都有可能

三、简答题

1．描述树和二叉树的区别与联系。

2．给出有三个结点的二叉树的所有形态。

3．已知一棵树的结点集合如下，请画出此树并回答下面的问题。

(A(B(E(K,L),F),C(G),D(H(M),I,J)))

1）哪个是根结点？

2）哪些是叶子结点？

3）哪些是 G 的祖先结点？

4）哪些是 G 的子孙结点？

5）结点 B 和 N 的层次数各是多少？

6）树的深度是多少？

7）结点 C 的度数是多少？

4．已知一棵二叉树的中序遍历序列为 DHBEAIFCGJK，该二叉树的后序遍历序列是 HDEBIFJKGCA，给出这棵二叉树。

5．已知一棵二叉树的层次序列为 ABCDEFGHIJ，中序遍历序列为 DBGEHJACIF，给出该二叉树。

6．把下列两棵树分别转换为二叉树。

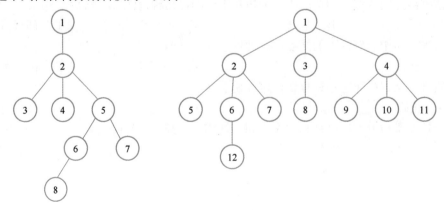

7．把下列森林转换为二叉树。

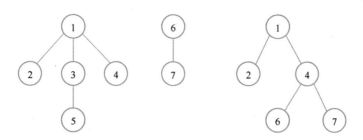

8. 把下面这棵二叉树转换为森林。

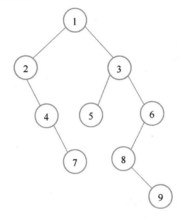

9. 给定一个权值集 w={3,15,17,14,6,16,9,2}，请画出相应的哈夫曼树，并计算其带权路径长度。

四、算法设计题

1. 已知二叉树采用二叉链表方式存储，要求返回二叉树 T 的后序遍历序列中的第一个结点的指针，是否可以不用递归且不用栈来完成？请说明原因。

2. 假设二叉树采用二叉链表存储结构，设计一个非递归算法求二叉树的高度。

3. 假设二叉树采用链表存储结构，设计一个算法求二叉树中指定结点的层数。

4. 以二叉链表作为存储结构，编写计算二叉树中叶子结点数目的递归函数。

5. 以二叉链表作为存储结构，编写按层次遍历二叉树的算法。

6. 设二叉树以二叉链表表示，给出树中一个非根结点（由指针 p 所指），求该结点的兄弟结点（由指针 q 指向，若没有兄弟结点，则 q 为空）。

7. 设二叉树用二叉链表表示，试编写一个算法，判别给定二叉树是否为完全二叉树。

图是由顶点和连接顶点的边构成的离散结构。在计算机科学中，图是最灵活的数据结构之一，很多问题都可以使用图模型进行建模求解。例如，生态环境中不同物种的相互竞争、人与人之间的社交关系网络、化学上用图区分结构不同但分子式相同的同分异构体、分析计算机网络的拓扑结构以确定两台计算机是否可以通信、找到两个城市之间的最短路径等问题，都涉及数据模型图。本章将给出图的数据结构及其基本算法实现，以及讨论以图为基础的应用问题。

1. 知识与技能目标

➢ 了解图的基本概念与术语。

➢ 掌握邻接矩阵和邻接表两种常用的存储结构及其特点，以及其上的基本算法实现。

➢ 掌握创建图、查找顶点、插入顶点与插入边算法的实现原理。

➢ 掌握图的深度优先遍历与广度优先遍历算法。

➢ 理解最小生成树的作用与构建方法。

➢ 理解两类最短路径算法及其特点。

➢ 理解图的应用背景与常见的应用算法。

➢ 具备编程实现图上常用算法的能力。

➢ 掌握利用图结构，求解实际应用问题的能力。

2. 素养目标

➢ 形成软件开发的复用思想。

➢ 培养对关键问题建立系统思维的能力。

➢ 培养对工程问题进行准确描述的能力。

➢ 培养创新、探索与钻研的能力。

7.1 图的定义、相关术语与基本运算

非线性结构包括树和图，其中图是一种网状结构，结点间的关系是多对多的关系。图在计算机领域有着广泛的应用。本节主要介绍图的定义、相关术语与基本运算。

7.1.1 图的定义与相关术语

1. 图

图 G 由两个集合 V(G) 和 E(G) 组成，记为 G=(V,E)。两个集合的说明如下。

7-1
图的定义

● V(G) 是顶点的非空有限集。

● E(G) 是边的有限集合，边是顶点的无序对或有序对。

7-2
图的术语

2. 无（有）向图

（1）无向图

无向图是边集 E(G) 为顶点的无序对的图，也就是说，在无向图中，边是没有方向的。

在无向图中，两顶点 v 和 w 之间的边记为(v,w)或(w,v)，(v,w)和(w,v)表示同一条边。图 7-1a 表示由 6 个顶点、9 条边构成的无向图。

顶点集为 V(G)={1,2,3,4,5,6}。

边集为 E(G)={(1,2),(1,4),(1,5),(2,5),(2,3),(2,6),(3,5),(3,6),(4,5)}。

（2）有向图

有向图是边集 E(G)为顶点的有序对的图，一对顶点可以有两条方向相反的边。

在有向图中，边也称为弧，弧是顶点的有序对，记为<v, w>，v 和 w 是顶点，v 为弧尾，w 为弧头。图 7-1b 表示由 5 个顶点、8 条边构成的有向图，其中<1,2>和<2,1>表示不同的两条边。

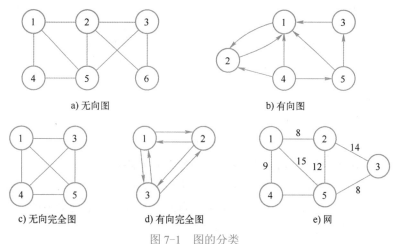

图 7-1 图的分类

3. 无（有）向完全图

（1）无向完全图

无向完全图是任意两个顶点之间都有一条边的图，如图 7-1c 所示为 4 个顶点的无向完全图。n 个顶点的无向图的最大边数是 n(n-1)/2。

（2）有向完全图

有向完全图是任意两个顶点之间都有方向相反的两条边，n 个顶点的有向图的最大边数是 n(n-1)。图 7-1d 所示为 3 个顶点的有向完全图。

4. 权与网

权是与图的边或弧相关的、表示特定含义的数值，如物流配送点之间的距离或开销。

网是带权的图，图 7-1e 所示为多个城市间的交通网，权值可以是里程数。

5. 子图与生成子图

（1）子图

如果有图 G=(V,E)，G'=(V,E)，满足条件 V'⊂V 且 E'⊂E，则称 G'为 G 的子图。

（2）生成子图

如果有图 G=(V,E)，G'=(V',E')，满足条件 V'=V 且 E'⊂E，则称 G'为 G 的生成子图。生成子图里包含了图的所有顶点。

6．顶点的度

在无向图中，顶点的度为与每个顶点相连的边的条数。

在有向图中，顶点的度分成入度与出度，如图 7-2 所示。

- 入度是以该顶点为头的边的数目。
- 出度是以该顶点为尾的边的数目。

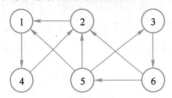 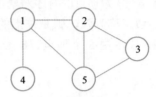

顶点1的入度为2，出度为1　　　　　　顶点5的度为3
顶点2的入度为3，出度为1　　　　　　顶点3的度为2

图 7-2　度的概念

7．路径与回路

- 路径：在顶点的序列 $V=\{V_0,V_1,\cdots,V_n\}$ 中，顶点 V_i 与 V_{i+1} 之间有边或弧。
- 路径长度：两个顶点间的路径长度是指沿路径边的数目或沿路径各边权值之和。
- 简单路径：序列中顶点不重复出现的路径称为简单路径。
- 回路：第一个顶点和最后一个顶点相同的路径称为回路。
- 简单回路：除第一个顶点和最后一个顶点以外，其余顶点不重复出现。

相关概念的示意图如图 7-3 所示。

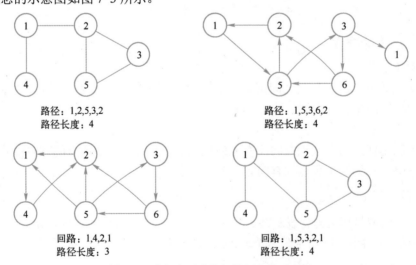

图 7-3　路径和回路的相关概念的示意图

8．连通图与连通分量

- 连通。从顶点 V 到顶点 W 有路径，则说 V 和 W 是连通的。
- 连通图。任意两个顶点都是连通的图称为连通图，如图 7-4a 所示。
- 极大连通子图。连通图只有一个极大连通子图，就是它本身。
- 连通分量。在无向图中，非连通图的每一个极大连通子图称为连通分量。

- 强连通图。在有向图 G 中，如果任意两个顶点 v_i、v_j 都有一条从 v_i 到 v_j 的有向路径，同时还有一条从 v_j 到 v_i 的有向路径，则称这两个顶点是强连通的。如果有向图 G 的任意两个顶点都是强连通的，则称 G 是一个强连通图，如图 7-4b 所示，而图 7-4c 是非强连通图。
- 强连通分量。有向图的极大强连通子图，称为强连通分量，如图 7-4d 所示。

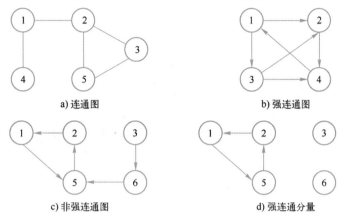

图 7-4 连通图与连通分量

7.1.2 图的基本运算

7.1.2 图的基本运算

对于给定的图 G，经常需要在图中进行顶点或边的插入、删除和检索操作，而在进行插入和删除操作时，在逻辑上，有如下基本操作。

1. 初始化图

图的初始化实现的算法表示为 InitList(G)，操作结果是构造一个空的图，该图的顶点数和边数为 0。

2. 求图中边的条数

求图的边数的算法表示为 LengthArcs(G)，操作结果为返回图中所含边的条数。

3. 定位图中顶点位置

定位图中顶点位置的算法表示为 LocateVex(G,vex)，操作结果为返回图 G 中顶点 vex 在顶点集中的位置序号。

4. 插入顶点

插入顶点的算法表示为 InsertVex(G,vex)，操作结果是在图 G 中插入一个顶点 vex，如果插入的顶点已经存在，那么是无法完成此运算的。

5. 插入边

插入边的算法表示为 InsertArc(G,arc)，操作结果是在图 G 中插入一条边 arc，如果插入的边所依附的顶点存在，则可以插入该条边，否则不能插入该条边。

6. 删除顶点

删除顶点的算法表示为 DeleteVex(G,vex)，操作结果是在图 G 中删除顶点 vex，如果顶点存在，则可以删除该顶点，否则不能删除该顶点。

7．删除边

删除边的算法表示为 DeleteArc(G,arc)，操作结果是在图 G 中删除边 arc，如果边存在，则可以删除该条边，否则不能删除该条边。

下面讨论图的存储结构以及基本运算实现。

7.2 图的存储结构

由于图中顶点之间是多对多的关系，因此导致图的存储结构比较复杂，其复杂性具体表现在以下两个方面。

- 任意顶点之间可能存在联系，因此无法像线性表那样，以数据元素在存储区中的物理位置来表示顶点之间这种复杂的关系。
- 图中各个顶点的度不一样，有可能相差很大，若按度数最大的顶点来设计存储结构，则会造成存储空间的浪费；若按每个顶点自己的度设计不同的存储结构，则会增加图上算法实现的复杂性。

综合考虑图的特性和计算机存储结构的要求，常用的图的存储结构有邻接矩阵、邻接链表、十字链表和邻接多重链表。这里主要讨论邻接矩阵、邻接链表和邻接多重链表三类存储结构。

7.2.1 邻接矩阵表示法

图的邻接矩阵存储结构的核心是通过数组来存储顶点和边的数据。对于有 n 个顶点的图，用一维数组存储顶点信息；用二维数组存储边的信息，也就是顶点之间关系。其中把二维数组称为邻接矩阵。

7-3
邻接矩阵

给定 n 个顶点的图 G，对于顶点的存储，比较简单，只需要设置一个一维数组 vexs[n]来存储顶点信息；而对于边的存储，需要设置一个邻接矩阵，需要考虑矩阵的大小和元素值的存储。下面说明邻接矩阵的表示方法。

邻接矩阵可以用二维数组 arcs[n][n]表示，邻接矩阵中的元素 arcs[i][j]的值表示顶点 i 与顶点 j 之间的关系。如果存在从顶点 V_i 到顶点 V_j 的边或弧，则矩阵元素 arcs[i][j]的值为 1，否则为 0。二维数组的大小就是 n 阶方阵。

$$A[i,j] = \begin{cases} 1, & (v_i, v_j) \ 或 <v_i, v_j> \in E(G) \\ 0, & 其他 \end{cases}$$

在网中，如果存在从顶点 V_i 到顶点 V_j 的边或弧，则 arcs[i][j]为边上的权值，否则为无穷大，表示两个顶点间没有边。

$$A[i,j] = \begin{cases} 权值, & (v_i, v_j) \ 或 <v_i, v_j> \in E(G) \\ \infty, & 其他 \end{cases}$$

如图 7-5 所示，分别表示无向图、有向图和网的邻接矩阵表示。在网中，其矩阵元素的值可以表示为对应边的权值。

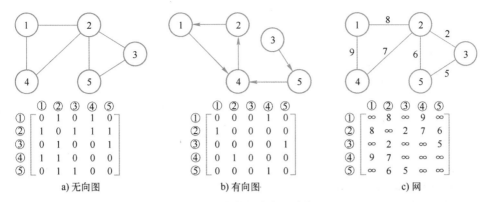

图 7-5 邻接矩阵存储结构

图的矩阵存储结构具有如下特点。

（1）存储空间需求

- 无向图的邻接矩阵是对称的，可以只存储上三角或下三角元素，所以可实现压缩存储。有 n 个顶点的无向图需要的存储空间为 n(n+1)/2。

- 有向图邻接矩阵不一定对称；有 n 个顶点的有向图需要的存储空间为 n^2 个单元，无向图中顶点 V_i 的度 $TD(V_i)$ 是邻接矩阵 arcs 第 i 行中非 0 元素个数之和，或者是第 i 列非 0 元素个数之和。

- 有向图中顶点 V_i 的出度 $OD(V_i)$ 为第 i 行的非 0 元素的个数之和，其入度 $ID(V_i)$ 为第 i 列的非 0 元素的个数之和。

（2）矩阵元素值的特殊性

- 无向图中边的个数为邻接矩阵中非 0 元素的个数之和的一半。

- 有向图中边的个数为邻接矩阵中非 0 元素的个数之和。

下面在讨论图的存储结构时，主要以无向网为对象展开。

通过以上分析可知，在图的邻接矩阵存储中，需要存储三类信息：一是以矩阵存储边的信息，二是以一维数组存储顶点，三是存储总的顶点数和边的个数。所以，对图的结构体类型的描述如下。

```
typedef struct {
    int vexNum, arcNum;              /*图的顶点数、边数 */
    Vex vexs[MAXVEX];                /*顶点向量 */
    Arc arcs[MAXVEX][MAXVEX];
} Graph;                             /*图的结构定义 */
```

其中类型 Vex 为顶点的类型，在本章中，默认为 char 类型；Arc 为边的结构，对于边的结构，应该包含下面三类数据。

- 边所依附的两个顶点，顶点的类型依据具体应用而定，这里指定为 char 类型。

- 任意两个顶点的直接边的权值。

- 直接边中可能包含其他的描述性信息。

所以，对边的结构体类型的描述如下。

```
typedef struct Arc {
    Vex    vex1, vex2;         /*顶点*/
    ArcVal    arcVal;          /*权值*/
```

```
        ArcInfo    arcInfo;        /*其他信息*/
    } Arc;    /*新的类型，表示弧或边的结构定义 */
```

在邻接矩阵存储的基础上，下面针对图的基本运算分别给出具体算法的实现。因为算法本身比较简单，所以对算法的说明直接以注释的形式给出。

1. 图的初始化

算法 7-1　图的初始化算法

```
/*创建一个空的图，图中无顶点和边*/
void    InitUDN(Graph &G){
    G.vexNum=0;
    G.arcNum=0;
}
```

2. 创建图

算法 7-2　创建图的算法

```
/*依据给定的顶点和边，创建一个图*/
/*算法中的参数说明*/
/*G:待创建的图*/
/*vexs:顶点集数据，这里是 char 类型顺序表*/
/*arcs，边集数据，这里是 Arc 类型顺序表*/
/*算法无返回值*/
int CreateUDN(Graph &G,Vex vexs[],Arc arcs[]){
/*采用数组（邻接矩阵）表示法，构造无向网 G*/
    int i, j, k, w;
    /*接收顶点数据，存储在图的顶点域 vexs 中*/
    for(i = 0; i < G.vexNum; i++)
        G.vexs[i]= vexs[i];
    /*接收边的数据，存储在图的边的域 arcs 中*/
    /*首先初始化邻接矩阵，所有的权值设置为无穷大，其他信息设置为 NULL*/
    for(i = 0; i <=vexs.last; i++)
        for(j = 0; j <=vexs.last; j++){
            G.arcs[i][j].arcVal = INFINITY;
            G.arcs[i][j].arcInfo =NULL;
        }
    /*接收边的顶点、权值数据，存储在矩阵 G.arcs 中*/
    for(k = 0; k <= arcs.last; k++){
        /*定位顶点 v1、v2 的位置*/
        i = LocateVex(G, arcs[i].v1);
        j = LocateVex(G, arcs[i].v2);
        if(i!=-1 && j!=-1){
            G.arcs[i][j].arcVal = arcs [i].arcVal; /*边(v1,v2)的权值*/
            G.arcs[j][i].arcVal = G.arcs[i][j].arcVal; /*对称边(v2,v1)*/
        }
    }
    return 1;
}
```

3. 查找顶点

算法 7-3　查找顶点的算法

```
/*检索顶点在图中的位置序号*/
/*G：给定的图*/
/*v：顶点数据，这里是 char 类型数据*/
/*算法返回顶点 v 的位置序号，否则返回-1*/
int LocateVex(Graph &G, Vex v){
    int    k;
    for(k = 0; k < G.vexNum; k++)
        if(G.vexs[k]== v)
            return(k);
    return(-1);        /*图中无此顶点*/
}
```

4. 插入顶点

算法 7-4　插入顶点的算法

```
/*在图中插入一个顶点*/
/*G：待插入顶点的图*/
/*v：要插入的顶点数据，这里为字符*/
/*如果插入顶点 v 成功，则算法返回 1，否则返回-1*/
int InsertVex(Graph &G, Vex v){
    int k, j;
    if(G.vexNum == MAXVEX){        /*判断顶点数是否越界*/
        cout << "顶点个数已经达到最大值，无法插入该顶点!\n";
        return(-1);
    }
    if(LocateVex(G, v)!=-1){            /*判断是否插入重复的顶点*/
        cout << "该顶点已经存在，不能再插入该顶点!\n";
        return(-1);
    }
    k = G.vexNum;
    G.vexs[G.vexNum++] = v;            /*将顶点追加到数组 vexs 尾部，总的顶点个数+1*/
    /*更新顶点 v 与其他顶点的权值，因为与其他顶点没有边存在，所以权值为无穷大*/
    for(j = 0; j < G.vexNum; j++){
        G.arcs[j][k].arcVal = INFINITY;
        G.arcs[k][j].arcVal = INFINITY;
    }
    return(1);
}
```

5. 插入一条边

算法 7-5　插入边的算法

```
/*在图 G 中插入一条边*/
/*G:待插入边的图*/
/*arc:表示要插入的边*/
```

```
/*如果插入边 arc 成功，则算法返回 1，否则返回-1*/
int InsertArc(Graph &G, Arc &arc){
    int   k, j;
    /*定位边的顶点位置*/
    k = LocateVex(G, arc.vex1);
    j = LocateVex(G, arc.vex2);
    if(k == -1 || j == -1){
        cout << "该边所依附的顶点不存在，输入数据有误!\n";
    return(-1);
    }
    /*将该顶点的权值和其他信息存储在矩阵中*/
    G.arcs[k][j].arcVal = arc.arcVal;
    G.arcs[j][k].arcVal = arc.arcVal;
    G.arcs[k][j].arcInfo = arc.arcInfo;
    G.arcs[j][k].arcInfo = arc.arcInfo;
    G.arcNum = G.arcNum +2;
    return(1);
}
```

6.删除一条边

算法 7-6　删除边的算法

```
/*在图 G 中删除一条边*/
/*G：待删除边的图*/
/*arc：表示要删除的边*/
/*如果删除边 arc 成功，则算法返回 1，否则返回-1*/
int DeleteArc(Graph &G, Arc &arc){
    int   k, j;
/*定位边的顶点位置*/
    k = LocateVex(G, arc.vex1);
    j = LocateVex(G, arc.vex2);
if(k == -1 || j == -1){
        cout << "该边所依附的顶点不存在，输入边有误!\n";
return(-1);
}
    /*将该边在矩阵中的权值和其他信息分别设置为无穷大与 NULL*/
    G.arcs[k][j].arcVal = INFINITY;
    G.arcs[j][k].arcVal = INFINITY;
    G.arcs[k][j].arcInfo = NULL;
    G.arcs[j][k].arcInfo = NULL;
    G.arcNum--;
return(1);
    }
```

7.删除顶点

算法 7-7　删除顶点的算法

```
/*在图中删除一个顶点，同时需要删除依附于该顶点的所有边*/
```

```
/*G：待删除顶点的图*/
/*v：要删除的顶点数据，这里为字符*/
/*如果删除 v 成功，则算法返回 1，否则返回-1*/
int DeleteVex(Graph &G, Vex v){
    int k, i, j, m;
    m = LocateVex(G,v);
    if(m == -1){/*判断顶点是否存在*/
        cout << "该顶点不存在，不能删除该顶点!\n";
        return(-1);
    }
    /*将顶点在数组 vexs 中删除，需要同时删除顶点和依附于该顶点的边*/
    /*删除顶点*/
    for(i = m+1; i <= G.vexNum; i++)
        G.vexs[m-1] = G.vexs[m];
    /*删除依附于该顶点的所有边，主要在图的 G.arcs 矩阵中完成*/
    /*将矩阵中第 m 行、第 m 列删除*/
    for(i = 0; I < G.vexNum; i++)  /*矩阵第 m+1～vexNum-1 列向左移动*/
        for(j = m+1; j < G.vexNum; j++)
            G.arcs[i][j-1] = G.arcs[i][j];
    for(j = 0; j < G.vexNum-1; j++)    /*矩阵第 m+1～vexNum 行向上移动*/
        for(i = m+1; i < G.vexNum; i++)
            G.arcs[i-1][j] = G.arcs[i][j];
    G.vexNum--;
return(1);
    }
```

7.2.2　邻接链表

图的邻接链表存储的主要思想是采用顺序存储与链式存储相结合的方式来实现图的存储。

首先，对每个顶点建立一个链表，这个链表上存储与该顶点关联的所有相邻顶点的信息。链表的第一个结点称为表头结点。以表头结点为起始结点的链表，包含了依附于该表头结点的所有边的其他结点。其次，将所有的表头结点用一维数组来存储。

通过上面的描述可知，邻接链表中的结点有两类，一类是表头结点；另一类是链表中的结点，称为表结点。

表头结点，即一维数组中的结点，由两个域构成，分别为数据域 data 与指针域 firstArc。数据域 data 存储顶点的值，指针域 firstArc 指向链表中的第一个结点，如图 7-6a 所示。

链表中的结点，即表结点，由三个域组成，如图 7-6b 所示，其中邻接点域 adjVex 指示与顶点 V_i 邻接的顶点在一维数组中的位置，链域 nextArc 指向与顶点 V_i 邻接的下一个顶点，数据域 info 存储与边或弧相关的信息，如权值等。

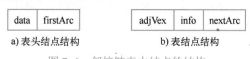

| data | firstArc | | adjVex | info | nextArc |

a) 表头结点结构　　　　　　b) 表结点结构

图 7-6　邻接链表中结点的结构

在图的邻接链表表示中，所有表头结点以顺序结构形式存储，可以随机访问任意顶点所在的链表。图 7-7 是无向图的邻接链表存储结构，图 7-8 是有向图的邻接链表存储结构。

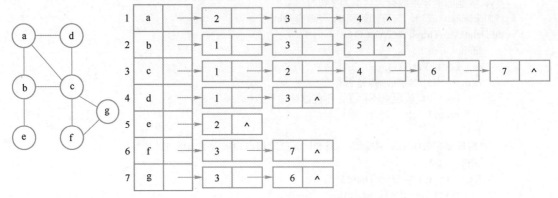

图 7-7　无向图的邻接链表存储结构

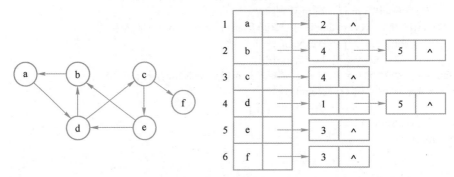

图 7-8　有向图的邻接链表存储结构

从邻接链表存储结构的设计可以看出，对于 n 个顶点、e 条边的图，它的邻接链表存储有以下三个特点。

- 在由一维数组表示的表头向量中，每个分量就是一个单链表的头结点，表头向量的大小就是图中顶点个数。
- 在邻接链表存储结构中，无论是无向图还是有向图，都需要 n 个单元的空间来存储顶点。对于边的存储，在无向图中，需要 2e 个单元来存储边；在有向图中，需要 e 个单元来存储边。所以，无向图共需要 n+2e 个存储单元，有向图共需要 n+e 个存储单元。在边或弧稀疏的条件下，一般用邻接链表表示，比用邻接矩阵表示节省存储空间。
- 在无向图中，顶点 V_i 的度是第 i 个链表中的结点数，不包含表头结点自身；在有向图中，顶点 V_i 的出度是第 i 个链表中的结点数，也不包含表头结点自身。

对于有向图，可以建立正邻接链表或逆邻接链表。正邻接链表是以顶点 V_i 为出度而建立的邻接链表；逆邻接链表是以顶点 V_i 为入度而建立的邻接链表。

在有向图中，第 i 个链表中的结点数是顶点 V_i 的出度或入度；想要求入度或出度，需要遍历整个邻接链表。下面讨论在邻接链表存储结构上，图的基本算法的实现。

首先定义图的邻接链表，分为表头结点和表结点两部分。下面是这两类结点的类型描述。

表头结点类型描述如下。

```
typedef struct VexNode {
    Vex data;                    /*顶点信息*/
    int inDegree;                /*顶点的度，对于有向图，是入度、出度或没有*/
```

```
    ArcNode    *firstArc;              /*指向第一个与表头结点连接的边*/
} VexNode;                             /*顶点结点类型定义*/
```

表结点类型描述如下。

```
typedef struct ArcNode {
    int adjVex;                        /*邻接点在表头结点数组中的位置（下标)*/
    ArcInfo arcInfo;                   /*边的信息，如权值等*/
    struct ArcNode *nextArc;           /*指向下一个表结点*/
} ArcNode;                             /*表结点类型定义*/
```

图的定义包含表头结点数组和链表中的结点，完整的图的邻接链表类型描述如下。

```
typedef struct {
    int vexNum;                        /*顶点个数*/
    VexNode adjList[MAXVEX];           /*表头结点*/
} LGraph;                              /*图的结构定义*/
```

在邻接链表存储结构的基础上，下面针对图的基本运算分别给出算法的具体实现。由于基本算法中主要是关于顶点和边的插入与删除算法，主要涉及对顺序表和链表的简单操作，因此，关于算法实现的说明可以参考代码的注释。

1. 创建图

算法 7-8　创建图的算法

```
LGraph *CreateGraph(LGraph *G){
    G->vexNum = 0;         /*初始化顶点个数为 0，表示空图*/
return(G);
    }
```

2. 查找顶点

算法 7-9　查找顶点的算法

```
/*定位顶点在表中的位置和下标*/
/*G：邻接链表定义的图*/
/*v：要检索的顶点*/
/*如果顶点 v 存在，则算法返回 1，否则返回-1*/
int LocateVex(LGraph *G, Vex v) {
    int   k;
    for (k = 0; k < G->vexNum; k++)
        if (G->adjList[k].data == v)
            return(1);
    return(-1);        /*图中无此顶点*/
}
```

3. 插入顶点

算法 7-10　插入顶点的算法

```
/*在图中插入一个结点，追加到表的尾部*/
/*G：要插入顶点的图*/
```

```
/*v：要插入的顶点，这里是 char 类型的字符*/
/*如果顶点插入成功，则算法返回 1，否则返回-1*/
int InsertVex(LGraph *G, Vex v) {
    int    i, j;
    if (G->vexNum == MAXVEX) {
        cout << "Vertex Overflow!\n";
        return(-1);
    }
    if (LocateVex(G, v) != -1) {/*判断顶点是否存在*/
        cout << "顶点已经存在，不能重复插入!\n";
        return(-1);
    }
/*插入该顶点，初始化其他域的值*/
    G->adjList[G->vexNum].data = v;
    G->adjList[G->vexNum].firstArc = NULL;
    G->adjList[G->vexNum].inDegree = 0;
    int k = ++G->vexNum;
    return(1);
}
```

4. 插入边

算法 7-11　插入边的算法

```
/*从头部插入边*/
/*G：待插入边的图*/
/*arc：要插入的边，Arc 的定义可参考图的邻接矩阵存储结构*/
/*如果插入边成功，则算法返回 1，否则返回-1*/
int InsertArc(LGraph *G, Arc *arc) {
    int i, j;
    ArcNode *p, *q;
    i = LocateVex(G, arc->vex1);          /*定位边所在的顶点位置*/
    j = LocateVex(G, arc->vex2);
    if (i == -1 || j == -1) {
        cout << "边所依附的顶点不存在，输入有误!\n";
        return(-1);
    }
    /*在无向网中，一条边需要创建两个结点，分别依附于第 i 个和第 j 个链表*/
    p = new ArcNode;                      /*创建第 i 个链表上的结点*/
    p->adjVex = i;
    p->arcInfo = arc->arcInfo;
    p->nextArc = NULL;                    /*边的起始表结点赋值 NULL*/
    q = new ArcNode;                      /*创建第 j 个链表上的结点*/
    q->adjVex = j;
    q->arcInfo = arc->arcInfo;
    q->nextArc = NULL;                    /*边的末尾表结点赋值 NULL*/
    /*采用头部插入法，将结点分别插入到两个链表中*/
        q->nextArc = G->adjList[i].firstArc;
        G->adjList[i].firstArc = q;
```

```
          G->adjList[i].inDegree++;
          p->nextArc = G->adjList[j].firstArc;
          G->adjList[j].firstArc = p;
          G->adjList[j].inDegree++;
       return(1);
   }
```

7.2.3 邻接多重链表

邻接多重链表是无向图的另一种链式存储结构。在邻接多重链表中，每条边用一个结点表示，其表头结点的结构与邻接链表中的表头结点结构类似，而表结点包括 5 个域，如图 7-9 所示。

7-5
邻接多重表

a) 表头结点结构

b) 表结点结构

图 7-9   邻接多重链表中结点的结构

各个域的说明如下。

- data 域：存储和顶点相关的信息。
- 指针域 firstEdge：指向依附于该顶点的第一条边所对应的表结点。
- value 域：保存该条边的相关信息，如权值等。
- iVex 和 jVex 域：分别保存该条边所依附的两个顶点在图中的位置。
- 指针域 iLink：指向下一条依附于顶点 iVex 的边。
- 指针域 jLink：指向下一条依附于顶点 jVex 的边。

图 7-10 是无向网的邻接多重链表存储结构示意图。邻接多重链表与邻接链表的区别在于，前者的边用两个表结点序号表示，而后者只用一个表结点序号表示；除标志域以外，邻接多重链表与邻接链表表达的信息是相同的，因此，操作的实现相似。

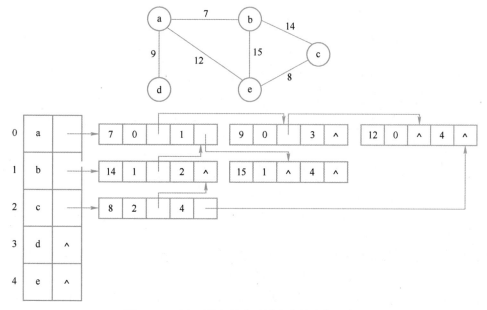

图 7-10   无向网的邻接多重链表存储结构示意图

7.3 图的遍历

由于图中结点间关系的复杂性，因此，从任何一个顶点出发遍历该图，都有多条路径可以选择，那么到底选择哪条路径？这就涉及对图的遍历。图的遍历是指从图的某一顶点出发，访遍图中的其余顶点，且每个顶点仅被访问一次。另外，图的遍历算法是各种图的操作运算的基础。下面介绍图的两类遍历方法，分别是图的深度优先遍历算法和广度优先遍历算法。

7.3.1 图的深度优先遍历

深度优先遍历（Depth First Search，DFS）类似于二叉树的先序遍历。下面是深度优先遍历的算法描述。

7-6
深度优先遍历

1. 算法思想

设初始状态时图中的所有顶点未被访问，则按照下面的步骤访问顶点。

1）从图中某个顶点 v_i 出发，即首先访问顶点 v_i。

2）找到顶点 v_i 的一个未被访问的邻接顶点 v_{i1}。

3）从顶点 v_{i1} 出发，深度优先遍历访问和 v_{i1} 相邻且未被访问的所有顶点。

4）转到步骤2），直到和 v_i 相邻的所有顶点都被访问为止。

5）继续选取图中未被访问的顶点 v_j 作为起始顶点，转到步骤1），直到图中所有顶点都被访问为止。

7-7
邻接表表示的图的深度优先遍历

图 7-11 是无向图的深度优先遍历示例，上述深度优先遍历次序是 a→b→c→d→f→g→e。

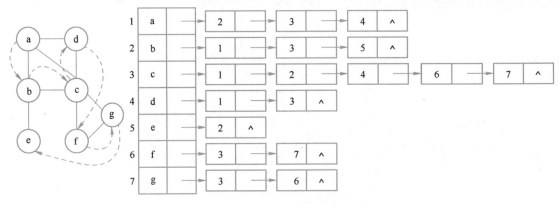

图 7-11　无向图的深度优先遍历示例

2. 算法实现

由深度优先遍历算法思想可知，这是一个递归过程。因此，先设计一个从某个顶点（编号为 v_0 的顶点）开始深度优先遍历的函数，以便于调用。在遍历整个图时，可以对图中的每一个未被访问的顶点调用所定义的函数。下面是以邻接链表为存储结构，对图进行深度优先遍历的算法，关于算法实现的说明，可以参考代码的注释。

算法 7-12　深度优先遍历图的算法

```
/*G：待遍历的图*/
/*v：遍历的起始顶点的位置*/
/*算法无返回值*/
void DFS(LGraph *G, int v){          /*深度优先遍历图*/
    /*从第 v 个顶点出发递归地深度优先遍历图 G*/
    ArcNode *p;
    visited[v] = true;
    p = G->adjList[v].firstArc;
    while(p != NULL){
    if(!visited[p->adjVex])
        DFS(G, p->adjVex );
    p = p->nextArc;   /*对 v 的尚未访问的邻接顶点 w 递归地调用 DFS*/
    }
}
void DFSTraverse(LGraph *G){    /*对图 G 进行深度优先遍历*/
    int v;
    for(v = 0; v < G->vexNum; v++)
        visited[v] = false;          /*访问标志数组的初始化*/
    for(v = 0; v < G->vexNum; v++)
        if(!visited[v])
            DFS(G, v);                /*对尚未访问的顶点调用 DFS 函数*/
}
```

在图的深度优先遍历算法中，对图的每个顶点至多调用一次 DFS 函数。其实质就是对每个顶点查找邻接顶点的过程，算法的复杂度取决于存储结构，当图有 e 条边时，其时间复杂度为 O(e)，总的时间复杂度为 O(n+e)。

7.3.2　图的广度优先遍历

广度优先遍历（Breadth First Search，BFS）类似于树的层次遍历，在遍历的过程中，主要应用辅助数据结构队列，用于将已访问的结点暂存在队列中。下面是广度优先遍历的算法描述。

7-8
广度优先遍历

1. 算法思想

设初始状态图中所有顶点未被访问，选择一个顶点 v_i 入队，然后按照下面的步骤访问顶点。

1）从队列中出队一个顶点 v_i，并访问它。

2）访问顶点 v_i 相邻的所有顶点 $v_{i1}, v_{i2}, \cdots, v_{im}$，并按照顶点的访问次序依次入队。

3）转到步骤 1）。

4）继续选取图中未被访问的顶点 v_k 作为起始顶点入队，转到步骤 1），直到图中所有顶点都被访问为止。

图 7-12 是无向图的广度优先遍历示例，上述广度优先遍历次序是 a→b→c→d→e→f→g。

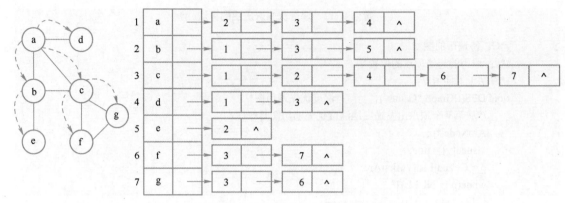

图 7-12 无向图的广度优先遍历示例

2. 算法实现

在图的广度优先遍历算法中，需要两类辅助数据结构。首先需要设置一维辅助数组 visited，用来标识顶点是否遍历过，其初始值为 false，表示所有顶点都未被访问过。其次需要设置一个辅助队列，用来标识即将要访问的顶点。初始时，队列中只有一个起始访问顶点，就是邻接链表中的第一个表头顶点。

广度优先遍历的规则是每次都访问队列中的队首顶点，访问后，该顶点出队；同时，将该顶点关联的未被访问的顶点都入队，直到队列为空为止，表示对所有顶点访问结束。

下面是以邻接链表为存储结构，对图进行深度优先遍历的算法，算法说明与涉及的参数说明可以参考注释。在该算法中，直接通过辅助数组 temp 实现队列，count 指向队首顶点，k 指向队尾顶点。

算法 7-13 广度优先遍历图的算法

```
/*G：待遍历的图*/
/*算法无返回值*/
void BFSTraverse(LGraph &G){
    int v, t;
    ArcNode   *p;
    int count = 0;                /*指向队列中下一个要访问的顶点，即队首顶点*/
    int k, temp[MAXVEX];
    k = 0;
    /*访问标识都为 false，队列为空*/
    for(v = 0; v < G.vexNum; v++){
        visited[v] = false;
        temp[v] = 0;
    }
    for(v = 0;   v < G.vexNum; v++)
        if(!visited[v]){
            temp[k++] = v;        /*入队*/
            visited[v] = true;    /*访问标志*/
            while(count != k){    /*这里的 k 指向队列 temp 最后一个元素的下一个位置*/
                t = temp[count++]; /*count 表示数组中未被访问的队首顶点*/
                cout << G.adjList[t].data << endl;        /*输出访问的顶点*/
```

```
                    p = G.adjList[t].firstArc;
                    while(p != NULL){                    /*和 p 点关联的未访问的顶点都入队*/
                        if(!visited[p->adjVex]){
                            temp[k++] = p->adjVex;
                            visited[p->adjVex] = true;
                        }
                        p = p->nextArc;
                    }
                }
            }
        }
```

广度优先遍历算法与深度优先遍历算法的唯一区别是邻接点遍历次序不同。广度优先遍历算法总的时间复杂度为 O(n+e)。

图的遍历可以系统地访问图中的每个顶点，因此，图的遍历算法是图中基本且非常重要的算法，其他许多有关图的算法都是在图的遍历基础上实现的。

7.4 图的连通性

如果一个图中有若干顶点，那么是不是从任意一个顶点出发，就可以遍历完图中的所有顶点？假设可以遍历完所有顶点，那么这样的图应该满足什么条件？本节讨论图的连通性，同时介绍图的生成树和生成森林。在此基础上，介绍最小生成树的两种生成算法。

7.4.1 无向图的连通性

1. 连通图

在对无向图进行遍历时，如果图是连通图，那么只需要以某个顶点为初始点开始访问，通过深度优先遍历或广度优先遍历，就可以访问图中所有顶点；若图为非连通图，就需要以多个顶点分别作为初始点进行遍历，通过每个初始点遍历后的结果包含了图中部分顶点，而这部分顶点恰好对应图中某个连通分量的所有顶点。要想判定一个无向图有几个连通分量，可以每个未访问的顶点为初始点进行遍历，按照遍历次序，就可以得到无向图中连通分量的个数，同时可以确定每一个连通分量中所含的顶点，而一个连通分量的顶点按照遍历的路径次序又可以构成一棵树。

2. 生成树和生成森林

一个连通图的生成树是一个极小连通子图，它含有图中全部顶点，但只包含构成一棵树的 n-1 条边。如果在一棵生成树上添加一条边，则必定构成回路，因为这条边使得依附该边的两个顶点之间有了第二条路径，这两条路径肯定构成回路。但是，有 n 个顶点、n-1 条边的图不一定都是生成树。图 7-13b 和图 7-13c 是对图 7-13a 中的无向图分别进行深度优先遍历与广度优先遍历而得到的两棵生成树。

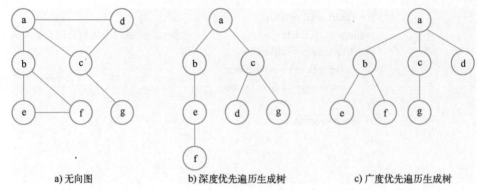

a) 无向图　　　　　b) 深度优先遍历生成树　　　　　c) 广度优先遍历生成树

图 7-13　由连通图转换的树

对非连通图的遍历，可以得到多棵树，多棵生成树构成图的生成森林。图 7-14b 为对图 7-14a 中的无向图进行深度优先遍历而得到的生成森林，该森林由三个深度优先遍历的生成树组成。

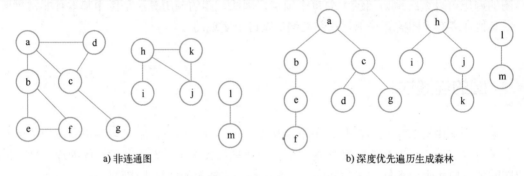

a) 非连通图　　　　　　　　　　　　　　　b) 深度优先遍历生成森林

图 7-14　由非连通图转换的森林

3. 生成森林算法实现

生成森林的算法以图的邻接链表为存储结构，生成树以子结点链表为存储结构，存储结构可参考 6.3.1 节中介绍的子结点链表表示法。树的存储结构定义如下。

```
typedef struct treenode
{
    Vex data;                    /*存储结点数据*/
    struct treenode *firstson;   /*第一个子结点*/
    struct treenode *next;       /*第一个子结点的兄弟结点*/
} *CSTree, CSNode;
```

首先，从某个顶点 V 出发，建立一棵树的根结点，然后以 V 的一个邻接点为起始点，进行深度优先遍历，建立 V 结点相对应的一棵子生成树，直到 V 结点的所有邻接点都遍历完成为止。显然，该算法是一个递归算法，主要应用图的深度优先遍历算法。该算法的实现如下。

算法 7-14　图的生成森林算法

```
/*G 为待遍历的图*/
/*T 为深度优先遍历的生成树*/
/*建立以第 i 个结点为根的生成树*/
void DFSTree(LGraph G , int i , CSTree T){
    int j , first = 1;
```

```
ArcNode *w;
CSNode *p , *q;
q = T;
visited[i] = 1;
/*建立树的子结点链表*/
for(w = G.adjList[i].firstArc; w; w = w->nextArc){
        if(!visited[w->adjVex]){ /*结点 w->adjVex 是未遍历的 w 的邻接点*/
                p = (CSTree)new(CSNode);
                p->data = G.adjList[w->adjVex].data;
                p->firstson = NULL;
                p->next = NULL;
                if(first){        /*p 是 w 的第一个子结点*/
                    T->firstson = p;
                    first = 0;
                }
                else            /*将 p 作为 w 的子结点，并链接到所在的链表上*/
                    q->next = p;
                q = p;
                DFSTree(G, w->adjVex, q);        /*递归创建生成树*/
            }
        }
    }
/*深度优先遍历图 G 的生成森林*/
CSTree DFSForest(LGraph G)
{
    int i, j;
    CSNode *p;
    CSTree q,T;
    T = NULL;
    for(i = 0; i < G.n; i++){
        visited[i] = 0;            /*表示图中所有结点未遍历*/
    for(i = 0; i < G.n; i++){
        if(!visited[i]){
                p = (CSTree)new(CSNode);
                /*给根结点赋值*/
                for(j = 0; j < 3; j++)
                    p->data = G.adjList[i].data;
                p->firstson = NULL;
                p->next = NULL;
                if(!T){                /*T 是一个生成树的根结点*/
                    T = p;
                    q = T;
                }
                else
                    q->next = p;
                q = p;
                DFSTree(G, i, p);    /*建立以第 i 个结点为根结点的生成树*/
```

```
            }
        }
        return T;
    }
```

7.4.2　有向图的连通性

对于有向图，在其每一个强连通分量中，任何两个顶点都是可到达的。$\forall V \in G$，与 V 可相互到达的所有顶点就是包含 V 的强连通分量的所有顶点。

设以 V 为起点，所有有向路径的终点的顶点集合为 $T_1(G)$，而以 V 为终点的所有有向路径的起点的顶点集合为 $T_2(G)$，则包含 V 的强连通分量的顶点集合是这两个集合的交集 $T_1(G) \cap T_2(G)$。

那么，求有向图的强连通分量的所有顶点，就需要确定这两个顶点集合。下面是求有向图 G 的强连通分量的基本步骤。

1）对 G 进行深度优先遍历，生成森林 T。

2）对森林 T 的顶点按后序遍历顺序进行编号。

3）改变 G 中每一条边的方向，构成一个新的有向图 G′。

4）按步骤 2）中标出的顶点编号，从未遍历的顶点中选择一个编号最大的顶点，开始对 G 进行深度优先遍历，得到一棵深度优先遍历生成树。

5）若还有未遍历的顶点，则回到步骤4），直到图中的所有顶点都被访问为止。

每次选择一个顶点作为初始点并进行深度优先遍历，所得到的生成树中包含了一个强连通分量的所有顶点。图 7-15 是求有向图的生成树的过程，每棵生成树中包含一个强连通分量的所有顶点。

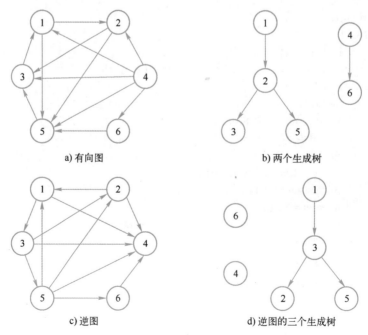

图 7-15　求有向图的生成树的过程

依据上述步骤，首先对图 7-15a 所示的图进行深度优先遍历，得到图 7-15b 所示的两棵生成树，然后对这两棵生成树进行后序遍历，并且对顶点在后序遍历的先后次序进行编号。

后序遍历的顶点序列：3、5、2、1、6、4。

这些顶点对应的编号：1、2、3、4、5、6。

按照顶点的编号，选择未遍历的编号最大的顶点对逆图遍历，这里分别选择编号是 6、5 和 4 的顶点进行遍历，遍历生成三个逆图对应的三棵生成树，每棵树的顶点集合构成一个强连通分量。这样就得到了三个强连通分量，4 属于一个强连通分量，6 属于一个强连通分量，1、2、3、5 属于一个强连通分量。通过这个方法，可以求解有向图的强连通分量。

7.4.3　最小生成树

最小生成树在实际生活中的应用非常广泛，如在多个城市中进行供电工程建设，需要在城市之间铺设电缆，将多个城市用电缆连接起来。在铺设电缆时，既要保证供电要求，又要考虑铺设电缆的成本问题，尽可能地减少铺设电缆的总长度，以最短的距离去连接。在所有的电缆连接方案中，最小生成树的距离是最短的。下面讨论无向图的最小生成树的有关概念及生成算法。

从 7.4.1 节的分析可知，每次遍历一个无向图时，将图的边分成两部分：已遍历的边和未遍历的边，将遍历经过的边与图的所有顶点构成一个子图，该子图就是图的一棵生成树。由生成树的定义可知，无向图的生成树不是唯一的，不同的遍历方法，得到的遍历序列不同，生成树也不同。即使同一种遍历方法，由于遍历的初始点不同，最后的生成树也不同。图 7-16b 和图 7-16c 是无向图 7-16a 的两棵生成树，生成树的边的权值之和分别为 13 和 12。最小生成树就是一个无向图的生成树中边的权值之和最小的树。

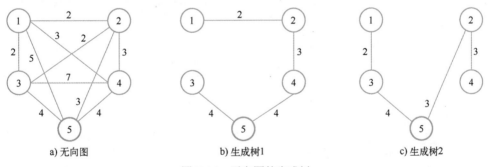

a) 无向图　　　　　　　b) 生成树1　　　　　　　c) 生成树2

图 7-16　无向图的生成树

除上面电缆铺设问题以外，最小生成树的概念还可以应用到其他许多实际问题中，比如在多个相连的村庄之间建一口井，尽可能减少村庄取水总的里程。假设各个村庄之间相互连接以及里程是已知的，可以构造一个村庄之间的交通网。在该交通网中，顶点表示村庄，顶点之间的边表示村庄之间可构造的交通线路，每条边的权值表示该条交通线的里程值，要想使总的里程最低，实际上就是寻找该交通网的最小生成树。

下面介绍两种常用的构造最小生成树的方法，分别是 Prim 算法和 Kruskal 算法。

1. 构造最小生成树的 Prim（普里姆）算法

对于给定的网，在构造最小生成树时，可以从顶点出发来构造最小生成树。最小生成树中包含了所有的顶点，那么可以从任意的顶点

7-9

普里姆算法

开始，按照一定的规则，逐步将所有的顶点归并到最小生成树的顶点中，Prim 算法就是基于这个思路构造最小生成树的。

对于给定的网 G=(V,E)，其中 V 为网中所有顶点的集合，E 为网中所有带权边的集合。Prim 算法首先将顶点集划分为两个集合 U 和 W，其中集合 U 用于存放 G 的最小生成树中的顶点，集合 W 为最小生成树的边集。下面是 Prim 算法的过程描述。

1）初始化，集合 U 的初始值为 U={u_1}，集合 W 的初始值为 T={}，最小生成树的集合为G1=(U,T)。

2）归并顶点，从所有顶点为 u∈U，v∈V−U 的边中，选取具有最小权值的边(u,v)，将顶点 v 加入集合 U 中，将边(u,v)加入集合 T 中。

3）回到步骤2），直到U=V为止，最小生成树构造完毕。

这时集合 W 中包含了最小生成树的所有边，有 n-1 条边；U 集合中包含了网中所有 n 个顶点。

将上面的 Prim 算法过程进一步简化，其中 w_{uv} 表示顶点 u 与顶点 v 所在边上的权值。

1）U={u_1},T={};

2）while (U≠V){

(u,v)=min{w_{uv};u∈U,v∈V−U };

W=W+{(u,v)};

U=U+{v};

3）直到所有顶点归并完成，算法结束。

对于图 7-17a 所示的一个网，按照 Prim 算法，从顶点 V_1 出发构造最小生成树，该网的最小生成树的产生过程如图 7-17 所示。

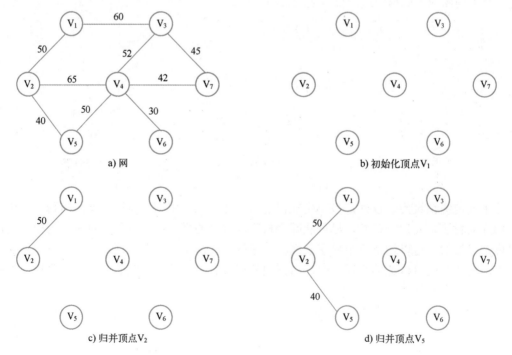

图 7-17　Prim 算法构造最小生成树的过程

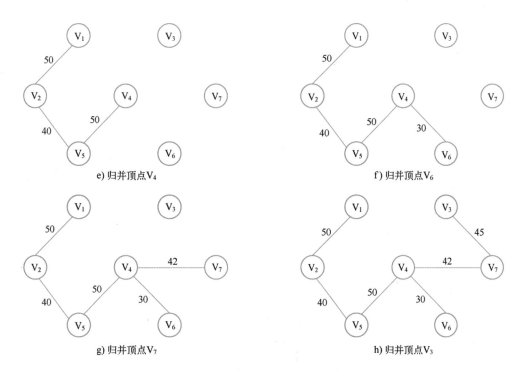

图 7-17　Prim 算法构造最小生成树的过程（续）

在实现 Prim 算法时，需要一个辅助数组，存放已经归并的顶点及相应边的权值。数组定义如下。

```
typedef struct{
    char adjVex;        /*边所依附的 U 中的顶点*/
    int lowCost;        /*边的权值*/
}closedge[MAXSIZE];
```

其中 lowCost 用来保存各边的权值，adjVex 用来保存 U 中各顶点集合；特殊地，如果置 lowCost[i]=0，则表示对应顶点 adjVex[i]加入顶点集合 U 中。

假设初始状态时，U={u₁}，u₁ 为顶点集 V 中指定的起点。这时，有 lowCost[0]=0，表示顶点 u₁ 已加入集合 U 中，lowCost[j]的值表示顶点 uⱼ 与顶点 u₁ 的直接边的权值。

然后不断选取权值最小的边(uᵢ,uⱼ)（uᵢ∈U，uⱼ∈V-U），每选取一条边，就将 lowCost(j)的值设置为 0，表示顶点 uⱼ 已加入集合 U 中，新加入的顶点的编号是 j。由于顶点 uⱼ 从集合 V-U 进入集合 U 后，这两个集合的内容发生了变化，因此需要依据具体情况更新权值 lowCost 和顶点 adjVex 的值，确保当前未加入顶点 uⱼ 对应的权值 lowCost[j]是最小的，同时更新权值最小时对应的另一个顶点 adjVex[j]。最后，adjVex 中即为建立的最小生成树的顶点集合。以图 7-17a 中的网为例，其数组 closedge 的具体变化过程如图 7-18 所示。通过对 closedge 中数据变化的跟踪，可进一步加深对 Prim 算法的理解。

数组下标		1	2	3	4	5	6	7
初始化：	adjVex	V_1	V_1	V_1	V_1	V_1	V_1	V_1
	lowCost	0	50	60	∞	∞	∞	∞
检索V_2	adjVex	V_1	V_1	V_1	V_2	V_2	V_1	V_1
更新权值	lowCost	0	0	60	65	40	∞	∞
检索V_5	adjVex	V_1	V_1	V_1	V_5	V_2	V_1	V_1
更新权值	lowCost	0	0	60	50	0	∞	∞
检索V_4	adjVex	V_1	V_1	V_4	V_5	V_2	V_4	V_4
更新权值	lowCost	0	0	52	0	0	30	42
检索V_6	adjVex	V_1	V_1	V_4	V_5	V_2	V_4	V_4
更新权值	lowCost	0	0	52	0	0	0	42
检索V_7	adjVex	V_1	V_1	V_7	V_5	V_2	V_4	V_4
更新权值	lowCost	0	0	45	0	0	0	0
检索V_3	adjVex	V_1	V_1	V_7	V_5	V_2	V_4	V_4
更新权值	lowCost	0	0	45	0	0	0	0

图 7-18　Prim 算法构造最小生成树过程中的数据更新过程

从上面的数据变化可以看出，数组下标实际上表示所有顶点的集合。设置数组下标 j 对应的权值 lowCost=0，表示第 j 个顶点就是要找的顶点，将第 j 个顶点加入树中。然后，用第 j 个顶点来更新其他未加入树中的顶点的权值 lowCost。如果某个顶点对应的权值更新了，则同时要将 adjVex 的值更新为第 j 个顶点，表示权值最小的边是由第 j 个顶点促成的。

下面是对无向网的 Prim 算法实现，其中存储结构采用图的邻接矩阵。

算法 7-15　Prim 算法

```
void Prim(Graph &G, Vex u){
    /*从顶点 u 出发，用 Prim 算法构造网 G 的最小生成树*/
    /*closedge 表示最小生成树的顶点集，构造最小生成树是动态变化的过程，初始为顶点 u*/
    int i, j, k, min, v, num = 0;      /*num：总的边数*/
    k = LocateVex ( G, u );
    /*对辅助数组初始化，其他各待筛选顶点所在的边的权值为与 u 相连的边的权值*/
    for( j = 0; j < G.vexNum; j++)
        if(j != k){
            closedge[j].adjVex = u;
            closedge[j].lowCost = G.arcs[k][j].arcVal;
        }
    closedge[k].lowCost = 0;           /*第 k 个顶点为找到的顶点*/
```

```
        closedge[k].adjVex = G.vexs[k];
        /*选择其余 G.vexNum-1 个顶点*/
        for(i = 0; i < G.vexNum - 1; i++){
            min = INFINITY;
            /*从待筛选的边中，筛选出权值最小的边，所选中的顶点序号为 k*/
            for(v = 0; v < G.vexNum; v++)
                if((closedge[v].lowCost != 0)&&(closedge[v].lowCost < min)){
                    min = closedge[v].lowCost;
                    k = v;
                }
            /*第 k 个顶点并入最小生成树的顶点集中*/
            closedge[k].lowCost = 0;
            num++;        /*并入的顶点数加 1*/
        /*更新未并入的序号为 j 的顶点的权值*/
        for(j = 0; j < G.vexNum; j++)
            if(G.arcs[k][j].arcVal < closedge[j].lowCost){
                closedge[j].adjVex = G.vexs[k];
                closedge[j].lowCost = G.arcs[k][j].arcVal;
            }
        }
    }
```

Prim 算法中主要包含两类操作，一是检索最小的权值 lowCost 的过程，二是更新 V-U 中各个顶点的权值。该算法中初始化的第一个 for 循环的执行次数为 n-1，第二个 for 循环中又包括了一个 while 循环和一个 for 循环，执行次数为 $2(n-1)^2$，所以 Prim 算法的时间复杂度为 $O(n^2)$。

2. 构造最小生成树的 Kruskal（克鲁斯卡尔）算法

Prim 算法是从顶点的角度出发，归并顶点以构成最小生成树。Kruskal 算法则是从边的角度出发，按照网中边的权值递增的顺序，逐步归并边来构成最小生成树。

7-10
克鲁斯卡尔算法

7-11
克鲁斯卡尔算法构造最小生成树的演示

Kruskal 算法的基本思想是设无向连通网为 G=(V,E)，令 G 的最小生成树为 T，其初态为 T=(V,{})，即开始时，最小生成树 T 由 n 个独立的顶点构成，顶点之间没有任何边，也就是说，T 中包含 n 个连通分量。Kruskal 算法的目的就是通过 n-1 条边将 n 个连通分量最后合并为一个连通分量。首先将边的权值按照由小到大的顺序排列，然后从中进行筛选，满足条件的边构成最小生成树。下面是 Kruskal 算法的基本步骤。

1）检索：检索边集 E 中的所有边，找到权值最小的边 E_i。

2）判断：如果检索的边所在的两个顶点 V_1 和 V_2 分别归属于两个不同的连通分量 T_1 与 T_2，则将此边作为最小生成树的边加入 T 中，进入步骤 3）；否则边属于同一连通分量，i=i+1，回到步骤 1），继续选取下一条边。

3）合并：两个连通分量 T_1 和 T_2 合并为一个连通分量；直到 T 中包含 n-1 条边，即所有连通分量合并为一个连通分量 T，T 就是 G 的一棵最小生成树。

对于图 7-19a 所示的网，按照 Kruskal 算法构造最小生成树的过程如图 7-19 所示。按照网中边的权值由小到大的顺序，不断选取当前未被选取的满足条件的权值最小的边。对于有 n 个顶点的生成树，选取了 n-1 条边，就构成了一棵最小生成树。

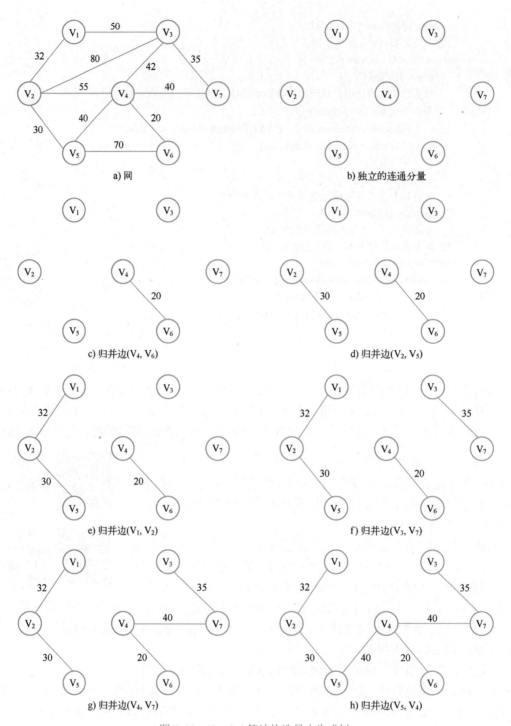

图 7-19 Kruskal 算法构造最小生成树

在 Kruskal 算法中，需要设置一个结构数组 arcs 来存储网中所有的边，边的结构类型包括构成的顶点信息和边的权值，定义如下。

```
teypedef struct{
    Vex vex1;
    Vex vex2;
```

```
        int arcVal;
    } Arc;
    Arc arcs[MAXSIZE];
```

Kruskal 算法是基于贪心算法的基本思想发展而来的。为了方便选取当前权值最小的边，首先把所有的边 arcs[i] 按照权值从小到大排列，接着按照顺序选取每条边，如果这条边的两个顶点 arcs[i].vex1 和 arcs[i].vex2 不属于同一集合，那么将它们合并，直到所有的顶点都属于同一个集合为止。

为了判断顶点是否在同一分量上，这里通过为每个顶点设置一个标志位，用来标识顶点所在的根结点，即所属的连通分量。对于有 n 个顶点的网，设置一个数组 root[n]，其初始值为 root[i]=-1，表示各个顶点在不同的连通分量上；依次在 arcs 数组中选择权值最小的边 arcs[i].arcVal 时，首先判断边的两个顶点 arcs[i].vex1 和 arcs[i].vex2 的根结点 root[i] 是否相等，如果不相等，则两个顶点属于不同的连通分量，将这条边作为最小生成树的边输出，并合并它们所属的两个连通分量。

下面是 Kruskal 算法的实现，需要说明的是，在程序中，将顶点的数据类型定义成整型，而在实际应用中，可依据实际需要来设定数据类型。

算法 7-16　Kruskal 算法

```
/*arcs 存储图的各条边，minTree 用于记录组成最小生成树的各条边*/
/*vexNum 为顶点个数*/
/*arcNum 为边的个数*/
void kruskal(Arc arcs[], int vexNum, int arcNum, Arc minTree[]) {
    int i, vex1, vex2, elem, k;
    int assists[P]; /*每个顶点配置一个标志位，同一个连通分量的顶点集具有相同的标记值*/
    /*初始状态下，每个顶点的标记值都不相同*/
    int num = 0;              /*生成树中顶点的个数*/
    for (i = 0; i < vexNum; i++)
        assists[i] = i;
     /*根据权值，对所有边进行升序排序*/
    qsort(arcs, arcNum, sizeof(edges[0]), cmp);
    for (i = 0; i < N; i++) {  /*遍历所有的边*/
        /*找到当前边的两个顶点在 assists 数组中的位置下标*/
        vex1 = arcs[i].vex1 - 1;
        vex2 = arcs[i].vex2 - 1;
        /*如果顶点位置存在且顶点的标记不同，则说明不在一个集合中，不会产生回路*/
        if (assists[vex1] != assists[vex2]) {
            minTree[num] = arcs[i];   /*记录该边，并将它作为最小生成树的组成部分*/
            num++; /*计数加 1*/
            elem = assists[vex2];
            /*将和顶点 vex2 为同一个连通分量的顶点的标记值全部改为和顶点 vex1 一致的标记值*/
            for (k = 0; k < vexNum; k++)
                if (assists[k] == elem)
                    assists[k] = assists[vex1];

            /*如果选择的边的数量和顶点数相差 1，则证明最小生成树已经形成*/
            if (num == P - 1)
```

```
                    break;
                }
            }
        }
```

在 Kruskal 算法中，主要涉及边的排序和判断边上的顶点是否属于同一连通分量。该算法首先对各个顶点所在的连通分量初始化，时间复杂度是 $O(n)$，其次对边按照权值大小进行排序，简单排序算法的时间复杂度为 $O(e^2)$，最后对边所在连通分量进行更新，时间复杂度为 $O(n^2)$，整个算法的时间复杂度是 $O(e^2+n^2)$。

7.5 最短路径

最短路径问题是图的又一个典型应用，如在错综复杂的交通线路中，要从一个城市到另外一个城市，两个城市之间连通的路径有多条，那么怎么选择路径，才能使路径最短或耗费最少。这里可以将交通图抽象为网，其中城市表示为图的顶点，城市间的公路表示为图的边，城市间的距离表示边的权值。可以通过求网的最短路径来解决此类问题。

在图 7-20 所示的交通图中，怎样才能找到从佛山到惠州的一条最短路径？从图中可以看出，从佛山到惠州有多条路径，其中最短路径上包含的城市是佛山、广州、东莞、惠州。如何在两个城市间的众多路径中，选择一条权值之和最小的路径？下面讨论两种常见的求最短路径问题的算法，给出求解最短路径的方案。

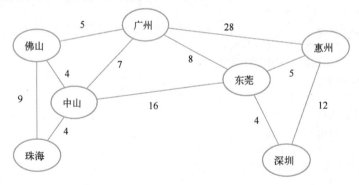

图 7-20 交通图

7-12
单源点最短路径问题

1. 从一个源点到其他各点的最短路径

Dijkstra（迪杰斯特拉）算法是典型的用来解决最短路径问题的算法，由荷兰计算机科学家迪杰斯特拉于 1959 年提出，用来求解从起始顶点（源点）到其他所有顶点的最短路径。该算法采用"贪心"思想，按路径长度递增的次序产生从源点到其他各个顶点的最短路径。下面就以图 7-21 求从顶点佛山到其他各个顶点的最短路径为例，介绍 Dijkstra 算法的基本思想。

首先确定从佛山直达其他各个城市的路径长度，如果没有直达路径，则路径长度设置为无穷大，如图 7-21 中第二列所示。从这

顶点	初始路径长度	更新后的路径长度
珠海	9	8
中山	4	
广州	5	5
东莞	∞	20
深圳	∞	∞
惠州	∞	∞

图 7-21 第一次路径更新过程

些路径中选择一条最短路径，于是找到了从佛山到中山的最短路径长度4。这样，从佛山到中山的最短路径就确定下来了。接着，就要探索从佛山到其他城市的最短路径了，可以在已有最短路径的基础上继续扩充。目前已经知道从佛山到中山的最短路径，那么对于从佛山到其他城市，是不是可以先经过中山，再到达这些城市，使得从佛山到其他城市的路径长度最短？Dijkstra算法正是基于这样的考虑来寻找下一条最短路径的。以从佛山到中山的最短路径来更新从佛山到其他城市的路径长度，如图7-21中第三列所示。更新后，就找到到广州的最短路径了。

下面讨论 Dijkstra 算法的具体实施过程。首先在网 G(V,S)中，将顶点划分为两个集合 S 和 T，集合 S 中存放已找到最短路径的顶点，集合 T 中存放当前还未找到最短路径的顶点，其中顶点集 T=V-S。

1）初始化。集合 S={V_0}，即只包含源点；集合 T={V_i}，即除源点之外的其他顶点的集合。源点 V_0 到各个顶点的路径初始化为直接边的权值，如图7-21中第二列中的值。

2）搜索最短路径。从集合 T 中选取到顶点 V_0 带权路径长度最短的顶点 u 并加入集合 S 中，然后将顶点 u 从集合 T 中删除。

3）更新路径长度。集合 S 中每加入一个新的顶点 u，就修改源点 V_0 到集合 T 中其他顶点的最短路径长度值。设原来 T 中的各个顶点的最短路径长度为 p_1，新加入顶点 u 的最短路径长度与顶点 u 和 T 中的各个顶点直接边的权值之和为 p_2，将 T 中其他顶点的最短路径长度更新为 p_1 与 p_2 中较小的值。

4）回到步骤2），直到所有顶点都加入顶点集 S 中为止。

Dijkstra 算法的正确性可以用反证法证明。假设下一条最短路径的终点为 v_j，那么，到顶点 v_j 的最短路径长度可以是下面两种情况之一。

- 边(v_0,v_j)的权值。
- 中间只经过集合 S 中的顶点而到达顶点 v_j 的路径。

假设此路径上除 v_j 之外，还有一个或一个以上的顶点不在集合 S 中，那么必然存在另外的终点不在 S 中而路径长度比到 v_j 的路径还短的路径，这与 Dijkstra 算法按路径长度递增的顺序产生最短路径的前提相矛盾，所以此假设不成立。

下面介绍 Dijkstra 算法中数据结构的更新过程。网的存储结构采用带权的邻接矩阵表示，同时引入一个辅助数组 dist[n]，它的每个值 dist[i] 表示已经找到的从源点 v_0 到每个终点 v_i 的最短路径的长度。S 为已找到从 v_0 出发的最短路径的终点的集合，它的初始状态为空集。

1）初始化 dist[i]的值，其值有下面两种情况。

- 若从 v_0 到顶点 v_i 有边，则 dist[i]为该边的权值，dist[i]=arcs[0,i]。
- 若从 v_0 到顶点 v_i 无边，则将 dist[i]设置为无穷大，dist[i]=∞。

2）找到的最短路径的顶点为 v_j，其最短路径长度 dist[j]满足如下条件。

$$dist[j]=Min \{dist[i]\}, \quad i \in V-S$$

3）v_j 就是当前求得的一条从 v_0 出发的最短路径的终点，将顶点 v_j 加入集合 S 中，完成如下操作。

$$S \leftarrow S \cup \{v_j\}$$

4）对于所有的顶点 $v_i \in V-S$，更新它们可到达的路径长度 dist[i]的值。更新满足如下条件。

$$dist[i]=Min\{dist[j]+ arcs[j][i],dist[i]\}$$

5）回到步骤2），直到所有 n-1 个顶点都加入集合 S 中为止。

通过上面的步骤，可以得到从 v_0 到其余各顶点的最短路径。

下面是上述步骤描述对应的算法实现。关于算法实现的相应说明，可以参考代码的注释。

算法 7-17　Dijkstra 算法

```
/*G: 最短路径所在的网*/
/*v: int 类型，从源点 v 出发，查找到其他顶点的最短路径*/
/*算法无返回值，各个顶点的最短路径长度存放在全局数组变量 dist 中*/
int prePath[MAXVEX], dist[MAXVEX];
void DijkstraPath(Graph &G, Vex v){
    /*从图 G 中的顶点 v 出发到其余各顶点的最短路径*/
    int prePath[MAXVEX], dist[MAXVEX];
    int final[MAXVEX];
    int i, j, k, m, min, num;
    num=LocateVex(G, v);
    /*各数组的初始化*/
    for( j = 0; j < G.vexNum; j++){
        prePath[j] = num;
        final[j] = false;
        dist[j] = G.arcs[num][j].arcVal;        /*初始化其余 n-1 个顶点的路径长度*/
    }
    dist[num] = 0;
    final[num] = true;                          /*设置 S={v}*/
    for(i = 0; i < G.vexNum - 1; i++){
        m = 0;
        /*找不在 S 中的顶点 vk*/
        /*求出当前最小的 dist[k]值*/
        min = INFINITY;
        for( k = 0; k < G.vexNum; k++){
            if(!final[k] && dist[k] < min){
                min = dist[k];
                m = k;
            }
        }
        final[m]=true;                          /*将第 k 个顶点并入 S 中*/
        for( j = 0; j < G.vexNum; j++)
            if(!final[j] && (dist[m] + G.arcs[m][j].arcVal) < dist[j]){
                dist[j] = dist[m] + G.arcs[m][j].arcVal;   /*修改 dist 数组的值*/
                prePath[j] = m;         /*修改 prePath 数组的值*/
            }
    }
}
```

图 7-22 是一个有向网的带权邻接矩阵。若对图 7-22 使用 Dijkstra 算法，求从顶点（源点）0 到其余各顶点的最短路径，则其运算过程中到各个顶点的路径变化情况如图 7-23 所示。

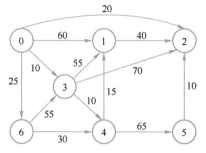

$$\begin{bmatrix} \infty & 60 & 20 & 10 & \infty & \infty & 25 \\ \infty & \infty & 40 & \infty & \infty & \infty & \infty \\ \infty & \infty & \infty & \infty & \infty & \infty & \infty \\ \infty & 55 & 70 & \infty & 10 & \infty & \infty \\ \infty & 15 & \infty & \infty & \infty & 65 & \infty \\ \infty & \infty & 10 & \infty & \infty & \infty & \infty \\ \infty & \infty & \infty & 55 & 30 & \infty & \infty \end{bmatrix}$$

图 7-22　有向网的带权邻接矩阵

顶点	1	2	3	4	5	6
长度 路度	60 <0,1>	20 <0,2>	10 <0,3>	∞ <0,4>	∞ <0,5>	25 <0,6>
长度 路度	60 <0,1>	20 <0,2>		20 <0,3,4>	∞ <0,5>	25 <0,6>
长度 路度	60 <0,1>			20 <0,3,4>	∞ <0,5>	25 <0,6>
长度 路度	35 <0,3,4,1>				85 <0,3,4,5>	25 <0,6>
长度 路度	35 <0,3,4,1>				85 <0,3,4,5>	
长度 路度					85 <0,3,4,5>	

图 7-23　从源点 0 到其他各顶点的最短路径长度变化

Dijkstra 算法的核心在于每次找到一个新顶点的最短路径后，需要更新其他顶点的可到达的最短路径，算法总的时间复杂度是 $O(n^2)$。在 Dijkstra 算法的基础上，可以进一步扩充，求得任意两个顶点间的最短路径。只需要将源点由单个顶点扩充为其他的 n-1 个顶点，这样通过更换源点，重复 Dijkstra 算法即可求得每对顶点的最短路径，总的时间复杂度为 $O(n^3)$。

2．每一对顶点之间的最短路径

弗洛伊德（Floyd）提出了从源点逐次绕过其他顶点，以缩短到达终点的求最短路径长度的方法——Floyd 算法。Floyd 算法要求图中不包含带负权值的边组成的回路。如果 n 个顶点的图中任意两个顶点之间存在最短路径，则此路径最多有 n-1 条边。以此为依据，首先考虑计算从顶点 v 到其他顶点 u 的最短路径长度 dist[u]。

Floyd 算法构造一个最短路径长度数组序列 $dist^1[u], dist^2[u], \cdots, dist^{n-1}[u]$。其中 $dist^i[u]$ 是从源点 v 到终点 u 的只经过 i 条边的最短路径的长度，初始值 $dist^1[u] = arcs[v][u]$。该算法的最终目的是计算出 $dist^{n-1}[u]$，然后从 $\{dist^i[u], i=1,2,\cdots,n-1\}$ 中选择一条长度最短的路径，即顶点 v 到顶点 u 的最短路径。

可以用递推方式计算出 $dist^k[u]$，其计算过程如下。

$$dist^1[u] = arcs[v][u]$$
$$dist^k[u] = \min\{dist^{k-1}[u], \min\{dist^{k-1}[w_i] + arcs[w][u]\}\}$$

这里的 arcs[w][u]表示顶点 w 与顶点 u 的直接边的权值。

假设已经求出从顶点 v 到其他顶点 w 的 k-1 条边的最短路径长度为 $dist^{k-1}[w_i]$（i = 0,1,…,n-1），那么，只要通过 min { $dist^{k-1}[w_i]+arcs[w_i][u]$ }（i = 0, 1, …, n-1），就可以计算出从顶点 v 出发，最多经过 k 条边到达终点 u 的最短路径的长度。再将 min{$dist^{k-1}[w_i]+arcs[w_i][u]$}（i=0, 1, …, n-1），与 $dist^{k-1}[u]$比较，数值较小的就是 $dist^k[u]$的值。图 7-24a 给出了一个有向网及其邻接矩阵，图 7-24b 给出了利用 Floyd 算法求从顶点（起点）0 到其他顶点的最短路径过程中的 $dist^k[u]$的更新过程。

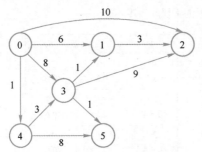

a) 有向网及其邻接矩阵

路径长度 顶点	$dist^k[0]$	$dist^k[1]$	$dist^k[2]$	$dist^k[3]$	$dist^k[4]$	$dist^k[5]$
1	0	6	10	8	1	∞
2	0	6	9	4	1	9
3	0	5	9	4	1	5
4	0	5	8	4	1	5
5	0	5	8	4	1	5

b) 从顶点0到其他顶点的最短路径变化过程

图 7-24　Floyd 算法过程演示

下面是利用 Floyd 算法求最短路径的代码实现。关于算法实现的相应说明，可以参考代码的注释。

算法 7-18　Floyd 算法

```
/*G：最短路径所在的网*/
/*算法无返回值，各个顶点的最短路径长度存放在数组变量 dist 中*/
/*各个顶点的最短路径存放在变量 pathVex 中*/
void ShortestPath (Graph G){
    /*用 Floyd 算法求有向网 G 中各对顶点（v 和 w）之间的最短路径*/
    for(v=0;v<G.vexNum;++v)    /*初始化各对顶点之间已知路径 pathVex 和路径长度 dist*/
        for(w=0;w<G.vexNum;++w){
            dist[v][w]=G.arcs[v][w];
            pathVex[v][w]=-1;
    }
    for(int u=0; u<G.vexNum; ++u)
        for(int v=0; v<G.vexNum; ++v)
            for(int w=0;w<G.vexNum;++w)
                if (dist[v][u]+dist[u][w]<dist[v][w]){   /*从 v 经 u 到 w 的更短的路径*/
                    dist[v][w]=dist[v][u]+dist[u][w];
```

pathVex[v][w]=u;   /*路径设置为经过下标为 u 的顶点*/

      }

  }

Floyd 算法适用于多源最短路径求解，是一种动态规划算法。对于稠密图，效果较佳，边的权值可正可负。对于稠密图，该算法的效率要高于 Dijkstra 算法。由于该算法是三重循环结构，因此其时间复杂度为 $O(n^3)$。由于该算法采用矩阵存储结构，因此其空间复杂度为 $O(n^2)$。

7.6 案例分析与实现

1. 校园交通导航系统

校园交通导航是典型的图的应用场景。图 7-25 是校园交通导航图，包括校园中的各个区域与路线。通过对校园交通导航图的抽象，可以实现校园交通导航系统。可以用顶点代表校园各个地点，顶点包含地点的名称、简介等信息；边表示两个地点之间可以直达；边上的权值表示两个地点之间的里程数。该系统需要实现以下功能。

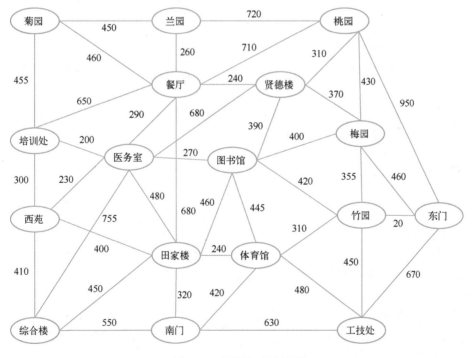

图 7-25　校园交通导航图

- 输入两个地点名，就可以得到从一个地点到达另一个地点的所有简单路径、相应路径的里程数。
- 输入两个地点名，就可以得到它们之间的最短路径，即路程最短的行进方法；如果二者之间无路径可通，就得出两个地点不可相互到达的信息。
- 输入任意一个地点，可以得出该地点到其他所有地点的最短路径。

【系统分析】校园交通导航主要涉及图的存储结构、基本算法和图的典型应用。校园交通导航图的存储结构可以采用图的邻接矩阵。将校园各个地点作为图的顶点，两个地点之间的路线用边及其权值来表示。如果两个地点之间没有直接的通路，则将权值设置为无穷大。该例主要涉及两类算法，一是创建图，包括插入顶点与边的基本算法；二是求解图上最短路径的算法。为了便于数据输入，交通导航图中的地点信息（地点的代码）、交通信息（地点间的里程）都可由文件输入。

【功能设计】用不同的功能模块实现数据存储和交通导航，以下算法用来实现对应的功能。

- 创建无向图，可以采用 7.2.1 节中图的创建方法，主要区别是这里的地点数据不再是简单的字符，而是字符串。
- 求解最短路径问题，可以采用 Dijkstra 算法。
- 求解两点间所有的简单路径问题，可以采用图的深度优先遍历算法，主要不同之处在于，当要返回到前一个顶点时，将该顶点重新设置为"未访问"。

主要数据结构定义及其含义如下。

```
#define MAXVEX 50
#define INFINITY 32768
typedef struct                    /*保存地点信息的结构体*/
{
    int No;                       /*校园地点序号*/
    char name[50];                /*校园地点名*/
    char description[200];        /*地点描述*/
}VexType;
typedef struct                    /*邻接矩阵*/
{
    int arcs[MAXVEX][MAXVEX];     /*边集*/
    VexType vexs[MAXVEX];         /*顶点集*/
    int vexNum;                   /*顶点数目*/
    int arcNum;                   /*边数目*/
}MapGraph;
```

邻接矩阵数据存储在文本文件中，信息格式如下。

- 图中顶点数、边的数目。
- 地点编号、地点名称和地点描述信息。
- 起点、终点以及相应的路径长度。

下面是系统的算法实现，主要包含三个函数，其中 CreateMap 函数主要用来创建校园交通导航图，Dijkstra 函数用来求两个顶点之间的最短路径，DFS 函数用来求任意两个顶点之间的所有路径，各个参数的说明可参考注释。

算法 7-19　校园交通导航系统算法

```
int CreateMap(MapGraph *&G,int vexNum,int arcNum, vexType vexInfo[],int **map) {
    //设置地点之间的路径长度
    G.vexNum = vexNum; G.arcNum = arcNum;
    for(int i = 0; i < vexNum; i++)
    {
        strcpy(G.vexs[i].name,vexInfo[i].name);
```

```
                strcpy(G.vexs[i].description,vexInfo[i].description);
                G.vexs[i].no=vexInfo[i].no;
        }
        for(int i=0; i < vexNum; i++)
                for(int j=i+1; j < vexNum; j++)
                        G.arcs[i][j]=G.arcs[j][i]= *((int*)map + vexNum*i + j);
        }
```

/*采用 Dijkstra 算法求两个顶点之间的最短路径, 参数 G 是图的邻接矩阵, 参数 start 和 end 分别表示
最短路径的起点与终点, path[][MAXVEX]表示最短路径上的所有顶点*/

```
        void Dijkstra(MapGraph *G, int start, int end, int dist[], int path[][MAXVEX]) {
            int mindist, i, j, k, t = 1;
            for(i = 1; i <= G->vexNum; i++) {
                dist[i] = G->arcs[start][i];              /*对 dist 数组初始化*/
                if(G->arcs[start][i] != INFINITY)
                        path[i][1] = start;               /*如果该边存在, 则 path[i][1]为源点*/
            }
            path[start][0] = 1;                           /*start 加入 S 中*/
            for(i = 2; i <= G->vexNum; i++) {    /*寻找各条最短路径*/
                mindist = INFINITY;
                for(j = 1; j <= G->vexNum; j++)
                    if(!path[j][0] && dist[j] < mindist) {
                        k = j;
                        mindist = dist[j];
                    }
                if(mindist == INFINITY)
                        return;
                path[k][0]=1;                             /*找到最短路径, 将该点加入 S 集合中*/
                for(j = 1; j <= G->vexNum; j++) {    /*修改路径*/
                    if(!path[j][0] && G->arcs[k][j] < INFINITY && dist[k] + G->arcs[k][j]
                    < dist[j]) {
                        dist[j] = dist[k]+G->arcs[k][j];
                        t = 1;
                        while(path[k][t]!=0) {
                            path[j][t] = path[k][t];
                            t++;
                        }
                        path[j][t] = k;
                        path[j][t + 1] = 0;
                    }
                }
            }
            for(i = 1; i <= G->vexNum; i++)
                if(i == end)
                        break;
            cout << "\n" << G->vex[start].name<<"到" << G->vex[end].name<<"的最短路线为: ";
            cout << G->vex[start].name;
            for(j = 2; path[i][j] != 0; j++) {
```

```
                cout << "->" << G->vexs[path[i][j]].name;
            }
            cout << "\最短距离为: " <<dist[i];
        }
        /*求两点之间的所有路径，参数 G 是图的邻接矩阵，参数 m 用来记录遍历的顶点数量，参数 start 和
end 分别表示起点与终点*/
        void DFS(MapGraph *G, int m, int start, int end) {
            int j, k;
            for(j = 1; j <= G->vexNum; j++) {
                if(G->arcs[i][j] != INFINITY && visited[j] == 0) {
                    visited[j] = 1;
                    if(j == end) {
                        count++;
                        cout >> count;
                        for(k = 1; k < m; k++) {
                            cout >> G->vexs[stack[k]].name;
                        }
                        cout >> G->vexs[end].name >> endl;
                        visited[j] = 0;
                    } else {
                        stack[m] = j;
                        m++;
                        DFS(G, m, j, end);
                        m--;
                        visited[j] = 0;
                    }
                }
            }
        }
```

2. 最优灌溉问题

最小生成树的应用广泛，下面讨论最小生成树的最优灌溉问题。

问题描述：一位农夫决定给他的 N 块田地（田地的编号为 1,2,…,N）灌溉。给田地灌溉有两种方案：一是直接为要灌溉的每块田地挖一口井，二是修一条管道，使要灌溉的田地和另一块已经有水的田地连接。已知在田地 i 挖一口井的花费是 wellCost[i]，修建一条管道来连接田地 i 和田地 j 的花费是 cost[i][j]。请确定农夫灌溉所有田地所需的最小的总花费。要求输入如下信息。

- 田地的块数：n。
- 为每块田地挖井的费用：wellCost。
- 田地间连接的管道的修建费用：cost。

要求输出一个整数，表示总的费用。

图 7-26 是有四块田地的图的抽象表示，从图中可以看出，四个顶点分别表示四块田地，边的权值表示各个田地之间修建管道的费用。为四块田地挖井的费用分别为 5、4、4、3。田地之间修建管道的费用的矩阵表示如图 7-27 所示。

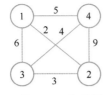

图 7-26　初始网

	①	②	③	④
①	0	2	6	5
②	2	0	3	9
③	6	3	0	4
④	5	9	4	0

图 7-27　管道费用的矩阵表示

【算法分析】这里可以将 n 块田地表示为 n 个顶点，田地之间的修建管道的费用表示为带权的边，这样问题模型转换为一个网。求田地灌溉的最小花费问题，如果不包括挖井，就是简单的最小生成树问题，如图 7-26 所示。但关键问题是挖井应该怎么处理？实际上，这里的费用包括两种，一是挖井的费用，二是田地之间修建管道的费用。可以将这两种费用归为一种，都表示为边的权值。

这里可以用一个新的虚拟的顶点表示井源，该点与所有的顶点都连接，边的权值为相应点的挖井费用，这样转换后的模型如图 7-28 所示，虚拟的顶点用虚线表示。这样，网中就包含了 5 个顶点、10 条边，可在该网中生成最小生成树。在最后的最小生成树中，与虚拟的顶点连接的顶点表示挖井的位置。

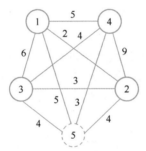

图 7-28　转换后的网

最优灌溉问题的求解算法可直接转换为最小生成树的算法来实现，具体的算法实现可以参考 7.4.3 节中的 Prim 算法。

本章小结

图可用来研究数据元素之间的多对多的关系。在这种结构中，任意两个元素之间可能存在关系，也就是说，图中任意元素之间都可能相关。图包含由边连接的顶点，可以表示真实世界的许多情况，包括飞机航线、交通网和工作调度等。本章主要介绍了图的逻辑结构、图的存储结构、图的遍历和图的典型应用等，具体包括如下内容。

1．图的逻辑结构

- 图的定义和相关术语。
- 图的基本运算。

2．图的存储结构

- 邻接矩阵表示法。
- 邻接链表。

- 邻接多重链表。

3. 图的遍历

图的遍历算法主要有以下两类，其中非递归的深度优先遍历算法可以通过栈实现，广度优先遍历算法可以通过队列实现。

- 图的深度优先遍历。
- 图的广度优先遍历。

4. 构造最小生成树的算法

最小生成树包含图中所有顶点，同时包含能将所有顶点两两连通所需的最少数量的边。构造最小生成树主要有下面两类算法。如果是在不带权的图中，则简单修改深度优先遍历算法就可以生成它的最小生成树。

- Prim 算法。
- Kruskal 算法。

5. 求解最短路径问题的算法

求解网的最短路径问题的关键是使产生的路径的总权值最小。对于单源点的最短路径问题，可以用 Dijkstra 算法解决。如果是大型的稀疏图，则可以采用邻接链表存储结构来求最短路径，相对于邻接矩阵存储结构，邻接链表可以提高算法的运行效率。如果是求解每一对顶点间的最短路径问题，则可以采用 Floyd 算法解决。求最短路径的算法主要有以下两类。

- Dijkstra 算法。
- Floyd 算法。

习题

一、填空题

1. 在图结构中，前趋结点和后继结点之间分别存在着_____和_____的联系。

2. 若一个图的顶点集为 {a,b,c,d,e,f}，边集为 {(a,b),(a,c),(b,c),(d,e)}，则该图含有_____个连通分量。

3. 设图 G 的顶点数为 n，边数为 e，第 i 个顶点的度为 $D(v_i)$，则 e=_____（即边数与各顶点的度之间的关系）。

4. 对于有向图，顶点的度分为入度和出度，以该顶点为终点的边的条数称为该顶点的_____，以该顶点为起点的边的条数称为该顶点的_____。

5. 无向完全图 G 采用_____存储结构较省空间。

6. 对于有 n 个顶点的无向连通图，无论其生成树的形态如何，所有生成树中都有且仅有_____条边。

7. 对于 n 个顶点、e 条边的无向图，其邻接链表表示法需要_____个结点。

8. 在无向图 G 的邻接矩阵 A[i][j]中，若 A[i][j]等于 1，则表示顶点 i 与顶点 j 之间有_____。

9. 在无向图中，如果从顶点 v 到顶点 v′有路径，则称 v 和 v′是_____。

10. 图的两种遍历算法是_____和_____。

11. 判断一个有向图中是否含有回路的方法为_____。

12. 常见的两种构造最小生成树的算法：_____算法和_____算法。

13. 在求最小生成树的两种算法中，_____算法适合稀疏图。

14. 设有一稀疏图 G，则 G 采用_____存储结构比较节省空间。

15. 对于有 n 个顶点、e 条边的有向图，其邻接链表表示法需要_____个结点。

二、选择题

1. 用邻接矩阵 A 表示有向图 G 的存储结构，则有向图 G 中顶点 i 的入度为（   ）。
    A. 第 i 行非 0 元素的个数之和　　　　　　B. 第 i 列非 0 元素的个数之和
    C. 第 i 行 0 元素的个数之和　　　　　　　D. 第 i 列 0 元素的个数之和

2. 在一个有向图中，所有顶点的入度之和等于所有顶点的出度之和的（   ）倍。
    A. 1/2　　　　　　　B. 1　　　　　　　C. 2　　　　　　　D. 4

3. 一个具有 n 个顶点的有向图的边数最多有（   ）条。
    A. n　　　　　　　B. n(n−1)　　　　　C. n(n−1)/2　　　D. 2n

4. 连通图 G 中有 n 个顶点，G 的生成树是（   ）的连通子图。
    A. 包含 G 的所有顶点　　　　　　B. 包含 G 的所有边
    C. 不必包含 G 的所有顶点　　　　D. 包含 G 的所有顶点和所有边

5. 有 8 个结点的有向完全图有（   ）条边。
    A. 14　　　　　　　B. 28　　　　　　　C. 56　　　　　　　D. 112

6. 深度优先遍历类似于二叉树的（   ）。
    A. 中序遍历　　　　B. 先序遍历　　　　C. 后序遍历　　　　D. 层次遍历

7. 广度优先遍历类似于二叉树的（   ）。
    A. 后序遍历　　　　B. 中序遍历　　　　C. 先序遍历　　　　D. 层次遍历

8. 任何一个无向连通图的最小生成树（   ）。
    A. 只有一棵　　　　　　　　　　　B. 有一棵或多棵
    C. 一定有多棵　　　　　　　　　　D. 可以不存在

9. 一个无向连通图有 5 个顶点、8 条边，则其生成树将要去掉（   ）条边。
    A. 3　　　　　　　　B. 4　　　　　　　C. 5　　　　　　　D. 6

10. 下面关于图的论述中，正确的是（   ）。
    A. 邻接表法只能用于有向图的存储，相邻矩阵法对于有向图和无向图的存储都适用
    B. 任何有向图网络拓扑排序的结果是唯一的
    C. 有回路的图不能进行拓扑排序
    D. 无向连通网络的最小生成树是唯一的

11. 下列有关图中路径的定义，表述正确的是（   ）。
    A. 路径是顶点和相邻顶点成对构成的边形成的序列
    B. 路径是不同顶点形成的序列
    C. 路径是不同边所形成的序列
    D. 路径是不同顶点和不同边所形成的集合

12. 对于一个具有 n 个顶点和 e 条边的无向图，采用邻接链表表示，则表头向量大小为（ ）。

    A．n-1   B．n+1   C．n   D．n+e

13. 在图的表示法中，表示形式唯一的是（ ）。

    A．邻接矩阵表示法   B．邻接链表表示法

    C．逆邻接链表表示法   D．邻接链表和逆邻接链表表示法

14. 最小生成树的构造可使用（ ）算法。

    A．Prim 算法   B．Floyd 算法   C．哈夫曼算法   D．Dijkstra 算法

15. 下面关于图的存储结构的叙述中，正确的是（ ）。

    A．用邻接矩阵存储图，占用空间大小只与图中顶点数有关，而与边数无关

    B．用邻接矩阵存储图，占用空间大小只与图中边数有关，而与顶点数无关

    C．用邻接链表存储图，占用空间大小只与图中顶点数有关，而与边数无关

    D．用邻接链表存储图，占用空间大小只与图中边数有关，而与顶点数无关

16. 设图 G 有 n 个顶点和 e 条边，进行广度优先遍历的时间复杂度至多为（ ）。

    A．$O(e^n)$ B．$O(e \times \log_2 n)$ C．$O(n+e)$ D．$O(n \times e)$

17. 具有 10 个顶点的有向完全图应具有（ ）。

    A．20 条边   B．50 条边   C．90 条边   D．100 条边

18. 设图的邻接矩阵为 $\begin{bmatrix} 0 & 1 & 1 \\ 0 & 0 & 1 \\ 0 & 1 & 0 \end{bmatrix}$，则该图为（ ）。

    A．有向图   B．无向图   C．强连通图   D．完全图

19. 连通分量是（ ）的极大连通子图。

    A．树   B．图   C．无向图   D．有向图

20. 对于稀疏无向图，适合（ ）。

    A．邻接矩阵表示法   B．邻接链表表示法

    C．逆邻接链表表示法   D．邻接链表和逆邻接链表表示法

三、简答题

1. 简单描述图、有向图、无向图、有向完全图、无向完全图、回路、简单路径、连通图、连通分量和生成树。

2. 已知无向图 G 的邻接矩阵如下所示，请画出相应的无向图。

$$
\begin{array}{c|ccccc}
 & v_0 & v_1 & v_2 & v_3 & v_4 \\
\hline
v_0 & 0 & 1 & 0 & 1 & 0 \\
v_1 & 1 & 0 & 1 & 0 & 1 \\
v_2 & 0 & 1 & 0 & 0 & 0 \\
v_3 & 1 & 0 & 0 & 0 & 0 \\
v_4 & 0 & 1 & 0 & 0 & 0
\end{array}
$$

3. 已知下列所示的有向图的邻接矩阵存储结构，解答下列问题。

1）给出每个顶点的出度和入度。

2）给出强连通分量。

$$\begin{array}{c} \quad\ v_0 \quad v_1 \quad v_2 \quad v_3 \quad v_4 \\ \begin{array}{c} v_0 \\ v_1 \\ v_2 \\ v_3 \\ v_4 \end{array} \left[\begin{array}{ccccc} \infty & 7 & 10 & 11 & \infty \\ 7 & \infty & 3 & \infty & 12 \\ 10 & 3 & \infty & 4 & \infty \\ 11 & \infty & 4 & \infty & 9 \\ \infty & 12 & \infty & 9 & \infty \end{array} \right] \end{array}$$

4．根据下面的图，解答下列问题。

1）给出每个顶点的入度和出度。

2）创建图的邻接矩阵。

3）创建图的邻接链表。

4）给出强连通分量。

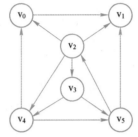

5．已知一无向图有 6 个结点、10 条边，这 10 条边的边集为{(0,1),(0,2),(0,4),(0,5),(1,2),(2,3),(2,4),(2,5),(3,4),(4,5)}。试画出该无向图，并从顶点 0 出发分别写出按深度优先遍历算法和广度优先遍历算法进行遍历的结点序列。

6．根据下面的图，解答下列问题。

1）写出其邻接链表。

2）按照邻接链表进行深度优先遍历，并给出遍历的顶点序列。

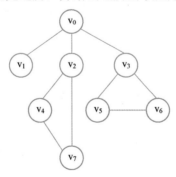

7．已知一个无向图的顶点集为{ a,b,c,d,e }，其邻接矩阵如下，解答下列问题。

1）画出该无向图。

2）画出它的一棵最小生成树。

$$\begin{array}{c} \quad\ v_0 \quad v_1 \quad v_2 \quad v_3 \quad v_4 \\ \begin{array}{c} v_0 \\ v_1 \\ v_2 \\ v_3 \\ v_4 \end{array} \left[\begin{array}{ccccc} 0 & 1 & 0 & 0 & 1 \\ 1 & 0 & 0 & 1 & 0 \\ 0 & 0 & 0 & 1 & 1 \\ 0 & 1 & 1 & 0 & 1 \\ 1 & 0 & 1 & 1 & 0 \end{array} \right] \end{array}$$

8．根据下面所示的图结构，解答下列问题。

1）利用 Kruskal 算法求出最小生成树。

2）指出最小生成树的第一条边。

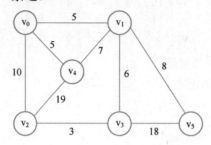

四、算法设计题

1．编写根据无向图 G 的邻接链表，判断图 G 是否连通的算法。

2．编写用邻接链表表示的无向网的插入顶点的算法。

3．编写用邻接链表表示的无向网的插入边的算法。

4．已知 n 个小区间的交通图（含各条路径的长度），现打算在 n 个小区中选一个小区建立一所小学，如何才能使距离学校最远的小区拥有到学校的最短路径？设计一个算法，解决这个问题。

5．根据有向图 G 的邻接链表，分别设计满足以下要求的算法。

1）求出图 G 中每个顶点的出度。

2）求出图 G 中出度最大的一个顶点，输出该顶点的编号。

3）计算图 G 中出度为 0 的顶点数。

4）判断图 G 中是否存在边<i,j>。

第8章　查找

在实际应用中，经常需要查找指定信息。例如，在英汉字典中，查找某个英文单词的中文解释；在《新华字典》中，查找某个汉字的读音、含义；邮递员送信件时要按收件人的地址确定位置；在海量大数据中检索过滤出有效信息等。查找就是为了得到某个信息而进行的操作，利用计算机，信息查询更快捷、方便和准确。在计算机中，要查找特定的数据信息，首先需要在计算机中存储相应的数据，然后按照一定的策略进行检索。本章讨论数据的存储和查找。

1. 知识与技能目标
- ➤ 了解查找的概念与相关术语。
- ➤ 掌握顺序查找的基本方法。
- ➤ 理解哈希表查找的基本思想与特点。
- ➤ 理解冲突的概念与解决方法。
- ➤ 具备评估常用静态查找与动态查找方法性能的能力。
- ➤ 能够编程实现常用哈希表查找算法。

2. 素养目标
- ➤ 培养融会贯通、综合梳理知识与总结的能力。
- ➤ 培养理解算法模块的功能性、稳定性和安全性要求的能力。
- ➤ 培养精益求精的工匠精神。

8.1　查找概述

1. 查找的相关术语

8-1
查找的基本概念

- 查找表：相同类型的数据元素组成的集合，每个元素通常由若干数据项构成。
- 关键字（key）：数据元素中某几个数据项的组合，它可以标识一个数据元素。若某个关键字能唯一标识一个数据元素或记录，则称它为主关键字。将能标识若干数据元素的关键字称为次关键字。
- 查找：在查找表中，依据给定的关键字，确定该关键字在查找表中对应元素所在位置的过程。
- 查找成功或失败：如果在查找表中确定有待查找关键字所对应的元素，表示查找成功，也就是说，查找表中有满足条件的元素；反之，如果不存在满足条件的元素，则查找失败。

2. 查找的分类

根据查找记录所在存储设备的不同，可以将查找分为内部查找和外部查找。
- 内部查找：查找表存储在内存中，整个查找过程都在内存中完成。
- 外部查找：在查找过程中，需要访问外存空间上的数据。

按照查找过程中是否对查找表数据进行更新，可将查找分为静态查找和动态查找。

- 静态查找：在查找时，只对数据元素进行查询或检索，不对数据做修改，查找的长度和值都不做改变。对应的查找表称为静态查找表。
- 动态查找：在实施查找的同时，需要对查找表进行更新。对应的查找表称为动态查找表。例如，当查找的记录不在查找表中时，需要将该记录插入到查找表中；而当查找的记录存在表中时，可能需要从表中删除或更新该记录。

3. 查找方法分类

查找是数据处理过程中重要的一类操作，而一个好的查找方法会大大提高数据查找的速度。

查找的对象是查找表，采用何种查找方法，首先取决于查找表的组织。查找表是记录的集合，而集合中的元素之间是一种完全松散的关系，因此，查找表是一种非常灵活的数据结构，可以用多种方式来存储。根据存储结构的不同，查找方法可分为以下三类。

- 顺序查找：在查找过程中，将给定的关键字与查找表中记录的关键字逐个进行比较，搜索要查找的记录。
- 哈希表查找：在给定哈希函数的基础上，根据给定的关键字直接映射记录在查找表中的位置，从而找到要查找的记录。
- 索引查找：在给定索引表的基础上，根据索引关键字确定待查找记录所在的块，然后从块中找到要查找的记录。

4. 查找方法的评价指标

查找过程中主要的操作是关键字的比较，比较次数是影响查找效率的主要因素。将查找过程中关键字的平均比较次数定义为平均查找长度（Average Search Length，ASL）。将 ASL 作为衡量一个查找算法效率的标准。下面具体讨论平均查找长度的计算方法。

对于一个含 n 个数据元素的表，查找成功时

$$ASL = \sum_{i=1}^{n} P_i C_i$$

式中，P_i 为查找第 i 个元素的概率，不失一般性，认为查找每个记录的概率相等，即 $P_1=P_2=\cdots=P_n=1/n$，且有 $\sum_{i=1}^{n} P_i =1$。C_i 为查找第 i 个数据元素所用的比较次数。不同的查找方法对应不同的 C_i。

一般地，认为记录的关键字是一些可以进行比较运算的类型，如整型、字符型和实型等。本章后续各节涉及的关键字类型默认为整型。

8.2 静态查找

静态查找是数据查找过程中常用的一类查找。本节分别介绍静态查找中的顺序查找、折半查找和索引查找。

8-2
顺序查找

8.2.1 顺序查找

下面介绍顺序查找的基本思想、算法分析和算法实现。

1．顺序查找基本思想

顺序查找是基于线性表的查找，表中元素是可以基于数组顺序存储或以线性链表存储的。顺序查找又称线性查找，是最基本的查找方法之一。如图 8-1 所示，顺序查找是从表的一端开始，逐个将表中关键字与待查找的关键字进行比较的过程，若找到对应关键字，则查找成功，并给出数据元素在表中的位置；若对整个查找表顺序搜索完毕后，仍未找到与待查找关键字相同的关键字，则查找失败，给出查找失败的信息。

图 8-1　顺序查找

2．顺序查找算法分析

顺序查找算法比较简单，主要操作就是对顺序表进行遍历与比较的过程。为了提高检索效率，总是将查找表的第一个单元用来存放待查找的元素，也就是说，查找表中的元素并不包含第一个元素，这个位置称为"监视哨"。"监视哨"的作用是避免查找过程中每次都要检测整个表是否查找完毕的麻烦，这样，在查找过程中，只需要比较关键字，而不需要判断查找表是否越界，提高了查找效率。对于给定顺序表 list，顺序查找的步骤如下。

1）初始化。设置"监视哨"，list.data[0]=key。

2）遍历顺序表。遍历位置范围为 list.last～0，依次从 list.last 的位置向前扫描查找表，比较并返回数据元素所在位置 i。如果不存在对应的数据元素，则返回 0。

3．顺序查找算法实现

下面是顺序查找的算法实现，在顺序表 list 中查找关键字为 key 的数据元素，若找到，则返回元素在顺序表中的下标，否则返回 0。

算法 8-1　顺序查找算法

```
int SeqSearch(SeqList &list，int key) {
    list.data[0] = key；/*设置监视哨，这样，在从后向前查找失败时，不必判断表是否检测完*/
    i=list.last;
    while(list.data[i]!=key)
        i--;
    return  i;
}
```

这里采用平均查找长度来衡量查找算法的效率。平均查找长度是指为确定数据元素在表中的位置所进行的关键字比较的次数的期望值。不失一般性，在长度为 n 的查找表中，设定查找每个记录成功的概率相等，即 $P_i=1/n$，查找第 i 个元素成功的比较次数为 $C_i=n-i+1$。

那么，在顺序表中查找成功时，平均查找长度为

$$ASL = \sum_{i=1}^{n} P_i \times C_i = \frac{1}{n} \sum_{i=1}^{n} (n-i+1) = \frac{n+1}{2}$$

在顺序表中查找失败时，查找每个元素的比较次数都是相同的，都是 n+1 次。若查找成功与不成功的概率相等，即对每个记录查找不成功的概率也是 $P_i=1/n$，则查找不成功的平均查找长度为

$$ASL = \sum_{i=1}^{n} P_i \times C_i = \frac{1}{n}\sum_{i=1}^{n}(n+1) = n+1$$

顺序查找方法简单，算法实现也简单。其缺点是，当 n 较大时，查找效率较低。

8.2.2　折半查找

对于有序表的查找，主要应用折半查找方法。下面介绍折半查找
的基本思想、算法分析和算法实现。

1. 折半查找基本思想

折半查找是基于有序表的查找方法。有序表就是表中数据元素按
关键字升序或降序排列。折半查找就是在查找过程中，查找表长度依次在原有长度基础上缩小
一半的查找方法。首先将待查找关键字与有序表中的中间元素比较大小，然后决定下一次要比
较的元素所在区间。若给定值与中间元素相等，则查找成功；若给定值小于中间元素，则缩小
查找范围，只需要在中间元素的左半区继续查找；反之，则在中间元素的右半区继续查找。不
断重复上述过程，直到查找成功或所查找的数据元素不存在（表示查找失败）时为止。

2. 折半查找算法分析

在给定的有序表 list 中查找关键字为 key 的数据元素，将查找的起始位置用变量 low 表
示，查找的终止位置用变量 high 表示，则折半查找的基本步骤如下。

1）初始化查找区间，设置 low=1，high=last。

2）当 low>high 时，表示表空，查找失败，返回 0。

3）当 low≤high 时，mid=(low+high)/2，mid 为中间元素的位置序号。

● 若 key<list.data[mid]，high=mid−1；转步骤 2），查找在左半区进行。

● 若 key>list.data[mid]，low=mid+1；转步骤 2），查找在右半区进行。

● 若 key=list.data[mid]，返回数据元素在表中位置，表示查找成功。

【例 8-1】　在有序表{22,33,40,45,60,70,75,88,90,96,98}中，查找关键字为 45 的数据元素，
查找过程如图 8-2 所示。

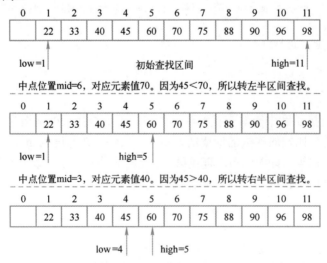

图 8-2　折半查找过程

3．折半查找算法实现

给定有序表 list，在其上查找关键字为 key 的数据元素的折半查找的算法实现如下。若找到元素，则返回元素在表中的位置，否则返回 0。

算法 8-2　折半查找算法

```
Int BinarySearch(int &list，int key) {
    int mid，flag = 0;
    low = 1；high = length;            /*设置初始区间*/
    /*在有效区间中查找关键字 key*/
    while(low <= high) {
        /*非空，进行比较测试*/
        mid = (low + high) / 2;        /*中间元素位置*/
        if(key< ta[mid].key)
            high = mid - 1;            /*在左半区查找*/
        else if (key> ta[mid].key)
            low = mid + 1;             /*在右半区查找*/
            else
                flag = mid；break；    /*查找成功，元素位置设置到 flag 中*/
    }
    return    flag;
}
```

从折半查找过程来看，以有序表的中间元素为比较对象，将有序表一分为二，每次查找的范围都是在原有查找范围的基础上缩小一半，然后在子表上继续查找。所以，对表中每个数据元素的查找过程，可用二叉树来描述，如图 8-3 所示，称这个描述查找过程的二叉树为判定树。

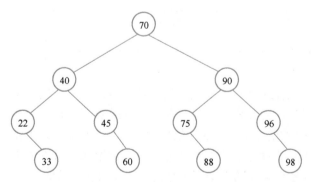

图 8-3　折半查找过程的判定树

将整个查找的关键字按照它在表中的位置，转换成一棵判定树。首先将中间元素作为根结点，然后元素一分为二，分别转换为判定树的左子树和右子树上的元素。查找表中任一元素的过程，是对根结点到查找结点的路径上各个结点的比较过程，比较的次数就是路径的层次数。对于有 n 个结点的查找判定树，设树的深度为 k，则有 $2^{k-1}-1<n\leq2^{k}-1$，即 $k-1<\log_2(n+1)\leq k$，所以 $ASL=\lceil\log_2(n+1)\rceil$。因此，折半查找在查找成功时，所进行的关键字比较次数至多为 $\log_2(n+1)$。

下面讨论折半查找的平均查找长度。设有深度为 k 的满二叉树，其总的结点个数为 n=2^k-1，树的第 i 层有 2^{i-1} 个结点，假设表中每个元素查找成功是等概率的，即 $P_i=1/n$，因此，折半查找的平均查找长度为

$$ASL = \sum_{i=1}^{n} P_i \times C_i = \frac{1}{n}(1 \times 2^0 + 2 \times 2^1 + \cdots + k \times 2^{k-1})$$

$$= \frac{n+1}{n} \log_2(n+1) - 1$$

$$\approx \log_2(n+1) - 1$$

所以，折半查找的时间复杂度为 $O(\log_2 n)$。折半查找方法的优点是效率高，缺点为查找表必须是有序的，而且要求有序表只能是顺序存储结构。

8.2.3 索引查找

索引查找又称分块查找，是一种在顺序查找的基础上进一步改进，将顺序查找与折半查找两种查找方法进行综合考虑的一种查找方法。本节首先讨论索引查找中查找表的组织结构，然后介绍索引查找的基本思想与算法实现。

8-4
索引查找

1. 查找表的组织结构

- 首先将查找表分成若干块，块间的关键字有序，即第 i+1 块的所有记录的关键字均大于（或小于）第 i 块的所有记录的关键字，而块内的各个关键字是无序的。
- 在查找表的基础上，附加一个索引表，索引表是按关键字有序的。索引表中记录的构成如表 8-1 所示。

表 8-1　索引表结构

索引关键字	最大关键字 1	最大关键字 2	…	最大关键字 N
块的起始位置	起始位置序号 1	起始位置序号 i	…	起始位置序号 k

2. 索引查找基本思想

索引查找的基本思想是首先确定关键字所在的块号，然后在确定的块内按照顺序查找的方法查找关键字。也就是说，当要查找关键字为 key 的数据元素时，首先在索引表中查找关键字 key，目的是要确定所查数据元素所在的块的位置；然后在指定位置的块内查找关键字，这时的查找就演变为对顺序表的查找，整个算法实际上就是分别在索引表和块中进行查找的过程。下面通过一个例子来说明索引查找的数据组织结构与查找的基本思想。

【例 8-2】　关键字集合如图 8-4 所示，将它分为三个块，每个块的起始位置分别为 1、6 和 11，每个块中最大关键字分别为 37、62 和 98。构成的索引表指向对应块中的关键字的起始位置。

想要查找关键字为 82 的数据元素，首先在索引表中进行查找，将关键字 82 与索引表中的关键字进行比较，因为 82>37，所以继续和下一个关键字 62 比较，又因为 82>62，所以继续和下一个关键字 98 比较，此时，82<98，待查找关键字有可能在第 3 个块中；然后在块中进行查找，就是从第三个块的起始位置 11 开始顺序查找关键字 82，通过比较查找，可在第 14 个位置查找到关键字 82。

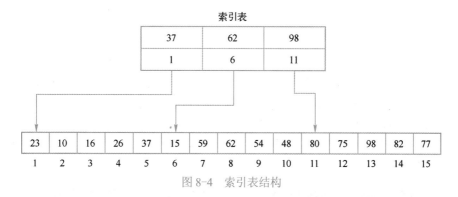

图 8-4 索引表结构

3. 索引查找的算法实现

下面是对索引表查找的算法实现，首先依据给定的顺序表来创建索引表，然后实施索引查找。这里为了便于理解，算法给定长度为 15 的顺序表，将顺序表分为三个块，每个块的长度为 5，并且索引表中的关键字为顺序表中 5 的倍数位置上的关键字，即最大关键字的位置分别为 5、10 和 15。

算法 8-3　索引查找算法

```
/*定义索引表结构*/
struct IndexNode {
    int key;
    int start;
    int end;
};
/*创建索引表 index*/
/*list 为要创建索引表所对应的块*/
/*m 表示需要创建的块数*/
/*n 表示每个块中元素个数*/
int CreateIndex(IndexNode index[],SeqList &list,int m,int n)
    int i, j = -1, k, key;
    /*确认每个块的起始值和终止位置*/
    for(i = 0; i < m; i++) {
        index[i].start = j + 1;
          j += 1;
        index[i].end = j + n-1;
        j += n-1;
        index[i].key = list.data[j];
        cout<<index[i].key<<endl;
    }
    key=164;
    k = search(index ,list,key);
    cout<<k;
    if(k >= 0)
        return k + 1;              /*返回在块中的位置下标*/
    else
        return -1;                /*未查找到，返回-1*/
```

```
    }
    /*遍历索引表，确定 key 所在的块，即块号*/
    int search(IndexNode index[],SeqList &list,int key ) {
        IndexNode index[MAXLEN];
        SeqList list;
         /*list 为{22, 13, 83, 69, 100, 130, 159, 164, 115, 186, 190, 297, 236, 251, 458};*/
        CreateSeqList(list);              /*创建顺序表，元素为块中的数据*/
        CreateIndex(index,list,m,n)       /*依据顺序表，创建索引表*/
        int i, j;
        i = 0;
        while(i <m && key > index[i].key)
            i++;
        if(i >=m)                         /*大于划分的块数，表示没有块包含该关键字，返回-1*/
            return −1;
        cout<<"i="<<i<<endl;
        j = index[i].start;
        while(j <=index[i].end && list.data[j] != key)
            j++;
        if(j >index[i].end)               /*查找范围超过块区间，未查找到，返回-1*/
            j = −1;
        return j;
    }
```

　　索引查找需要在两张表（可将块看成表）中进行查找，首先在索引表中检索块的位置，然后在块中顺序查找。两个表的长度都会影响查找的速度。设表中有 n 个记录，分为 b 个块，每块的记录数为 s，则 b=[n/s]。设记录的查找概率相等，每块的查找概率为 1/b，块中记录的查找概率为 1/s，则索引平均查找长度为

$$ASL = L_b \times L_s = \frac{1}{b}\sum_{j=1}^{b}j + \frac{1}{s}\sum_{i=1}^{s}i = \frac{b+1}{2} + \frac{s+1}{2}$$

式中，L_b 为在块中的平均查找长度，L_s 为在索引表中的平均查找长度。

8.3 动态查找

　　在静态查找中，不能对查找表中的数据进行更新，这里的更新包括插入、删除和修改数据元素。如果在查找过程中，需要对查找的数据元素进行更新，就涉及动态查找。本节主要介绍动态查找中的二叉排序树查找和哈希表查找。

8.3.1 二叉排序树查找

　　本节首先介绍二叉排序树的概念，然后介绍在其上的查找、插入和删除运算。

8-5
二叉排序树 1

1. 二叉排序树

二叉排序树（Binary Sort Tree）或者是一棵空树；或者是具有下列性质的二叉树（见图8-5）。

1）若左子树不空，则左子树上所有结点的值均小于根结点的值；若右子树不空，则右子树上所有结点的值均大于根结点的值。

2）左右子树也都是二叉排序树。

由图 8-5 可以看出，对二叉排序树进行中序遍历，遍历的序列就是一个按关键字有序的序列。这样就可以通过构造二叉排序树来进行查找。

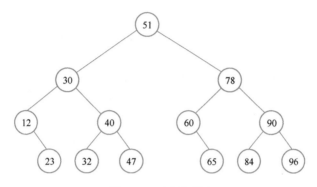

图 8-5　二叉排序树

2．二叉排序树的查找过程

二叉排序树的查找就是先将关键字与根结点比较，再依据比较后的大小关系，确定转到左子树或右子树继续查找的过程。具体查找过程如下。

1）将给定的关键字与二叉排序树的根结点的关键字进行比较，若相等，则查找成功。

2）若给定的关键字与二叉排序树的根结点的关键字不相等，则有下面两种情况。

● 若给定的关键字小于二叉排序树的根结点的关键字，则继续在二叉排序树的左子树上进行查找，回到步骤 1）。

● 若给定的关键字大于二叉排序树的根结点的关键字，则继续在二叉排序树的右子树上进行查找，回到步骤 1）。

3）若待查找的关键字不存在，则在二叉排序树上插入该关键字的结点。

3．二叉排序树的插入过程

在二叉排序树的查找中，有时需要将未查找到的结点插入到二叉排序树中。在二叉排序树中，插入一个新结点，要保证插入结点后的二叉排序树仍是一棵二叉排序树。下面是在二叉排序树中插入一个新结点的基本过程。

1）若二叉排序树为空，则新结点为二叉排序树的根结点。

2）若一个结点的关键字与根结点相等，则不需要插入该结点。

3）若一个结点的关键字小于根结点，则将该关键字所在结点插入到左子树中。

4）若一个结点的关键字大于根结点，则将该关键字所在结点插入到右子树中。

下面通过一个例子来演示如何通过插入结点来构造一棵二叉排序树。

【例 8-3】　记录的关键字序列为 {51,30,78,12,40,60,23,90,20}，构造一棵二叉排序树的过程如图 8-6 所示。

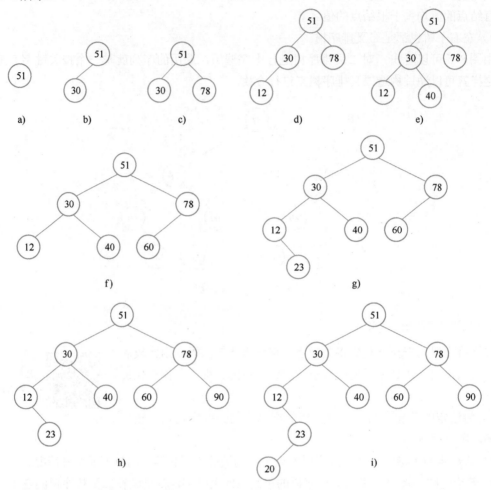

图 8-6　建立二叉排序树的过程

4．二叉排序树的删除过程

在二叉排序树上删除一个结点时，仍然要保证删除后的树为二叉排序树。设被删除结点为 p，其父结点为 f ，依据删除结点所在的位置，有下列三种情况。

1）若 p 是叶子结点，则直接删除 p，如图 8-7a、图 8-7b 所示。

2）若 p 只有一棵子树（左子树或右子树），则直接用 p 的左子树（或右子树）取代 p 的位置而成为 f 的一棵子树，如图 8-7c、图 8-7d 所示，即若原来 p 是 f 的左子树，则 p 的子树成为 f 的左子树；若原来 p 是 f 的右子树，则 p 的子树成为 f 的右子树。

3）若 p 既有左子树又有右子树，则处理方法有以下两种，可以任选其中一种。

● 用 p 的直接前驱结点 s 代替 p，即从 p 的左子树中选择值最大的结点 s，并用它取代 p 的位置（用结点 s 的内容替换结点 p 的内容），然后删除结点 s，如图 8-7e、图 8-7f 所示。s 是 p 的左子树中的最右边的结点且没有右子树，对 s 的删除同 2）。

● 用 p 的直接后继结点 q 代替 p，即从 p 的右子树中选择值最小的结点 q，并将它放在 p 的位置（用结点 q 的内容替换结点 p 的内容），然后删除结点 q，如图 8-7g、图 8-7h 所示。q 是 p 的右子树中的最左边的结点且没有左子树，对 q 的删除同 2）。

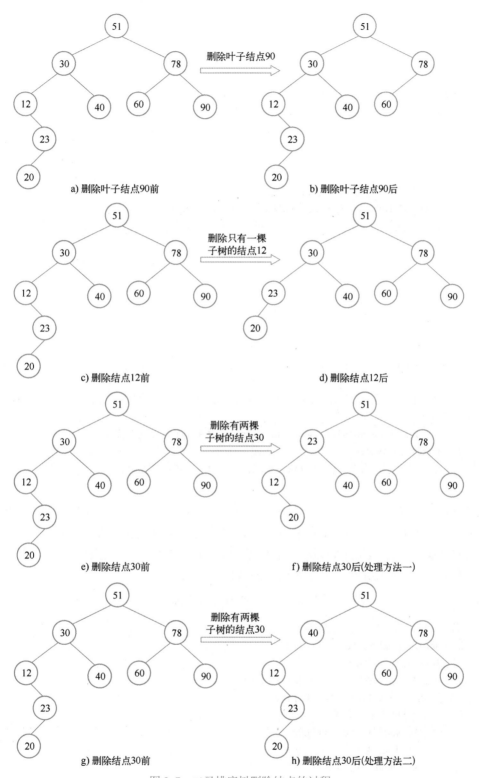

图 8-7　二叉排序树删除结点的过程

5．二叉排序树上的算法实现

二叉排序树上的算法实现包括二叉排序树的查找、插入和删除。

二叉排序树的结点定义和第 6 章中二叉树的结点定义是一致的，这里不再给出说明。

下面是在二叉排序树中查找关键字 key 的算法实现。其中 T 为要查找的二叉树，如果查找成功，则 p 存储找到的结点的地址；如果查找不成功，则存储最后一个访问结点的地址。这里的查找算法与第 6 章提到的二叉树的中序遍历类似，只是增加了判断返回结点的信息。

算法 8-4　二叉排序树查找算法

```
/*在二叉排序树 T 中查找值为 key 的结点*/
int SearchBST(BitNode *T, int key, BitNode *f, BitNode* &p) {
 /*如果 T 为空，则查找失败，返回 0，同时令 p 指向查找过程中最后一个叶子结点*/
    if (T==NULL) {
        p = f;
        return 0;
    }
    /*如果 key 值与 T 的根结点的值相等，令 p 指向该关键字的结点，并返回 1*/
    if (key == T->data) {
        p = T;
        return 1;
    }
    /*如果 key 值比 T 的根结点的值小，则查找其左子树；反之，查找其右子树*/
    if (key < T->data)
        return SearchBST(T->lchild, key, T, p);      /*在左子树递归查找*/
    if (key > T->data)
        return SearchBST(T->rchild, key, T, p);      /*在右子树递归查找*/
}
```

下面是在二叉排序树中插入关键字 key 的算法实现，其中 T 为二叉排序树，如果插入成功，则返回 1，否则返回 0。在进行插入操作前，首先需要判断关键字 key 是否存在，如果已经存在，则取消操作。这里的插入算法与第 6 章中提到的二叉树的中序创建二叉树算法类似，只是增加了是创建左子树还是创建右子树的判断条件。

算法 8-5　二叉排序树插入算法

```
/*在二叉排序树 T 中插入关键字为 key 的结点 p*/
int InsertBST(BitNode* &T, int key) {
    BitNode *p = NULL;
    /*如果查找不成功，则需要做插入操作*/
    if (!SearchBST(T, key, NULL, p)) {
        /*初始化插入结点*/
        BitNode *s = new BitNode;
        s->data = key;
        s->lchild = NULL;
        s->rchild = NULL;
        /*如果 p 为 NULL，则说明该二叉排序树为空树，此时插入的结点为整棵树的根结点*/
        if (p == NULL)
```

```
                T = s;
    /*如果 p 不为 NULL，则 p 指向查找失败的最后一个叶子结点*/
    /*只需要通过比较 p 和 key 的值来确定 s 到底是 p 的左子结点还是右子结点*/
        else if (key< p->data)
                    p->lchild = s;
            else
                p->rchild = s;
        return 1;
    }
    /*查找成功，表示二叉排序树中已存在该关键字，不需要再进行插入操作，直接返回 0*/
    return 0;
}
```

下面是在二叉排序树中删除关键字为 key 的结点的非递归算法实现，其中 T 为二叉排序树，如果删除成功，则返回 1，否则返回 0。在进行删除操作前，首先需要判断结点是叶子结点还是只有一棵子树或者两棵子树，确保删除后的二叉树还是一棵中序有序二叉树。

算法 8-6 二叉排序树中删除指定结点的非递归算法

```
/*在二叉排序树中删除给定的结点 p*/
int DeleteBST(BitNode* &p)
{
    BiTree q, s;
    /*结点 p 本身为叶子结点，直接删除即可*/
    if (p->lchild==NULL && p->rchild==NULL) {
        //删除结点 p;
        p = NULL;
        return 1;
    }
    else if (p->lchild==NULL ) {          /*左子树为空，用结点 p 的右子树根结点代替 p 即可*/
        q = p;
        p = p->rchild;
        delete(q);
        return 1;
        }
            else if (p->rchild==NULL) {    /*右子树为空，用结点 p 的左子树根结点代替 p 即可*/
                q = p;
                p =p->lchild;
                delete(q);
                return 1;
    /*这里不是指针 p 指向左子树，而是将左子树存储的结点的地址赋值给指针变量 p*/
                }
                else {/*左右子树均不为空，采用第 2 种处理方式*/
                    q = p;
                    s = p->lchild;
                    /*遍历，找到结点 p 的直接前驱结点*/
                    while (s->rchild){
                        q = s;
                        s = s->rchild;
```

```
        }
        /*直接改变结点 p 的值*/
        p->data = s->data;
        /*判断结点 p 的左子树 s 是否有右子树，分为两种情况讨论*/
        if (q!= p)
            q->rchild = s->lchild;
/*若有，则在删除直接前驱结点的同时，令前驱结点的左子树结点改为 q 指向结点的孩子结点*/
        else
            q->lchild = s->lchild;  /*否则，直接将左子树上移即可*/
        delete(s);
        return 1;
    }//结点删除完成
    return 0;
}
```

下面是在二叉排序树中删除关键字为 key 的结点的递归算法实现，其中 T 为二叉排序树，如果删除成功，则返回 1，否则返回 0；删除过程中需要判断关键字 key 的三种情况：它为叶子结点、只有一棵子树、有两棵子树。

算法 8-7　二叉排序树中删除指定结点的递归算法

```
/*在二叉排序树中删除关键字为 key 的结点*/
int DeleteBST(BitNode* &T, int key){
    if (T == NULL)          /*不存在关键字等于 key 的数据元素*/
        return 0;
    else{
    if (key == T->data) {
            Delete(T);
            return 1;
        }
        else if (key < T->data)
                return DeleteBST(T->lchild, key);     /*递归左子树*/
            else
                return DeleteBST(T->rchild, key);     /*递归右子树*/
    }
}
```

对给定序列建立二叉排序树，若左右子树均匀分布，则其查找过程类似于有序表的折半查找。但若给定序列原本有序，则建立的二叉排序树就变为单链表，其查找效率与顺序查找一样。因此，对均匀分布的二叉排序树进行插入或删除结点操作后，应对它进行调整，使它依然保持均匀分布。

8.3.2　哈希表查找

8-7
哈希表

前面讨论的查找方法，如顺序查找、折半查找和二叉排序树查找等，其共同特点是通过对关键字与给定值的比较来确定位置。查找某个关键字的效率，取决于关键字在表中的位置。本节介绍哈希表查找方法，该方法不经过关键字的比较，一次存取就能获取所要查找的数据元素。

1．哈希表的概念

理想的查找方法是依据关键字直接得到其对应的数据元素存储位置，即要求关键字与数据元素间存在一一对应关系，这样，需要在记录的存储位置与该记录的关键字之间建立一种确定的对应关系，使每个记录的关键字与一个存储位置相对应。

【例 8-4】 有 9 个元素的关键字序列为{17,22,10,16,36,6,38,12,41}，选取关键字与元素位置间的函数为 f(key)=key mod 9，通过这个函数，对 9 个元素建立哈希表，如图 8-8 所示。

0	1	2	3	4	5	6	7	8
36	10	38	12	22	41	6	16	17

图 8-8 哈希表

在这种查找方法中，只要先将给定值 key 通过这个函数计算出地址，再将 key 与该地址单元中元素的关键字比较，一次存取就能得到元素。下面具体说明什么是哈希表查找方法。

哈希表查找方法：利用哈希函数的映射，从关键字空间到存储位置空间建立一种映射关系，由同一个函数对给定值 key 计算地址，将 key 与地址单元中元素关键字进行比较，确定查找是否成功。

应用哈希函数，由记录的关键字确定记录在表中的位置信息，并将记录根据此信息放入表中，这样构成的表称为哈希表。

对于有 n 个数据元素的集合，总能找到关键字与存储地址一一对应的函数。若最大关键字为 m，则可以分配 m 个数据元素存储单元，选取函数 f(key)=key 即可，但这样会造成存储空间的很大浪费。除特别简单的应用以外，在大多数情况下，构造出的哈希函数是多对一的关系（非单射函数），即可能有多个不同的关键字，它们对应的哈希函数值是相同的，这意味着不同记录由哈希函数确定的存储位置是相同的，这种情况被称为冲突。可以说，冲突不可能避免，只能尽可能减少。所以，哈希表查找方法需要注意以下事项：

● 构造好的哈希函数；
● 函数性能尽可能高，以便提高转换速度；
● 所选函数对关键字计算出的地址，应在哈希地址集中大致均匀分布，以减少空间浪费；
● 制定解决冲突的方案。

产生冲突，主要与表的长度、记录的个数和采用的哈希函数等因素有关。当冲突出现时，应给出相应的解决冲突的方法。方法选择的好坏也将影响发生冲突的可能性。在实际应用中，应尽量选择"均匀"的哈希函数来减少冲突。

2．哈希函数的构造方法

在构造哈希函数时，主要目标有以下两个。

● 哈希地址尽可能均匀分布在表空间中，关键字的分布均匀性好。
● 哈希地址计算尽量简单。

为达到以上两个目标，一般构造哈希函数时主要考虑以下四个因素。

● 函数的复杂度。函数应尽量简单，以减少计算量。
● 关键字长度与表长的关系。
● 关键字分布情况。

● 元素的查找频率。

常用的构造哈希函数的方法有下列四种。

（1）直接定址法

直接定址法的哈希函数为 Hash(key)=a×key+b（a、b 为常数）。

取关键字或关键字的某个线性函数作为哈希地址，直接定址法所得地址集合与关键字集合大小相等，不会发生冲突。由于它要求地址集合与关键字集合大小相同，因此实际应用机会较少。

【例 8-5】 关键字集合为{20,30,10,60,80}，选取哈希函数为 Hash(key)=key/10+1，则哈希存储结果如图 8-9 所示。

0	1	2	3	4	5	6	7	8	9
		10	20	30			60		80

图 8-9　哈希存储结果

（2）除留余数法

除留余数法的哈希函数为 Hash(key)=key mod p（p 是一个整数）。

取关键字除以 p 的余数作为哈希地址。使用除留余数法，选取合适的 p 很重要，若哈希表表长为 m，则要求 p≤m，且 p 接近 m 或等于 m。p 一般选取质数，也可以是不包含小于 20 的质因子的合数。

（3）平方取中法

以关键字平方值的中间几位作为存储地址。求关键字平方值的目的是扩大差别，同时平方值的中间各位又能受到整个关键字中各位的影响。

【例 8-6】 有如下关键字，通过平方取中法，得到的哈希地址如下。

关键字	关键字的平方值	H(key)
11052501	122157778355001	778
11052502	122157800460004	800
01110525	001233265775625	265
02110525	004454315775625	315

（4）数字分析法

对关键字进行分析，取关键字的若干位或其组合作为哈希地址，此方法仅适合于能预先估计出全体关键字的每一位上各种数字出现的频度的情况。

【例 8-7】 若关键字是仅由英文字母组成的字符串，不考虑大小写，则每位上可能有 26 种不同的字母。数字分析法根据 26 种不同的符号在各位上的分布情况，选取某几位，组合成哈希地址。所选位的标准应是各种符号在该位上出现的频率大致相同。

【例 8-8】 例如，有下面一些文件的关键字，除前两位重复较多以外，其他位上的基本不同，所以可以用其他位上的数字来代表地址，可以作为哈希地址。

关键字	哈希地址
110890	0890
092345	2345
007689	7689
015673	5673
001232	1232
112333	2333

3．处理冲突的方法

在哈希表查找中，冲突的产生是不可避免的，下面介绍常用的解决冲突的方法。

（1）开放地址法

开放地址法是指，由关键字得到的哈希地址一旦产生了冲突，也就是说，该地址已经存放了数据元素，就去寻找下一个空的哈希地址，只要哈希表足够大，空的哈希地址总能找到，就可将数据元素存入。

（2）线性探测法

当冲突发生时，线性探测法通过多次应用哈希函数来确定关键字所在的位置。第 i 次探测的位置 $H_i=(Hash(key)+d_i) \bmod m$（$1 \leqslant i<m$）。其中 $Hash(key)$ 为哈希函数，m 为哈希表长度，d_i 为增量序列 $1,2,\cdots,m-1$，且 $d_i=i$。当第 i 次探测的位置发生冲突时，通过调整增量序列，继续探测下一个位置。下面通过一个例子来说明线性探测的基本过程。

【例 8-9】 关键字序列为 $\{19,27,47,17,30,41,16,92,22\}$，哈希表表长为 9，$Hash(key)=key \bmod 9$，用线性探测法处理冲突，结果如图 8-10 所示。

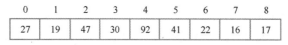

0	1	2	3	4	5	6	7	8
27	19	47	30	92	41	22	16	17

图 8-10　线性探测结果

关键字 19、27、47、17、30、41、16 均是由哈希函数得到的没有冲突的哈希地址而直接存入的。而关键字 92 的哈希地址的确定过程如下。

① $Hash(92)=2$，哈希地址上有冲突，需要寻找下一个空的哈希地址 H_1。

② $H_1=(Hash(92)+1) \bmod 9=3$，哈希地址 3 不为空，产生冲突，不可存入，继续探测下一个位置 H_2。

③ $H_2=(Hash(92)+2) \bmod 9=4$，哈希地址 4 为空，可存入关键字 92。

关键字 22 的哈希地址确定的过程如下。

① $H_1=Hash(22) \bmod 9=4$，哈希地址 4 不为空，产生冲突，不可存入，继续探测下一个位置 H_2。

② $H_2=(Hash(22)+1) \bmod 9=5$，仍然冲突，不可存入，继续探测下一个位置 H_3。

③ $H_3=(Hash(22)+2) \bmod 9=6$，哈希地址 6 为空，可存入关键字 22。

线性探测法可能使第 i 个哈希地址的同义词存入第 $i+1$ 个哈希地址，这样本应存入第 $i+1$ 个哈希地址的元素变成了第 $i+2$ 个哈希地址的同义词。这样可能出现很多元素在相邻的哈希地址上堆积的问题，大大降低了查找效率。为此，可采用二次探测法或双哈希函数探测法，以改善堆积问题。

（3）二次探测法

二次探测法的原理与线性探测法类似，主要区别在于增量序列的不同。二次探测法的增量序列是 $\pm i^2$。第 i 次探测的位置 $H_i=(Hash(key) \pm d_i) \bmod m$（$1 \leqslant i< m$）。其中 $Hash(key)$ 为哈希函数；m 为哈希表长度，m 要求是某个 $4k+3$ 的质数（k 是整数）；d_i 为增量序列：$1^2,-1^2,2^2,-2^2,\cdots,q^2,-q^2$，且 $q \leqslant 2^{m-1}$。

【例8-10】 以关键字序列{19,27,47,30,56,93,22}为例，用二次探测法处理冲突，结果如图8-11所示。

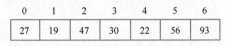

0	1	2	3	4	5	6
27	19	47	30	22	56	93

图8-11 二次探测结果

关键字19、27、47、30均是由哈希函数得到的没有冲突的哈希地址而直接存入的。而关键字56的哈希地址确定的过程如下。

① Hash(56)=2，哈希地址上有冲突，需要寻找下一个空的哈希地址 H_1。

② H_1=(Hash(56)+1) mod 9=3，哈希地址3不为空，产生冲突，不可存入，继续探测下一个位置 H_2。

③ H_2=(Hash(56)-1) mod 9=1，仍然冲突，继续探测 H_3。

④ H_3=(Hash(56)+4) mod 9=5，哈希地址5为空，可存入关键字56。

关键字93的哈希地址确定的过程如下。

① Hash(93)=2，哈希地址上有冲突，需要寻找下一个空的哈希地址 H_1。

② H_1=(Hash(93)+1) mod 9=3，哈希地址3不为空，仍然冲突，继续探测 H_2。

③ H_2=(Hash(93)-1) mod 9=1，哈希地址1不为空，仍然冲突，继续探测 H_3。

④ H_3=(Hash(93)+4) mod 9=6，哈希地址6为空，可存入关键字93。

关键字22的哈希地址的确定过程：H_i=Hash(22) mod 9=4，哈希地址4为空，直接存入。

（4）双哈希函数探测法

双哈希函数探测法就是使用两个哈希函数来处理冲突。第i次探测的位置 H_i=(Hash(key)+i× ReHash(key)) mod m（i=1,2,…,m-1）。其中 Hash(key)、ReHash(key)是两个哈希函数，m为哈希表长度。

双哈希函数探测法，先用第一个函数 Hash(key)对关键字计算哈希地址，一旦产生地址冲突，再用第二个函数 ReHash(key)确定移动的步长因子，最后，通过步长因子序列，由探测函数寻找空的哈希地址。比如，Hash(key)=a 时产生地址冲突，就计算 ReHash(key)=b，则探测的地址序列为 H_1=(a+b) mod m，H_2=(a+2b) mod m……H_{m-1}=(a+b(m-1))mod m。

（5）链地址法

链地址法为每个哈希地址建立一个单链表，存储所有具有同义词的记录。其具体操作过程如下。

将哈希函数得到的哈希地址放在区间[0,m-1]上，以每个哈希地址作为一个指针，指向一个链，相同地址的一组记录构成一个单独的链表。由哈希函数对关键字转换后，映射到同一哈希地址i上的同义词均加入到相应的第i个链表中。

【例8-11】 关键字序列为{39,27,29,26,92,22,8,23,50,37,89,94,13}，哈希函数为 Hash(key)= key mod 13 的映射结果如图8-12所示。

在该例中，设哈希函数产生的哈希地址集区间为[0,12]，则分配下面两个表。

● 基本表：每个单元中只能存放一个元素。

● 溢出表：只要关键字对应的哈希地址在基本表上产生冲突，所有这样的元素就一律存入该表，以链表的形式实现。

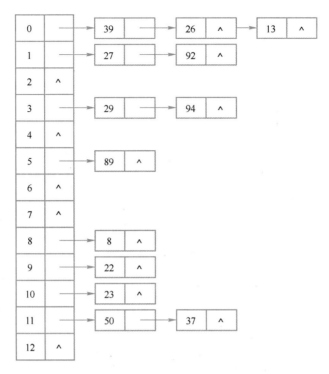

图 8-12　链地址法处理冲突的哈希表

在元素查找时，对于给定值 key，首先通过哈希函数计算出哈希地址 i，并与基本表的值比较，若相等，则查找成功；否则，再到溢出表中以遍历链表的方式继续进行查找。链地址法具有如下特点。

● 冲突处理简单，无堆积现象，平均查找长度较短。
● 较适合于事先无法确定表长的情况。
● 可取α≥1，当结点信息规模较大时，节省空间。
● 删除结点的操作易于实现。

4．哈希表的查找过程及其分析

哈希表的查找过程和构造哈希表的过程类似。一些关键字可通过哈希函数转换的地址直接找到；另一些关键字在哈希函数得到的地址上产生了冲突，需要按处理冲突的方法进行查找。在上面介绍的三种处理冲突的方法中，产生冲突后的查找仍然是给定值与关键字进行比较的过程。所以，对于哈希表查找的效率，依然用平均查找长度来衡量。

在哈希表查找的过程中，关键字的比较次数取决于产生冲突的次数，产生的冲突少，查找效率就高，产生的冲突多，查找效率就低。因此，影响产生冲突多少的因素，也就是影响查找效率的因素。影响产生冲突多少的因素有以下三个。

● 哈希函数是否均匀。
● 处理冲突的方法。
● 哈希表的装填因子。

下面分析这三个因素。尽管哈希函数的"好坏"直接影响冲突产生的频度，但一般情况下，总认为所选的哈希函数是均匀的，因此，可不考虑哈希函数对平均查找长度的影响。从线性探测法和二次探测法处理冲突的例子来看，对于相同的关键字集合、同样的哈希函数，在数据元素查找等概率情况下，它们的平均查找长度却不同。下面分析装填因子对平均查找长度的影响。

哈希表的装填因子定义：

$$\alpha = 表中填入的记录数/哈希表的长度$$

其中α是哈希表装满程度的标志因子。由于表长是定值，α与"填入表中的元素个数"成正比，因此，α越大，填入表中的元素越多，产生冲突的可能性就越大；α越小，填入表中的元素越少，产生冲突的可能性就越小。下面给出 3 种处理冲突方法的平均查找长度。

（1）线性探测法

$$ASL_{成功} \approx \frac{1}{2}\left(1 + \frac{1}{1-\alpha}\right)$$

$$ASL_{不成功} \approx \frac{1}{2}\left(1 + \frac{1}{(1-\alpha)^2}\right)$$

（2）二次探测法

$$ASL_{成功} \approx -\frac{1}{\alpha}\ln(1-\alpha)$$

$$ASL_{不成功} \approx \frac{1}{1-\alpha}$$

（3）链地址法

$$ASL_{成功} \approx 1 + \frac{\alpha}{2}$$

$$ASL_{不成功} \approx \alpha + e^{-\alpha}$$

哈希表查找方法存取速度快，也较节省空间，静态查找、动态查找中均适用，但由于其存取是随机的，因此，不便于顺序查找。

8.4 案例分析与实现

1. 猜数游戏

某电商平台有一组关于销售业绩（单位：万元）的数据{17,24,54,170,275,303,409,492,503,512,577,665,697,808}，业绩在年底对所有销售人员公开。甲、乙和丙三人的销售业绩分别为 492 万元、275 万元与 409 万元，想让三人分别猜测各自的业绩，三人各自至少猜几次？

通过观察，不难发现，整个销售业绩数据是有序的，可以通过折半的方式猜测。图 8-13 是对该组数据折半查找的查找分析树。在该查找分析树中，矩形表示空，即该结点不存在，如值为 170 的结点，它的左、右子结点不存在，都为空。从中可以看出，甲需要猜测 4 次，乙需要猜测 3 次，丙猜测 1 次即可。

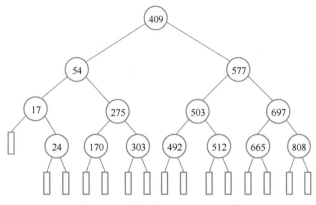

图 8-13 折半查找的查找分析树

2. 拼写检查器

在各类文档编辑中,拼写检查器已经成为一种默认的工具。从计算机的角度来看,一个基本的拼写检查器的工作原理就是简单地将文本字符串中的一个单词与字典中的单词进行比对。字典包含可接受的单词集合,也就是多个文本字符串,这些字符串按照首字符优先或其他规则已排好序。请设计并编写一个拼写检查器程序,实现单词的拼写检查功能。

字典是多个字符串的集合,只要将待检查的单词与字典中的字符串依次比较,即可判断出该单词是否拼写正确。另外,字典中包含的多个字符串是有序的,这样可以通过折半的方式在字典中进行比较,可提高拼写检查的效率。可以设计一个函数 spell(),它一次检查一个文本字符串中的单词。它有三个参数,各个参数含义如下。

- dictionary:一个可接收的有序字符串数组。
- size:字典中字符串的个数。
- word:将要被检查的单词。

Spell()调用二分查找方法 BinarySearch(),该方法在字典集 dictionary 中查找指定的单词 word,如果单词找到,拼写正确,那么该方法返回 1,否则返回 0。

算法 8-8 拼写检查算法

```
int Spell(char(*dictionary)[SPELL_SIZE],int size,const void *word){
    /*查找单词*/
    if(BinarySearch(dictionary, word, size, SPELL_SIZE, compare_str)>=0)
        return 1;
    else
        return 0;
}
/*二分查找方法*/
int BinarySearch (void *sorted, const void *target, int size, int esize,
                int (*compare)(const void *key1, const void key2)){
    int left, middle, right;
    /*初始化 left 和 right 为边界值*/
    left = 0;
    right = size - 1;
    /*循环查找,直到左右两个边界重合为止*/
```

```
        while(left<=right)
        {
            middle = (left + right) / 2;
            switch(compare((((char *)sorted + (esize * middle)),target))
            {
            case -1: /*middle 小于目标值*/
            /*移动到 middle 的右半区并查找*/
            left = middle + 1;
            break;
            case 1:   /*middle 大于目标值*/
            /*移动到 middle 的左半区并查找*/
            right = middle - 1;
            break;
            case 0:   /*middle 等于目标值*/
            /*返回目标的索引值 middle*/
            return middle;
            }
        }
        /*目标未找到，返回-1*/
        return -1;
    }
    /*字符串大小比较方法*/
    static int compare_str(const void *str1, const void *str2)
    {
        int retval;
        if((retval = strcmp((const char*)str1,(const char*)str2))>0)
            return 1;
        else if(retval<0)
            return -1;
        else
            return 0;
    }
```

函数 Spell()的时间复杂度为$O(\log_2 n)$，与折半查找的时间复杂度相同，其中 n 是 dictionary 中单词的个数。检查整个文档的时间复杂度是$O(m\log_2 n)$，其中 m 是文档中要检查的单词个数。

3. 员工信息查找

某公司的员工个人基本信息管理系统要求，当有新员工来报到时，需要将该员工的信息，如 ID、性别、年龄、住址等，添加到系统中。当输入某个员工的 ID 时，要求查找到该员工的所有信息。本案例要求不使用数据库，所采用的存储结构需要尽量节省内存，存取速度越快越好，请给出相应的存储解决方案。

本案例的实质要求是实现对象的增、删、改、查，其实，无论是用队列还是用链表，都是可以实现的，但是此处要求存取的速度越快越好，那么哈希表就能在链表的基础上更加提升性能，减少遍历的时间。具体来说，可在一个数组中存放多个链表，如图 8-14 所示。员工信息可存储在链表中，至于具体存放在哪个链表中，可以通过员工 ID 的哈希值得到具体链表在数组中的位置来了解。这里的哈希函数可选取除留余数法来实现，从而获得员工信息所在链表的位置。员工数据量越大，分支的链表就越多，这样的话，存取速度比较快，相对减少的时间是非常可观的。

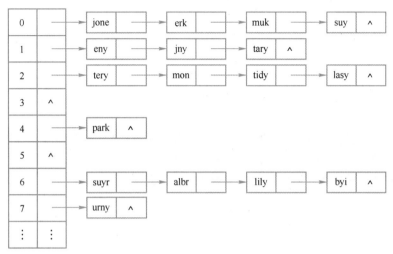

图 8-14　员工哈希表

同一链表中的员工，其员工 ID 通过哈希函数取余后的值是相同的，从中可以看出，jone、erk、muk 和 suy 的员工 ID 通过哈希函数取余后，余数都为 0，而员工 park 得到的余数为 4。通过哈希函数来存储员工信息，在查找的时候，只需要遍历局部的一个单链表，就可以快速进行检索，而不需要在所有的员工信息链表中进行检索。

本章小结

查找是数据处理中常用的基本操作。特别是当查找的对象是一个庞大数据集中的元素时，查找的方法和效率就显得格外重要。本章系统讨论了数据结构中常用的查找方法。本章主要内容如下。

1）查找的概念和相关术语。

2）查找的分类。

3）常用的查找方法：

● 静态查找主要包括顺序查找、折半查找和索引查找；

● 动态查找主要包括二叉排序树查找和哈希表查找。

习题

一、填空题

1. 顺序查找、折半查找、索引查找都属于_____。

2. 二叉排序树是一种_____。

3．动态查找表和静态查找表的重要区别在于，前者包含_____和_____运算，而后者不包含这两种运算。

4．在有 n 个元素的顺序表中进行查找时，若查找成功，则比较关键字的次数最多为_____次；当使用"监视哨"时，若查找失败，则比较关键字的次数为_____。

5．在关键字序列{17,20,32,48,58,66,75,90}中，用折半查找法查找关键字 90，要比较_____次才能找到。

6．在有 20 个记录的有序表中进行折半查找时，查找长度为 5 的元素个数有_____个。

7．在有 15 个记录的有序表中进行折半查找时，查找长度为 4 的元素的下标从小到大依次是_____。

8．在有 n 个记录的有序表中进行折半查找时，最大比较次数是_____。

9．对二叉排序树进行查找的方法是用待查找的值与根结点的值进行比较，若待查找的值比根结点的值小，则继续在_____中查找。

10．在折半查找方法搜索一个线性表时，此线性表必须是_____存储的_____表。

11．哈希表是通过将查找关键字按选定的_____和_____，把结点按查找关键字转换为地址进行存储的线性表。哈希表查找方法的关键是_____和_____。一个好的哈希函数，其转换地址应尽可能_____，而且函数运算应尽可能_____。

12．利用_____法构造的哈希函数肯定不会发生冲突。

13．假定有 k 个关键字互为同义词，若用线性探测法把这 k 个关键字存入哈希表，至少要进行_____次探测。

14．在索引查找中，若索引表和各块内均用顺序查找，则有 900 个元素的线性表最好分成_____块：若分成这些块，则平均查找长度为_____。

15．对于两棵具有相同关键字集合而形状不同的二叉排序树，_____遍历得到的序列的次序是一样的。

二、选择题

1．衡量查找算法效率的主要标准是（　　　）。
    A．元素个数　　　　　　　　　　　　B．平均查找长度
    C．所需的存储量　　　　　　　　　　D．算法难易程度

2．在具有 n 个结点的单链表中查找值为 x 的结点，在查找不成功的情况下，需要平均比较（　　　）次。
    A．n/2　　　　　　B．n　　　　　　C．(n+1)/2　　　　D．(n-1)/2

3．在对有 n 个元素的表进行顺序查找时，若查找每个元素的概率相同，则平均查找长度为（　　　）。
    A．(n+1)/2　　　　B．n/2　　　　　C．n　　　　　　D．n(1+n)/2

4．链表适用于（　　　）查找。
    A．顺序　　　　　　　　　　　　　　B．折半
    C．按位置随机定位查找　　　　　　　D．顺序或折半

5．下面关于折半查找的叙述中，正确的是（　　　）。
    A．表必须有序，表可以顺序方式存储，也可以链表方式存储

B．表必须有序，而且只能从小到大排列

C．表必须有序且表中数据必须是整型、实型或字符型

D．表必须有序，且表只能以顺序方式存储

6．如果对于一个线性表，既能较快地查找，又能适应动态变化的要求，则可以采用（   ）查找方法。

  A．顺序   B．折半   C．索引   D．顺序或折半

7．适用折半查找的表的存储方式及元素排列要求为（   ）。

  A．链接方式存储，元素无序   B．链接方式存储，元素有序

  C．顺序方式存储，元素无序   D．顺序方式存储，元素有序

8．当在一个有序的顺序表中查找元素时，既可用折半查找，又可用顺序查找，前者的查找速度比后者（   ）。

  A．更快   B．更慢

  C．在大部分情况下更快   D．取决于表中元素是递增还是递减

9．折半查找的时间复杂度为（   ）。

  A．$O(n^2)$ B．$O(n)$ C．$O(nlog_2n)$ D．$O(log_2n)$

10．在关键字序列 {8,11,14,38,68,76,85,92} 中，用折半查找法查找关键字 11，要比较（   ）次才找到。

  A．2   B．3   C．4   D．不确定

11．冲突指的是（   ）。

  A．两个元素具有相同序号

  B．两个元素的关键字的值不同

  C．不同关键字的值对应相同的存储地址

  D．两个元素的关键字的值相同

12．下面关于哈希表查找的说法中，正确的是（   ）。

  A．哈希函数的构造越复杂越好，因为随机性更好，冲突更少。

  B．除留余数法是所有构造哈希函数的方法中最好的

  C．不存在特别好与坏的哈希函数，要视情况而定

  D．若需要在哈希表中删去一个元素，只要简单地将该元素删去

13．设哈希表表长为 14，哈希函数是 H(key)=key%11，表中已有数据的关键字集合为 {15,38,61,84}，现要将关键字为 49 的结点加到表中，用二次探测法解决冲突，则放入的位置是（   ）。

  A．8   B．3   C．5   D．9

14．在哈希表查找中，k 个关键字具有同一哈希值，若用线性探测法将这 k 个关键字对应的记录存入哈希表，至少要进行（   ）次探测。

  A．k   B．k+1   C．k(k+1)/2 D．k(k+1)/2+1

15．设顺序表的长度为49，则顺序查找的平均比较次数为（   ）。

  A．48   B．25   C．24   D．不确定

三、简答题

1．设单链表的结点是按关键字从小到大排列的，试写出对此链表的查找算法，并说明是否

可以采用折半查找。

2．哈希表存储的基本思想是什么？

3．哈希表存储中解决冲突的基本方法有哪些？其基本思想是什么？

4．哈希表查找方法的平均查找长度取决于什么？是否与结点个数有关？

5．在采用线性探测法处理冲突的哈希表中，所有同义词在表中是否一定相邻？

6．在一个用开放地址法解决冲突的哈希表上，试设计一个删除一个指定结点的算法。

7．设有一个关键字序列{16,01,30,21,55,27,84,27}，采用哈希函数 H(key)=key mod 7，哈希表表长为 10，用开放地址法的二次探测法 H_i=(H(key)+m+d_i) mod 10 解决冲突。要求对该关键字序列构造哈希表，并计算查找成功的平均查找长度。

8．采用哈希函数 H(k)=3k mod 13，并用线性探测法处理冲突，在哈希地址空间［0～12］中对关键字序列{35,41,53,46,43,26,67,64}构造哈希表。

9．用关键字序列{46,88,45,39,70,58,101,10,66,34}建立一个二叉排序树，并画出该树，然后求等概率情况下查找成功的平均查找长度。

10．依次输入关键字序列{30,15,28,20,24,10,12,68,35,50,46,55}中的元素，生成一棵二叉排序树。

四、算法设计题

1．编写一个判别给定二叉树是否为二叉排序树的算法。

2．编写实现折半查找的递归算法。

3．在用除留余数法构造哈希函数并用线性探测法解决冲突的哈希表中，写一个删除关键字的算法，要求将所有可以前移的元素前移以填充被删除的空位，以保证探测序列不断裂。

4．在一个有 n 个记录的二叉排序树中，编写增加一个记录的算法。

5．在二叉排序树中，编写一个删除一个结点的算法，要求删除结点后的二叉树仍为二叉排序树。

第9章 排序

在实际信息处理过程中，一旦建立了一个重要的数据库，就可能根据需要对数据进行排序，以便在排序后的数据中发现一些明显的特征或趋势，从而找到解决问题的线索。例如，对顾客按照消费需求排序、对城市按人口增长率排序等。除此之外，排序还有助于对数据检查纠错，以及为重新归类或分组等提供方便。在某些场合，排序本身就有分析目的，如每年都要在全世界范围内排出 500 强企业，相关企业通过这一信息，不仅可以了解自己企业所处的地位，还可以从一个侧面了解到竞争对手的状况，从而有效制定企业的发展规划和战略目标。对批量数据分析的前提是对数据排序，本章将系统讨论数据排序的策略和方法，并对各类排序方法进行综合评价。

1. 知识与技能目标
➢ 了解排序的定义、稳定性、算法评价标准和分类。
➢ 掌握直接插入排序、希尔排序、冒泡排序、快速排序、简单选择排序、树形选择排序、堆排序、归并排序和基数排序的基本思想。
➢ 了解排序方法的时间复杂度和空间复杂度。
➢ 能够编程实现常用排序算法。
➢ 具备利用常用排序方法解决实际问题的能力。

2. 素养目标
➢ 具备良好的钻研能力与丰富的想象力。
➢ 养成学习数据结构中专业外语词汇的习惯。
➢ 锻炼比较、分类的逻辑思维，提高信息提取的效率。
➢ 树立规则有序的思想，养成遵规守纪和有序的生活习惯。

9.1 排序概述

排序是在计算机内经常进行的一种操作，其目的是将一个无序的记录序列按照某个给定的关键字调整为有序的记录序列的过程。下面介绍排序的定义、稳定性、算法评价标准、分类和相关排序的基本操作。

9-1
排序基本概念

1. 排序的定义

排序是将一组任意次序的记录，如年度报表、年度销量和学生成绩记录等数据，重新排列成按关键字有序的记录序列的过程。

对于给定的一组记录的关键字序列 $\{K_1,K_2,\cdots,K_n\}$，通过排序，使得这组记录按照关键字大小重新排列为升序或降序序列。需要重新确定一个整数序列 $\{p_1,p_2,\cdots,p_n\}$，使上述相应的关键字序列满足递增关系，即得到 $K_{p1} \leqslant K_{p2} \leqslant \cdots \leqslant K_{pn}$ 的序列 $\{K_{p1},K_{p2},\cdots,K_{pn}\}$，这种操作称为排序。例如，将含有 10 个记录的关键字序列 $\{23,55,16,60,40,70,31,87,65,43\}$ 经过比较与移动而重新排列，得到的有序序列为 $\{16,23,31,40,43,55,60,65,70,87\}$。当然，依据实际需要，也可以对关键字序列进行递减关系的排序。

在排序过程中，依据关键字的大小，需要进行记录的两类操作，即比较和移动，比较是指记录之间关键字大小的比较，移动是指根据比较的结果重新调整记录在整个记录序列中所处的位置。

2．排序的稳定性

若序列中的任意两个记录 R_i 和 R_j，其对应关键字 $K_i==K_j$，在排序前，记录 R_i 在记录 R_j（i<j）之前，即 R_i 先于 R_j，排序后的记录序列中仍然是 R_i 在记录 R_j 之前，即在排序之前和排序之后，两个记录的相对位置保持不变，则这种排序方法是稳定的，否则是不稳定的。

如有下列关键字 17,4,-2,49,13,**4**,34，经过排序后为-2,**4**,4,13,17,34,49，那么这个排序方法是不稳定的，因为关键字 **4** 经过排序后，相对位置在另一个 4 之前了。

3．排序算法的评价标准

对于给定的一组记录进行排序，可以有多种方法，如下文将要介绍的冒泡排序和选择排序方法，每一种排序方法的策略和出发点不同，其效率也不同。一般评价排序算法的标准有执行时间和所需的辅助空间，以及算法的稳定性。

若某排序算法所需的辅助空间不依赖问题的规模 n，即空间复杂度是 O(1)，则称它是就地排序，否则是非就地排序。

4．排序的分类

根据待排序的记录数量的不同，以及排序过程中涉及的存储器的不同，排序有不同的分类方法。

- 在待排序的记录不太多时，所有的记录都能存放在内存中以进行排序，这称为内部排序。
- 在待排序的记录比较多时，所有的记录不可能都存放在内存中，排序过程中必须在内、外存之间进行数据交换，这样的排序称为外部排序。

5．排序的基本操作

- 比较两个关键字的大小。
- 按照关键字的大小关系，将记录从一个位置移到另一个位置。

排序算法有许多，但就全面性能而言，还没有一种公认为最好的。每种算法都有其优点和缺点，分别适合不同的数据量和硬件配置。这里侧重讨论排序算法的基本思想和具体实现，待排序的记录直接就是关键字，且采用顺序存储结构，排序要求为升序。

数据的存储可以采用顺序表或链表。在本章中，若不特别说明，则所排序的数据以顺序存储结构方式存储，数据类型为整型，利用一维数组存储。待排序数据定义如下：

```
#define   MAXSIZE   100
int a[MAXSIZE];
```

其中 MAXSIZE 为顺序表最大容量，a 为待排序的记录，这里直接将它表示为记录的关键字。数据最终的排序是升序，排序的数据长度用 n 来表示。

9.2　插入排序

插入排序是以桥牌的思想而完善的排序方法，它在确定某个关键字在排序表中的位置之前，首先假定该关键字前面的所有关键字已排好序，然后将该关键字插入到已排好序的关键字序列的适当位置。本节将介绍插入排序中的直接插入排序和希尔排序。

9.2.1　直接插入排序

1. 直接插入排序的基本思想

直接插入排序是一种比较简单的排序方法，是基于对先选取的关键字确保它有序的一种方法；其基本思想是将关键字序列一分为二，即分为有序区和无序区两部分，整个排序是将无序区里的关键字逐渐插入有序区里，使得有序区不断扩大，而无序区逐步减少，直到所有记录有序为止的过程。

2. 直接插入排序的算法步骤

设有一个由 n 个待排序的记录组成的序列 a，下面是直接插入排序的算法步骤。

1）初始化。设置有序区只有第一个记录，后面的 n-1 个记录组成无序区。

2）比较与移动。将无序区中的第一个记录的关键字 key 依次与有序区中记录的关键字 k_i 进行比较，比较的方向为从有序区的尾端到首端。在比较的过程中，若该关键字 key 不小于要比较的关键字，即 key≥k_i，表示这时判断出关键字 key 所要插入的位置就是 i+1，则将关键字 key 所在的记录插入 i+1 的位置，该趟插入排序完成。如果在比较的过程中，该关键字小于要比较的关键字，即 key<k_i，则将关键字 k_i 后移一个位置。关键字 key 继续与有序区的其他关键字比较。在经过一趟比较后，有序区长度增加 1，无序区长度减少 1。

3）重复步骤 2），直到所有记录都插入有序区中为止。

在经过 n-1 趟比较和移动后，就可以将有 n 个记录的初始序列重新排列成按关键字升序的序列。整个排序过程示例如图 9-1 所示。

	0	1	2	3	4	5	6	7	8	9
i=0		45	60	23	80	40	50	**23**	30	35
i=1	60	45	60	23	80	40	50	**23**	30	35
i=2	23	23	45	60	80	40	50	**23**	30	35
i=3	80	23	45	60	80	40	50	**23**	30	35
i=4	40	23	40	45	60	80	50	**23**	30	35
i=5	50	23	40	45	50	60	80	**23**	30	35
i=6	23	23	**23**	40	45	50	60	80	30	35
i=7	23	23	**23**	30	40	45	50	60	80	35
i=8	23	23	**23**	30	35	40	45	50	60	80

图 9-1　直接插入排序示例

3. 直接插入排序的算法实现

在直接插入排序过程中，为了减少每趟插入排序过程中对有序区进行越界判断的次数，将有序区的 0 号位置设置为"监视哨"位置。设有序区为 a[1]～a[i-1]，无序区为 a[i]～a[n]，将无序区中的第一个记录 a[i]插入有序区中，主要有下列两个操作。

1）将待插入记录 a[i]保存在 a[0]中，即 a[0]=a[i]。

2）按照下面代码中的方式搜索要插入的位置。

```
j=i-1;                  /*j 指向搜索位置*/
while (a[0] <a[j]) {
    a[j+1]=a[j];        /*后移关键字值大于 a[0]的记录*/
    j=j-1;              /*将 j 指向前一个记录，作为下一次比较的记录位置*/
}
a[j+1]=a[0];            /*将 a[0]放置在第 j+1 个位置上*/
```

下面是直接插入排序的算法实现，其中数组 a 为待排序的关键字序列，n 为待排序的关键字的个数。

算法 9-1   直接插入排序算法

```
void InsertSort (int a[], int n) {
    for (i = 2; i <= n; i++) {          /*需要 n-1 趟*/
        a[0] = a[i];                     /*将 a[i]赋予监视哨*/
        j = i - 1;
        while (a[0].key < a[j].key) {     /*搜索插入位置*/
            a[j + 1] = a[j];
            j = j - 1;
        }
        a[j + 1] = a[0];                 /*将原 a[i]中的记录放到第 j+1 个位置*/
    }
}
```

直接插入排序算法简单、容易实现。直接插入排序中的一个重点是"监视哨"的引入，"监视哨"用于临时存储和判断数组边界。其时间复杂度为 O(n²)。因为只需要一个记录大小的辅助空间，就是将 a[0]用于暂时存放待插入的记录，所以其空间复杂度为 O(1)。当待排序记录较少时，排序速度较快。但是，当待排序的记录数量较大时，大量的比较和移动操作将使直接插入排序算法的效率降低。当待排序的数据元素基本有序时，效率会有所提高。如果元素本身就是升序序列，则只需要比较 n-1 次，移动次数为 0。对于有 n 个记录的排序表，算法时间复杂度为 O(n)。在排序过程中，相同元素的相对位置不变。如果两个元素相同，则插入元素放在相同元素后面，这是一种稳定的排序方法。

算法中的 a[0]在开始时并不存放任何待排序记录，引入的作用主要有两个：一是不需要增加辅助空间，只要保存当前待插入的记录 a[i]，a[i]就会因为记录的后移而被占用；二是可以保证查找插入位置的内循环总可以在超出循环边界之前找到一个等于当前记录的记录，即起监视作用，避免内循环中每次都要判断 j 是否越界。

9.2.2 希尔排序

9-3
希尔排序

1. 希尔排序的基本思想

从直接插入排序的介绍可知，当待排序记录基本有序时，直接插入排序算法效率较高。基于此种思想，可以将待排序的记录划分成几组，对每个组进行直接插入排序，从而减少参与直接插入排序的数据量和空间移动的时间，当经过几次分组排序后，记录的排列已经基本有序，这个时候再对所有的记录实施直接插入排序。这种缩小增量的直接插入排序方法，就是希尔排序方法。

2. 希尔排序的算法步骤

设有一个由 n 个待排序的记录组成的序列 a，下面是希尔排序的算法步骤。

1）记录分组。假设待排序的记录数为 n，以记录间的距离 d（步长因子）为划分标准，将距离相同的记录划分为一组。例如，先取整数 d=n/2，将所有距离为 d 的记录构成一组，从而将整个待排序记录序列分割成 d 个子序列，即将记录划分为 d 个组。

2）组内排序。对每个分组分别进行直接插入排序。

3）缩小间隔 d，例如，取 d=d/2；重复步骤 1）和 2），即对每个分组再进行直接插入排序。

4）最后取 d=1，即将所有记录放在一组以进行一次直接插入排序，最终将所有记录重新排列成按关键字有序的序列。

希尔排序过程示例如图 9-2 所示。

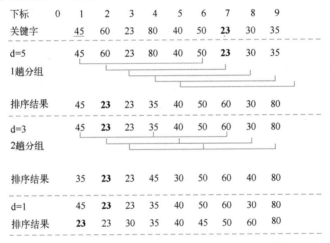

图 9-2 希尔排序示例

3. 希尔排序的算法实现

将 n 个记录分为 d 组，对 d 个组分别进行直接插入排序。每组的第一个记录分别为 a[1]～a[d]，即每组的初始有序段。将剩余记录 a[d+1]～a[n]逐一插入相应组的有序段中，整体描述：

```
for(i=d+1; i<=n; i++){
    /*将 a[i]插入相应组的有序段*/
}
/*其中，将 a[i]插入相应组的有序段过程：
1）将 a[i]赋予 a[0]，即 a[0]=a[i]；
2）让 j 指向 a[i]所属组的有序序列中的最后一个记录；
3）搜索 a[i]的插入位置*/
while(j>0 && a[0]<a[j]){
    a[j+d]=a[j];
```

```
        j=j-d;
    }
```

下面给出希尔排序的算法实现。

算法 9-2　希尔排序算法

```
void ShellSort(int a[ ], int n) {
    for(d = n / 2; d >= 1; d = d / 2) {
        for(i = d + 1; i <= n; i++) { /*将 a[i]插入所属组的有序段中*/
            a[0] = a[i];
            j = i - d;
            while(j > 0 && a[0] < a[j]) {
                a[j + d] = a[j];
                j = j - d;
            }
            a[j + d] = a[0];
        }
    }
}
```

　　希尔排序的时间复杂度分析较难，关键字的比较次数与记录移动次数依赖于步长因子序列的选取，特定情况下可以准确估算出关键字的比较次数和记录的移动次数。在实际应用中，步长的选取可简化为开始时为表长 n 的一半（n/2），以后每次减半，最后为 1。在数据量较小时，直接插入排序的效率较高。希尔排序也只需要一个记录大小的辅助空间，用于暂存当前待插入的记录。希尔排序是一种不稳定的排序方法。

9.3　交换排序

　　交换排序依次比较相邻的两个记录的关键字，若两个关键字是降序，即前大后小，则交换两个记录的位置，确保前小后大，直到所有关键字为升序为止。在交换排序过程中，根据交换位置的不同，交换排序可以分为冒泡排序和快速排序两种。本节将分别介绍这两种排序方法。

9.3.1　冒泡排序

下面介绍冒泡排序的基本思想、算法步骤和算法实现。

9-4
冒泡排序

1.　冒泡排序的基本思想

　　冒泡排序是交换排序中一种简单的排序方法，它的基本思想是重复地遍历待排序的记录，每次遍历时，就近两两比较要排序记录的关键字，如果前面记录的关键字大于后面关键字的记录，则将两个记录位置交换，确保关键字较小的记录在靠前的位置上，关键字较大的记录在靠后的位置上。在经过这样一趟遍历后，关键字最大的记录最终被交换到最后的位置上。在经过多次重复遍历和交换操作后，最终实现记录序列有序。

2. 冒泡排序的算法步骤

设 n 个待排序的记录分别为 a[1]～a[n]，下面是冒泡排序的算法步骤。

1）初始化。有序区的初始状态为空。无序区的初始状态为有所有待排序记录 a[1]～a[n]，无序部分的起始位置为 1；终止位置用 index 表示，index 初始值为 n。

2）关键字两两比较的过程。在无序区中，依次对区间[1～index]内的相邻位置上的关键字进行两两比较，若降序，则将两个记录交换位置，从而使得关键字值小的记录"上浮"，即左移，关键字值大的记录"下落"，即右移。

3）index=index-1；回到步骤 2），直到 index=1，即完成排序为止。

冒泡排序每经过步骤 2）中的一趟排序，都会使无序区中关键字值最大的记录移动到有序区的首部，对于由 n 个记录组成的记录序列，最多经过 n-1 趟冒泡排序，就可以将这 n 个记录重新按关键字升序排列。冒泡排序演示过程如图 9-3 所示。

	0	1	2	3	4	5	6	7	8	9
初始：	45	60	23	80	40	50	**23**	30	35
第1趟：	45	23	60	40	50	**23**	30	35	80
第2趟：	23	45	40	50	**23**	30	35	60	80
第3趟：	23	40	45	**23**	30	35	50	60	80
第4趟：	23	40	**23**	30	35	45	50	60	80
第5趟：	23	**23**	30	35	40	45	50	60	80
第6趟：	23	**23**	30	35	40	45	50	60	80
第7趟：	23	**23**	30	35	40	45	50	60	80
第8趟：	23	**23**	30	35	40	45	50	60	80

图 9-3　冒泡排序示例

3. 冒泡排序的算法实现

对于 n 个记录的关键字，每一趟排序定位出一个关键字最大的记录，此时有序区增加一个记录，无序区减少一个记录，n 个关键字共需要 n-1 趟定位。下面是冒泡排序的算法实现。

算法 9-3　冒泡排序算法

```
void BubbleSort (int a[], int n) {
    for(i = n;  i > 1;  i--) {
        for (j = 1; j <= i - 1; j++)
            if（a[j] > a[j + 1]）{
                int temp = a[j];
                a[j] = a[j + 1];
                a[j + 1] = temp;
            }
    }
}
```

冒泡排序比较简单，其时间复杂度为 $O(n^2)$；当初始序列基本有序时，比较过程中不需要进行交换，这时的冒泡排序有较高的效率，反之效率较低。冒泡排序只需要一个记录大小的辅助空间，用来作为记录交换的中间暂存单元，其空间复杂度为 O(1)。冒泡排序基本过程为进行相邻记录的两两比较，不存在记录"跳跃"式移动，是一种稳定的排序方法。

9.3.2 快速排序

1. 快速排序的基本思想

9-5
快速排序

快速排序是目前被广泛应用的一种排序方法，又称为分区交换排序。快速排序的基本思想：首先从中任意选取一个记录，其关键字的值为 key，并以该记录的关键字值为基准值，通过一趟快速排序，将待排序记录分割成独立的两个部分，其中前一部分记录的关键字值都小于 key，后一部分记录的关键字值都大于 key；经过这样一趟快速排序的划分，整个记录序列以基准关键字的值 key 为准，一分为二，再继续分别对这两部分记录进行下一趟快速排序；重复此过程，以最终达到整个序列有序。

快速排序的关键是将记录序列划分为前后两部分，前面部分的关键字值小，后面部分的关键字值大。而在每个部分内部，关键字的次序不作要求。例如，给定关键字序列 {42,22,45,34,66,78}，如果以 42 为基准元素，则划分的结果可以是 {22,34,42,45,66,78}，也可以是{34,22,42,78,66,45}。只要确保以 42 为基准值，前面部分的值都小于后面部分的值，就可以了。

下面具体分析快速排序的基本过程。

设待排序的记录序列是 a[low]~a[high]，在记录序列中任取一个记录，一般取 a[start]并将它作为基准元素，重新排列其余的所有记录，基本过程如下。

● 所有比基准元素小的关键字都放在 a[low]之前。
● 所有比基准元素大的关键字都放在 a[low]之后。

以 a[start]最后所在位置 i 作为分界点，将序列 a[low]~a[high]分割成两个子序列，称为一趟快速排序。一趟快速排序方法从序列的两端交替扫描各个记录，将小于基准元素的记录依次交换到序列的前边，而将大于基准元素的记录依次交换到序列的后边，直到扫描完所有记录为止。

2. 一趟快速排序的算法步骤

设两个变量 i、j，初始时，i=low=1，j=high=n，以 a[low]为基准元素，将 a[low]临时保存在 a[0]中。下面是一趟快速排序的步骤描述。

1）从 j 所指位置向前搜索：将 a[j]与 a[0]进行比较。
● 若 a[0]≤a[j]，则令 j=j-1，然后继续进行比较，直到 i=j 或 a[0]>a[j]为止。
● 若 a[0]>a[j]，则令 a[i]=a[j]，a[j]的位置置空，且令 i=i+1。
2）从 i 所指位置向后搜索：将 a[0]与 a[i]进行比较。
● 若 a[0]≥a[i]，则令 i=i+1，然后继续进行比较，直到 i=j 或 a[0]<a[i]为止。
● 若 a[0]<a[i]，则令 a[j]=a[i]，a[i]的位置置空，且令 j=j-1。
3）重复步骤 1）和 2），直到 i=j 为止，同时将 a[0]插入到 i 所在的位置。

一趟快速排序示例如图 9-4 所示。

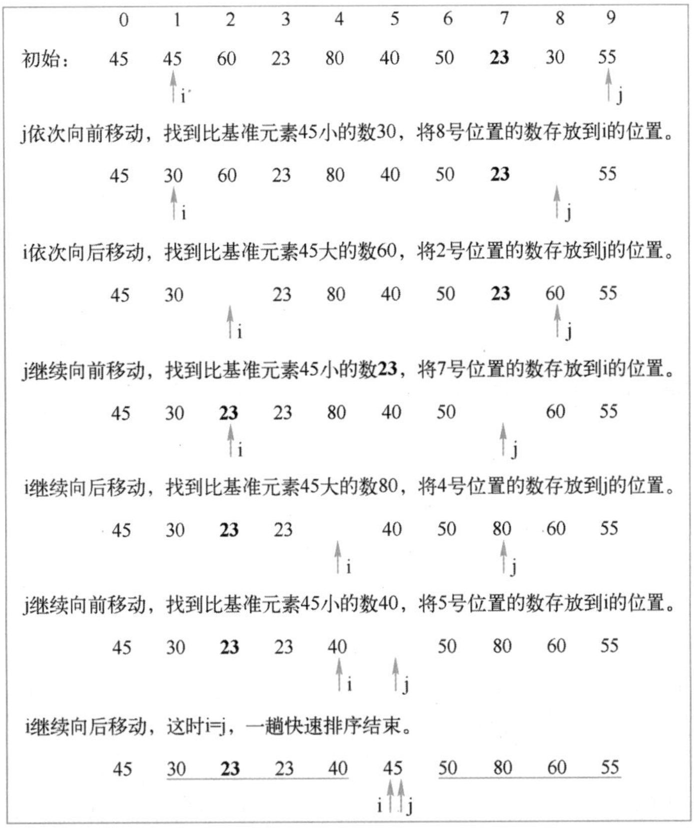

图 9-4 一趟快速排序示例

3. 一趟快速排序的算法实现

在对快速排序的算法分析后，一趟快速排序的算法实现如下。

算法 9-4 一趟快速排序算法

```
int QuickOneSort(int a[], int low, int high) {
    int i = low, j = high;
    a[0] = a[i];        /*a[0]作为临时单元和"哨兵"*/
    while(1) {
    /*从右向左，寻找比 key 小的值*/
        while ((a[0] <= a[j]) && (j > i))
            j--;
        if   (j > i) {/*交换对应的值*/
            a[i] = a[j];
            i++;
        }
    /*从左向右，寻找比 key 大的值*/
        while ((a[i] <= a[0]) && (j > i))
            i++;
        if (j > i) {/*交换对应的值*/
            a[j] = a[i];
            j--;
```

```
        }
    }
    while(i != j);   /*i=j 时退出扫描*/
        a[i] = a[0];
    return(i);
}
```

在快速排序算法中，当进行一趟快速排序后，采用同样方法分别对两个子序列快速排序，直到子序列记录个数为 1 为止。完整的快速排序算法的实现如下。

算法 9-5　完整的快速排序算法

```
void QuickSort(inta[], int low, int high) {
    int k;
    if   (low < high) {
        k = QuickOneSort(a, low, high);
        QuickSort(a, low, k - 1);
        QuickSort(a, k + 1, high);
    }     /*在将序列分为两部分后，分别对每个子序列排序*/
}
```

快速排序的一趟快速排序算法从两头开始交替搜索并进行交换，直到 low=high 为止，因此其时间复杂度是 O(n)；而整个快速排序算法的时间复杂度与划分的趟数有关。每经过一次交换，就有可能改变几对降序记录，从而加快了排序速度，快速排序的平均时间复杂度是 $O(nlog_2n)$。最坏的情况是每次所选的基准元素为当前序列中的最大或最小值，这使得每次快速排序划分后所得的子序列中的一个为空序列，另一个子序列的长度为原序列的长度减 1，这样长度为 n 的序列的快速排序需要经过 n 趟划分，使得整个快速排序算法的时间复杂度为 $O(n^2)$，其性能退化到冒泡排序的水平。一般可以通过改变基准元素的选取来提高快速排序算法的效率，即可以随机选取基准元素来比较表中分别处于第一个位置、中间位置和最后一个位置的关键字的大小，取三个关键字居中的关键字作为基准元素，通常可以避免最坏情况。到目前为止，快速排序仍是平均速度最高的一种排序方法。快速排序是一种不稳定的排序，在递归调用时，需要占据一定的存储空间，用以保存每一层递归调用时的必要信息。

9.4　选择排序

选择排序的基本思想是每次都从当前待排序的记录中选取关键字最小的记录，然后与待排序的记录序列中的第一个记录进行交换，直到整个记录序列有序为止。选择排序包括简单选择排序、树形选择排序和堆排序三种，下面分别介绍这三种排序方法。

9.4.1　简单选择排序

下面介绍简单选择排序的基本思想、算法步骤和算法实现。

1.　简单选择排序的基本思想

简单选择排序又称为直接选择排序，其基本思想是将整个记录序

9-6
简单选择排序

列按照关键字一分为二，其前面部分为有序区，后面部分为无序区，排序的过程就是每次都从无序区中选择一个关键字最小的记录，与无序区的第一个记录交换位置，这样就把选择出来的最小关键字的记录追加到有序区的尾部。整个排序的过程就是有序区序列长度逐步增大，无序区序列长度逐步减小的过程。在无序区中的所有记录都追加到有序区序列中时，得到的就是完整的有序序列。

2. 简单选择排序的算法步骤

设有 n 个待排序的记录的序列为 a，有序区部分的初始状态为空，无序区含有待排序的所有 n 个记录：a[1]～a[n]。下面是简单选择排序的算法步骤。

1）设置一个整型变量 index，用于记录一趟排序过程中，当前关键字最小的记录的位置。index 的初始值为当前无序区中第一个记录的位置，即假设这个位置的关键字最小。

2）遍历整个无序区。在遍历过程中，将 a[index]上的关键字与无序区中其他记录的关键字依次比较大小，若发现比它小的记录，就将 index 改为这个新的最小记录所在的位置。确保整个遍历过程中，index 的值就是本趟选择关键字最小的记录的位置。

3）将 index 位置的记录与无序区的第一个位置的记录交换，这样有序区就增加了一个记录，而无序区减少了一个记录。

4）重复步骤 2）～3），直到无序区部分剩下一个记录为止。此时，所有的记录按关键字有序排列。

简单选择排序示例如图 9-5 所示。

	0	1	2	3	4	5	6	7	8	9
初始：		45	60	23	80	40	50	**23**	30	55
第1趟：		23	60	45	80	40	50	**23**	30	55
第2趟：		23	**23**	45	80	40	50	60	30	55
第3趟：		23	**23**	30	80	40	50	60	45	55
第4趟：		23	**23**	30	40	80	50	60	45	55
第5趟：		23	**23**	30	40	45	50	60	80	55
第6趟：		23	**23**	30	40	45	50	60	80	55
第7趟：		23	**23**	30	40	45	50	55	80	60
第8趟：		23	**23**	30	40	45	50	55	60	80

图 9-5　简单选择排序示例

3. 简单选择排序的算法实现

在对简单选择排序的算法分析后，具体的算法实现如下。

算法 9-6　简单选择排序算法

```
void SimpleSelectionSort(int a[], int n) {
    int i, j, k;
    for (i = 1; i<n; i++) {
        index= i;
        for (j = i + 1; j<n; j++)
            if(a[j] < a[index])
                index = j;
        if(index != i){/*记录交换，目的是将关键字 a[index]追加到有序区的尾部*/
            a[0] = a[i];
```

```
                    a[i] = a[index];
                    a[index] = a[0];
                }
            }
        }
```

简单选择排序算法简单，但是速度较慢，排序过程中需要进行的比较次数与初始状态下待排序的记录序列的大小排列情况无关。当确定第 i 个位置上的记录时，需要进行 n-i 次比较，总的比较次数为 n(n-1)/2，即比较操作的时间复杂度为 $O(n^2)$，移动操作的时间复杂度为 $O(n)$。在交换的过程中，数据交换是"跳跃"式的。简单选择排序是一种不稳定的排序方法。在排序过程中，只需要一个用来交换记录的暂存单元，空间复杂度为 $O(1)$。

9.4.2 树形选择排序

下面介绍树形选择排序的基本思想、算法步骤和算法实现。

1. 树形选择排序的基本思想

树形选择排序又称"锦标赛"排序，是一种按照锦标赛中的淘汰规则来决定选择的关键字顺序的排序方法。首先将整个排序的过程模型化为完全二叉树（或称优胜者树），第一次选出具有最小关键字的记录后，重构完全二叉树，再选出具有次小关键字的记录，以此类推，直到选出所有记录为止。该过程可用一棵有 n 个叶子结点的完全二叉树表示。

例如，由 n=8 个关键字构成的序列{45,60,23,80,40,50,28,30}，其第一趟树形选择排序的过程如图 9-6 所示。

将待排序记录作为完全二叉树的叶子结点，上一层的每一个结点的关键字都等于其左、右子结点中较小的关键字，根结点的关键字就是最小的关键字。

具体方法：从叶子结点开始，兄弟结点间两两比较大小，小者为胜者，上升到父结点；胜者间再两两比较，直到根结点为止。经过这样的比较后，就产生了关键字最小的记录，即根节点，其关键字为 23，比较次数为 $2^2+2^1+2^0=2^3-1=n-1$。

在输出最小关键字后，根据关系的可传递性，要选取整个排序中的次小关键字，只需要将叶子结点中的最小关键字改为无穷大，然后重复上述步骤，重构完全二叉树。

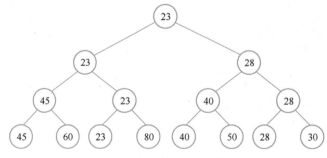

图 9-6　第一趟树形选择排序

如图 9-7 所示，在将第一趟选出的最小关键字 23 对应的叶子节点置为无穷大后，将它与兄弟结点进行比较，胜者上升到父结点，胜者间再比较，直到根结点为止，从而选出本趟树形选择排序中的最小值。本趟比较次数为 3，即 $\log_2 n$ 次。其余各结点的名次均是这样产生的。

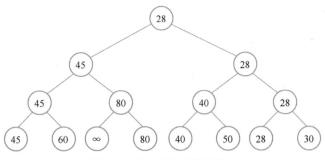

图 9-7 第二趟树形选择排序

2. 树形选择排序的算法步骤

给定 n 个关键字 a[low]～a[high]，设置三个指针 low、high 和 m，分别表示关键字起始位置、终止位置和记录长度。树形选择排序的算法步骤如下。

1）初始化。记录序列长度 m=n，关键字起始位置 low=0，关键字终止位置 high=n-1，待排序关键字为 a[low]～a[high]。

2）比较。首先对 m 个记录的关键字 a[low]～a[high]两两进行比较，然后从 a[low]～a[high]中选取 m=⌈m/2⌉个较小者，更新 low 和 high 的值。

3）回到步骤 2），直到只剩 1 个记录为止，即 m=1。

3. 树形选择排序的算法实现

在对树形选择排序的算法分析后，具体的算法实现如下。

算法 9-7 树形选择排序算法

```
void TreeSelectSort(int a [],int n) {
    int treeSize = 2 * n - 1;    /*完全二叉树的结点数*/
    int low = 0;
    int* tree;
    /*初始化完全二叉树 tree，将 n 个关键字的值依次赋给二叉树的叶子结点*/
    tree = new int[treeSize];
     /*填充叶子结点*/
    for(int i = n - 1, j = 0; i >= 0; --i, j++) {
        tree[treeSize - 1 - j] = a[i];
    }
    /*填充非终端结点*/
    for(int i = treeSize - 1; i > 0; i -= 2) {
        if(tree[i - 1]<(tree[i]))
            tree[(i - 1) / 2] = tree[i - 1];
        else
            tree[(i - 1) / 2] = tree[i];
    }
    /*通过比较，不断剔除关键字最小的结点*/
    int minIndex;
    while(low < n) {
        int min = tree[0];                  /*初始化最小关键字*/
        a[low++] = min;
```

```
        minIndex = treeSize − 1;              /*找到最小关键字的索引*/
        while((tree[minIndex]−min))!=0)
            minIndex−−;
    /*设置一个最大值标志，找到其兄弟结点*/
    tree[minIndex] = INFINITE;
    while(minIndex > 0) {                      /*如果它还有父结点*/
        if(minIndex % 2 == 0) {               /*如果是右子结点*/
            if(tree[minIndex − 1]−tree[minIndex]<0)
                tree[(minIndex − 1) / 2] =tree[minIndex − 1];
            else
                tree[(minIndex − 1) / 2]=tree[minIndex];
            minIndex = (minIndex − 1) / 2;
        }
        else{                                  /*如果是左子结点*/
            if（tree[minIndex])−tree[minIndex + 1]< 0）
                tree[minIndex / 2] =   tree[minIndex]
            else
                tree[minIndex / 2] =tree[minIndex + 1];
            minIndex = minIndex / 2;    /*设置为父结点索引，继续比较*/
        }
    }
}
```

在树形选择排序中，最小关键字的选取就是从叶子结点到根结点的比较过程。由于含有 n 个叶子结点的完全二叉树的深度为$\lfloor \log_2 n \rfloor +1$，因此，在树形选择排序中，每选出一个较小关键字，需要进行 $\log_2 n$ 次比较，其时间复杂度是 $O(n\log_2 n)$，移动记录次数不超过比较次数，故总的算法时间复杂度为 $O(n\log_2 n)$。该排序方法占用空间较多，除需要输出排序结果的 n 个单元以外，还需要 n−1 个辅助单元，用于暂存每趟的排序结果，其空间复杂度为 $O(n)$。树形选择排序是稳定的排序方法。

9.4.3 堆排序

9-7
堆的构造

下面介绍堆排序的基本思想、算法步骤和算法实现。

1. 堆排序的基本思想

9-8
堆排序

堆排序（Heap Sort）也是一种基于选择的排序方法。它是指利用堆这种数据结构而设计的一种排序算法。堆是一个近似完全二叉树的结构，并同时满足一定的条件。下面先介绍堆的概念，再讨论如何利用堆进行排序。

堆是由 n 个元素组成的序列$\{k_1,k_2,k_3,\cdots,k_n\}$，当且仅当各个元素之间的位置满足如下关系

$$\begin{cases} k_i \leqslant k_{2i} \\ k_i \leqslant k_{2i+1} \end{cases} \qquad 或者 \qquad \begin{cases} k_i \geqslant k_{2i} \\ k_i \geqslant k_{2i+1} \end{cases}$$

称这样的数据序列为一个堆，且分别称为小顶堆和大顶堆。

例如，数据$\{23,48,37,60,86,70,50,98\}$和$\{76,53,27,38,29,15\}$可以有如图 9-8 所示的堆。

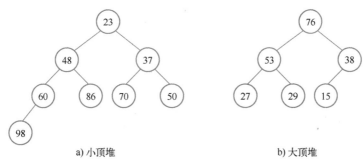

a) 小顶堆   b) 大顶堆

图 9-8　堆

若将堆看成一棵以 k_1 为根的完全二叉树,则这棵完全二叉树中的每个非叶子结点的值均不大于(或不小于)其左、右子结点的值。由此可以看出,若一棵完全二叉树是堆,则根结点一定是这 n 个结点中的最小者或最大者。为便于描述与学习,本节主要讨论小顶堆。下面介绍排序的基本过程。

堆排序过程:将无序序列建成一个堆,得到关键字最大的记录;在输出堆顶的记录后,使剩余的 n-1 个记录重建成一个堆,则可得到 n 个元素的次大值;重复执行,直到得到一个有序序列为止。

在堆排序中,主要涉及两个问题,第一个问题是如何将一个无序序列建成一个堆;第二个问题是如何在输出堆顶记录之后,调整剩余记录,使之成为一个新的堆。

对于第一个问题,可以通过构建一个二叉树来解决,首先确保第一个结点是一个堆,当有新的结点要插入时,先将这个结点与其对应位置上的父结点比较,如果比父结点小,则与父结点交换,一直向上交换,直到大于或等于父结点为止。下面通过关键字序列{16,33,47,25,76,45}演示建堆过程,如图 9-9 所示。

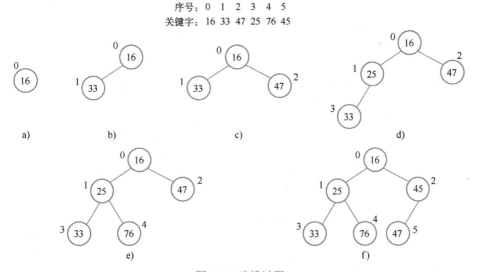

图 9-9　建堆过程

第二个问题可以通过筛选的方法来解决,具体步骤如下。

1)在输出堆顶记录之后,以堆中最后一个记录替代之。

2)从第 i =[n/2]个结点开始,与编号为 2i+1 和 2i+2 的子结点比较,若结点 i 的关键字值大于子结点的值,则结点 i 与其中较小者的结点交换,直到叶子结点或不再交换为止。

3)令 i=i-1,重复步骤 2),直到 i=0 为止,堆的调整结束。

下面以图 9-8a 所示的小顶堆为例,演示堆调整过程。堆顶元素 23 是最小值,通过将最小值与堆中未排序的最后一个元素交换位置，重新调整堆。其中已经排序的数据元素用虚线表示。因为是已经排序过的元素，所以虚线中的元素在后续不参与堆的排序。堆调整过程如图 9-10 所示。

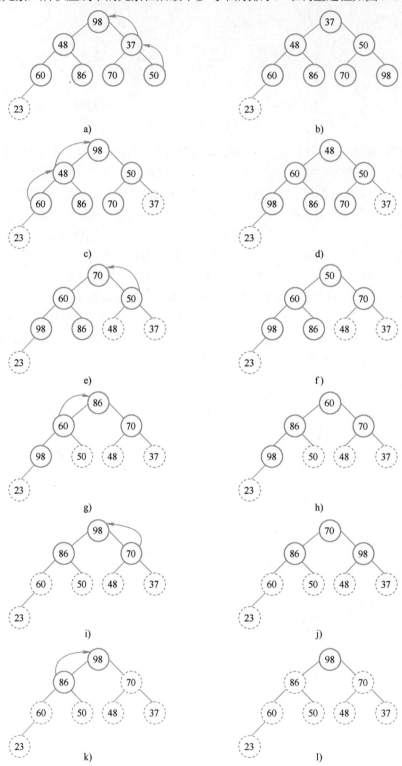

图 9-10　堆的调整过程

2．堆排序的算法步骤

假设当前要进行筛选的结点编号为 k，堆中最后一个结点的编号为 m，且 a[k+1] 与 a[m] 之间的结点都已经满足堆的条件，则排序过程可以描述如下。

1）设置两个指针 i 和 j，具体含义说明如下。

- i：指向当前筛选的结点，值设置为 i=k。
- j：指向当前结点的左子结点，值设置为 j=2i+1。

2）比较当前结点 i 的左、右子结点的关键字值，并用 j 指向关键字值较大的子结点，即 if (j<m && a[j]<a[j+1])) j++。

3）用当前结点的关键字与 j 所指向的结点关键字的值进行比较，如果当前结点 i 的关键字值小于结点 j 的对应值，则将两个结点交换，并继续进行筛选。实现这个操作的语句如下。

```
if (a[i]>a[j])
    break;                              /*结束筛选操作*/
else {
    temp=a[i]; a[i]=a[j]; a[j]=temp;    /*交换结点*/
    i=j;j=2*i+1; }                      /*准备继续筛选*/
```

也可以将交换改进为下面的语句。

```
if (a[i].key>a[j].key)
    break;
else
    { a[i]=a[j]; i=j; j=2*i+1; }
```

3．堆排序的算法实现

在对堆排序的算法分析后，堆排序的筛选算法实现如下。

算法 9-8　堆排序算法

```
void HeapSift(int a[], int start, int end) {
    int j = start;              /*当前(current)结点的位置*/
    int i = 2 * j + 1;          /*左子结点的位置*/
    int temp = a[j];            /*当前结点的大小*/
    while (i <= end) {
        /*"i"是左子结点，"i+1"是右子结点*/
        if ( i < end && a[i] < a[i + 1])
            i++;                /*选择左右两子结点中较大者，即 m_heap[l+1]*/
        if (temp >= a[i])
            break;              /*调整结束*/
        else {                  /*交换值*/
            a[j] = a[i];
            a[i] = temp;
        }
        j = i;
        i = 2 * i + 1
    }
}
/*堆排序的完整算法*/
```

```
void HeapSort(int a[], int n) {
    int i;
    /*对(n/2-1)~0 逐次遍历。遍历之后，得到的数组实际上是一个根值最大的二叉树*/
    for (i = n / 2 - 1; i >= 0; i--)
        HeapSift(a, i, n - 1);
    /*从最后一个元素开始对序列进行调整，不断缩小调整的范围，直到第一个元素为止*/
    for (i = n - 1; i > 0; i--) {
        /*交换 a[0]和 a[i]。交换后，a[i]是 a[0...i]中最大的*/
        int temp=a[0];
        a[0]=a[i];
        a[i]=temp;
        /*调整 a[0...i-1]，使得 a[0...i-1]仍然是一个大顶堆*/
        /*保证 a[i-1]是 a[0...i-1]中的最大值*/
        HeapSift(a, 0, i - 1);
    }
```

在堆排序中，除初建堆以外，其余调整堆的过程最多需要比较的次数为二叉树的深度，因此，与简单选择排序相比，效率提高了很多。另外，无论原始记录如何排列，堆排序的比较次数变化不大，堆排序对原始记录的排列状态并不敏感。在堆排序算法中，只需要一个暂存被筛选记录内容的单元和部分简单变量，所以堆排序是一种速度快且省空间的排序方法。另外，堆排序是一种不稳定的排序方法。

9.5 归并排序

1. 归并排序的基本思想

归并排序是指将多个有序表合并成一个有序表的过程，对于给定 n 个记录的排序表，首先可以将它看成 n 个长度为 1 的有序表；然后对这 n 个有序表进行两两归并，也就是将两个有序表合并为一个有序表，得到 ⌈n/2⌉个长度为 2 的有序序列；在此基础上，继续进行有序表的两两合并，直至得到一个长度为 n 的有序序列为止。在归并排序中，主要的操作就是将多个有序表逐渐合并成一个有序表的过程。这里将两个有序表合并为一个有序表的过程称为 2-路归并。

2. 2-路归并算法的基本步骤

设两个有序表分别为 a[start]~a[mid]和 a[mid+1]~a[end]。

现将它们合并为一个新的有序表 temp[start]~temp[end]。

下面是 2-路归并算法的基本步骤。

1）设置三个整型变量 k、i、j，它们分别指向三个有序段中记录的起始位置，初始值分别为：k=0，i=start，j=mid+1。

2）比较两个有序表中当前记录的关键字，将关键字较小的记录放置在 temp[k]，并修改关键字所属有序表的指针和 temp 中的指针 k。重复执行此过程，直到其中一个有序表内容全部移至 temp 中为止，此时需要将另一个有序表中的所有剩余记录移至 temp 中。

归并排序过程如图 9-11 所示。

	0	1	2	3	4	5	6	7	8	9
初始:		45	60	23	80	40	50	**23**	30	55
第1趟:		45	60	23	80	40	50	**23**	30	55
第2趟:		23	45	60	80	**23**	30	40	50	55
第3趟:		23	**23**	30	40	45	50	60	80	55
第4趟:		23	**23**	30	40	45	50	55	60	80

图 9-11　归并排序

下面是 2-路归并算法中两个有序段归并的算法实现，有序段分别为 a[start～mid] 和 a[mid+1～end]。

算法 9-9　一趟归并排序算法

```
void Merge(int a[], int start, int mid, int end) {
    int *temp = new int[end-start+1]      /*temp 是汇总两个有序段的临时区域*/
    int i = start;                        /*第一个有序段的索引*/
    int j = mid + 1;                      /*第二个有序段的索引*/
    int k = 0;                            /*临时区域的索引*/
    while(i <= mid && j <= end) {
        if (a[i] <= a[j])
            temp[k++] = a[i++];
        else
            temp[k++] = a[j++];
    }
    while(i <= mid)
        temp[k++] = a[i++];
    while(j <= end)
        temp[k++] = a[j++];
    /*将排序后的元素全部整合到数组 a 中*/
    for (i = 0; i < k; i++)
        a[start + i] = temp[i];
    delete temp;
}
```

3．归并排序的算法实现

归并排序算法的实现可以用递归形式描述，即首先将待排序的记录序列分为左右两个部分，并分别将这两个部分用归并方法进行排序，然后调用 2-路归并算法，再将这两个有序段合并成一个含有全部记录的有序段。归并排序的递归算法实现如下。

算法 9-10　完整的归并排序算法

```
void Merge Sort up2down (int a[], int start, int end) {
    if(a == NULL || start >= end)
        return;
    int mid = (end + start) / 2;
    merge_sort_up2down(a, start, mid);       /*递归排序无序段 a[start...mid]*/
    merge_sort_up2down(a, mid + 1, end);     /*递归排序无序段 a[mid+1...end]*/
```

```
/*a[start...mid]和 a[mid + 1...end]是两个有序段*/
/*将它们排序成一个有序段 a[start...end]*/
merge(a, start, mid, end);
}
```

从程序的书写形式上看，2-路归并排序的递归算法比较简单，但是在算法执行时，需要占用较多的辅助存储空间，即除在递归调用时需要保存一些必要的信息以外，在归并过程中，还需要与存放原始记录序列同样数量的存储空间，以便存放归并结果。与快速排序和堆排序相比，它是一种稳定的排序方法。

9.6 基数排序

1. 基数排序的基本思想

基数排序的发明可以追溯到 1887 年赫尔曼·何乐礼在打孔卡片制表机上的贡献。与其他排序方法不同，它不需要比较关键字的大小，而是根据关键字中各个位上的值排序；对排序的 n 个元素进行若干趟分配与再收集，实现排序。

其基本思想是首先将所有待比较数值统一为同样的位数，位数较短的数，前面补零；然后，从最低位开始，依次进行一次排序；同位上相同的关键码分配到一组或一个"桶"中，这样从最低位一直到最高位排序，完成以后，关键字序列就变成一个有序序列。基数排序属于分配式排序，又称"桶排序"。

2. 基数排序的基本过程

设有一个初始关键字序列：245,60,123,80,48,58,123,30,255。

关键字的最高位是百位，首先将所有关键字统一为三位数，位数较短的前面补零。补充后的关键字序列：245,060,123,080,048,058,123,030,255。

任何一个阿拉伯数，它的各个位上的基数都是以 0～9 来表示的，所以不妨把 0～9 视为 10 个"桶"。依照个位、十位和百位上的数字，将关键字分类到指定的"桶"中，最终的序列就是有序序列。下面是具体操作过程。

（1）按照个位数进行分类

从图 9-12 中可以看出，编号为 0 的"桶"中存放的数的个位数都是 0，同理，个位数为 8 的都被分配到编号为 8 的"桶"中。在经过个位数排序后，得到的序列为{060,080, 030, 123, **123**, 245, 255, 048,058}。

（2）按照十位数进行分类

如图 9-13 所示，在经过十位数排序后，得到的序列为{123,**123**, 030, 245, 048, 255, 058, 060, 080}。

（3）按照百位数进行分类

如图 9-14 所示，在经过百位数排序后，得到的序列为{030,048, 058, 060, 080, 123, **123**, 245, 255}。

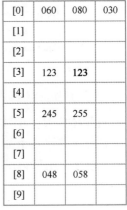

[0]	060	080	030
[1]			
[2]			
[3]	123	**123**	
[4]			
[5]	245	255	
[6]			
[7]			
[8]	048	058	
[9]			

图 9-12　个位数入"桶"

[0]		
[1]		
[2]	123	**123**
[3]	030	
[4]	245	048
[5]	255	058
[6]	060	
[7]		
[8]	080	
[9]		

图 9-13　十位数入"桶"

[0]	030	048	058	060	080
[1]	123	**123**			
[2]	245	255			
[3]					
[4]					
[5]					
[6]					
[7]					
[8]					
[9]					

图 9-14　百位数入"桶"

得到的整个序列是有序序列，完成数据的排序。

3. 基数排序的算法步骤和算法实现

整个算法实现步骤如下。

1）初始化空"桶"，"桶"中元素个数为 0。

2）按照从低位到高位的顺序，提取关键字中相应位上的数字。

3）依据相应位上的数字，将关键字分配到"桶"中。

4）对"桶"中关键字依次重新收集，构成一个新的关键字序列；回到步骤 2），直到所有位上的数字都排序过为止，算法结束。

基数排序的算法实现如下，该算法中包含一个子方法 GetNumInPos(num,pos)，它用来获取数值 num 在第 pos 位上的数。例如，方法 GetNumInPos(2386,2) 返回百位上的数字 8。

算法 9-11　基数排序算法

```
int GetNumInPos(int num, int pos) {
    int i, temp = 1;
    for (i = 0; i < pos − 1; i++) {
        temp *= 10;
    }
    return (num / temp) % 10;
}
/*基数排序*/
void RadixSort(int *a, int n, int bit_num) {
    /*a 表示待排序的关键字，n 表示关键字的个数，bit_num 表示关键字的最高位的位数*/
    int radix = 10;
    int *count, *bucket, i, j, k;
    count = new int[radix];
    bucket = new int[radix];
    for (k = 1; k <= bit_num; k++) {
        /*每次按位分配数据到桶中，首先将各个桶中的数据个数初始化为0*/
        for (i = 0; i < radix; i++) {
            count[i] = 0;
        }
```

```
/*按 k 位数来统计各个桶中所放数据个数*/
for (i = 0; i < n; i++) {
    count[GetNumInPos(a[i], k)]++;
}
/*count[i]表示第 i 个桶中数据的个数，也就是第 i 个桶的右边界索引*/
for (i = 1; i < radix; i++)
    count[i] = count[i] + count[i - 1];
 /*将数据依次分配到相应的桶中*/
for (i = n - 1; i >= 0; i--) {
    j = GetNumInPos(a[i], k);
    bucket[count[j] - 1] = a[i];
    count[j]--;
}
/*将所有桶中的数据重新收集，构成一个新的序列，作为下一步入桶的数据*/
for (i = 0, j = 0; i < n; i++, j++) {
    a[i] = bucket[j];
}
    }
}
```

设有 n 个记录，d 个关键码，关键码最高位为 r，那么，在基数排序中，一趟分配的时间复杂度为 O(n)，一趟收集的时间复杂度为 O(r)，共进行 d 趟分配和收集，则进行基数排序的时间复杂度为 O(d×n×r)。另外，基数排序需要 2r 个指向队列的辅助空间，以及用于静态链表的 n 个指针，所以总的空间复杂度为 O(rd+n)。在基数排序中，每次都是将当前位数上相同数值的元素统一入桶，并不需要交换位置，所以基数排序是稳定的排序算法。

9.7 案例分析与实现

1. 百强企业排名问题

现给定 100 万家企业的营业收入数据，依据收入多少，找出前 100 强企业。

【算法分析】依据题意，不需将整个序列全部排序，只需要找出从大到小的前 100 个数据。可以先从待查找的数据中找到一个最大值，再从剩余数据中选择最大值，以此类推，直到找到大小排名为第 100 位的值，故可以采用选择排序。但选择排序又分为简单选择排序、树形选择排序和堆排序，于是采用简单选择排序来实现。因为该算法比较简单，所以下面直接给出算法实现。

其中企业个数为 n=1000000；k=100，表示要查找从大到小的前 100 个值。具体算法实现如下。

算法 9-12　企业排名算法

```
void SimpleSelectionSort(int a[], int n，int k) {
    int i, j;
    for (i = 1; i<=k; i++) {
    index = i;
```

```
        for(j = i + 1; j <n; j++)
            if(a[j] > a[index])
                index = j;
            if(index != i) {    /*记录交换*/
                a[0] = a[i];
                a[i] = a[index];
                a[index] = a[0];
            }
        }
    }
```

最后得到的 a[1]～a[100]为从大到小排列的前 100 个值。选择排序总是沿左半部分（左子树）或右半部分（右子树）进行，查找路径为从根结点到叶子结点，所以时间复杂度为 $O(n\log_2 n)$。

2. 三色矩形问题

图 9-15a 所示矩形由蓝色、白色和红色三种颜色填充。如果有一个仅由蓝色、白色和红色三种颜色的条块组成的条块序列，如图 9-15b 所示，那么现需要将这些条块按蓝色、白色和红色顺序排好，也就是重新划分条块，将它们组合为三个区域，即三色矩形的颜色图案。

a) 三色矩形　　　　　　　　　　　　　　　b) 三色条块

图 9-15　三色矩形问题

【问题分析】可用一维数组来存储条块序列，用数字 0、1、2 分别表示蓝色、白色和红色，首先将三种颜色值存储在一维数组中，假定数组中的值为：0,2,1,2,0,1,0,2,2,1,0,1,2,1,1,0,0,1,1,2。经过处理后，数组中的值变为：0,0,0,0,0,0,1,1,1,1,1,1,1,1,1,2,2,2,2,2,2。数组中存储的不同值依次表示蓝色、白色和红色区域。

从上面的分析可以看出，该问题的解决实际上就是对只有三类值的数据进行排序。从时间效率上来考虑，可以采用快速排序来实现，时间复杂度仅为 $O(n)$。

【算法设计】在快速排序的基础上，进行下面的修改就可以完成颜色分类。

1）直接修改一趟快速排序算法，得到一组序列，序列满足：

$$[这部分的记录 key < x] \ x \ [这部分的记录的 key \geq x]$$

2）因为组成该序列的元素只有 0、1 和 2，所以只需要两趟快速排序就可以完成三类值的排序。

● 以 1 为基准元素，第 1 趟快速排序结果：[0...0]1[1212212...]。

● 以 2 为基准元素，第 2 趟快速排序结果：[1...1]2[2...2]。

在第二趟排序中，只需要对第一趟排序结果的后半部分再进行一趟快速排序，以完成数值分割。下面是具体算法实现。

算法 9-13　颜色分类排序算法

```
void ColorSort( int color[], int n ){
    /*将由 0、1 和 2 组成的一组无序序列排列成有序序列，借助一趟快速排序*/
    /*将记录划分为三部分，满足前半部分的 key<x，后半部分的 key>=x*/
        i=1;
        while (color[i]!=2)   i++;        /*在待排序序列中，找到第 1 个 1*/
        color[1]<=>color[i];              /*使 color[1]=1，以保证调用一趟快速排序算法时 x=1*/
        k = QuickOneSort (1, n);
         /*使 color[1]～color[k-1]的值均为 0，color[k]=1，即[0...0] 1 [1212212...]*/
        i = k+1;
        while ((color[i]!=2)   i++;       /*在剩余的待排序序列中找到第 1 个 2*/
        color[k+1] =color[i];             /*使 color[k+1]=2，保证调用一趟快速排序算法时 x=2*/
        k = QuickOneSort (k+1, n)         /*分割为[1...1]2[2...2]*/
    }
```

在颜色分类排序算法中，只需要调用两趟快速排序就可完成三色分类任务，也就是说，QuickOneSort()被调用了两次，该算法的时间复杂度为 O(n)。

本章小结

本章系统介绍了数据结构中排序的基本概念和常用的排序方法，主要内容如下。

1. 基本概念

（1）排序的定义

一般而言，排序是指将一组任意顺序的记录，重新排列成按关键字有序的序列的过程。

（2）排序的分类

● 内部排序：待排序的记录数不太多，所有记录都能存放在内存中进行排序的方式。

● 外部排序：待排序的记录数比较多，所有记录不可能同时存放在内存中，排序过程中必须在内、外存之间进行数据交换。

（3）稳定性

若记录序列中任意两个记录 R_i、R_j 的关键字 K_1、K_2 的相对位置在排序前后没有发生变化，则称该排序方法是"稳定的"，否则是"不稳定的"。

2. 主要排序方法

● 插入排序：包括直接插入排序和希尔排序方法。

● 交换排序：包括冒泡排序和快速排序方法。

● 选择排序：包括简单选择排序、树形选择排序和堆排序方法。

● 归并排序：将多个有序表合并成一个有序表的过程。

● 基数排序：根据关键字中各个位上的值进行排序的过程。

对于每一类排序方法，需要理解其基本思想和特征，掌握其算法实现。

各类排序方法的特点如图 9-16 所示。

各类排序方法的特点					
类别	排序方法	时间复杂度			空间复杂度	稳定性
		平均复杂度	最好情况	最坏情况	辅助空间	
插入排序	直接插入排序	$O(n^2)$	$O(n)$	$O(n^2)$	$O(1)$	稳定
	希尔排序	$O(n^{1.3})$	$O(n)$	$O(n^2)$	$O(1)$	不稳定
选择排序	简单选择排序	$O(n^2)$	$O(n^2)$	$O(n^2)$	$O(1)$	不稳定
	树形选择排序	$O(n\log_2 n)$	$O(n\log_2 n)$	$O(n\log_2 n)$	$O(n)$	稳定
	堆排序	$O(n\log_2 n)$	$O(n\log_2 n)$	$O(n\log_2 n)$	$O(1)$	不稳定
交换排序	冒泡排序	$O(n^2)$	$O(n^2)$	$O(n^2)$	$O(1)$	稳定
	快速排序	$O(n\log_2 n)$	$O(n\log_2 n)$	$O(n^2)$	$O(n\log_2 n)$	不稳定
归并排序		$O(n\log_2 n)$	$O(n\log_2 n)$	$O(n\log_2 n)$	$O(1)$	稳定
基数排序		$O(d(r+n))$	$O(d(n+rd))$	$O(d(r+n))$	$O(rd+n)$	稳定
注：在基数排序的复杂度描述中，r 代表关键字的基数，d 代表关键字的位数，n 代表关键字的个数						

图 9-16　各类排序方法的特点

在实际应用中，应根据不同的情况选择不同的排序算法。在选择排序方法时，主要考虑以下因素。

1）排序表的大小。

2）关键字的分布情况。

3）排序的稳定性要求。

● 若排序表的长度较小，且关键字分布基本无序，则可采用简单的排序方法，如直接插入排序或简单选择排序。但要注意，插入排序的记录移动次数比选择排序多，因此，当记录个数较多时，用选择排序较好。若待排序记录已基本有序，则可采用插入排序或冒泡排序。

● 若排序表的长度较大，则应选用执行时间与 $n\log_2 n$ 成正比的排序方法，如快速排序、希尔排序、堆排序和归并排序等。

● 当 n 很大而关键字位数较小时，可考虑采用基数排序方法。

习题

一、填空题

1. 大多数排序方法都有两个基本操作：_____、_____。

2. 根据要排序的数据在计算机中使用的不同存储设备，排序分为_____和_____。

3. 评价一个排序方法的主要指标有_____、_____和_____。

4. 排序的稳定性是指_____。

5. 比较次数与序列初态无关的算法是_____。

6. 在_____排序方法中，需要的辅助空间为 $O(n)$。

7．对一组记录{24,48,96,23,55,72}进行一趟冒泡排序的结果为＿＿＿＿＿＿＿＿。

8．对一组记录{24,48,96,23,55,72}进行两趟选择排序的结果为＿＿＿＿＿＿＿＿。

9．在插入排序和选择排序中，若初始数据基本升序，则选用＿＿＿＿＿＿＿＿排序方法较好。

10．当增量为 1 时，希尔排序与＿＿＿＿＿＿排序基本一致。

11．在第一趟排序后，序列中关键字的值最大的记录交换到最后的排序方法是＿＿＿＿＿排序。

12．每次将无序序列中第一个元素插入到一个有序序列的排序方法称为＿＿＿＿＿＿＿＿排序。

13．在插入排序、选择排序和归并排序中，不稳定的排序方法是＿＿＿＿＿＿＿排序。

14．若对 n 个记录采用直接插入排序方法，则平均比较次数为＿＿＿＿。

15．若对 n 个记录采用快速排序方法，则平均比较次数为＿＿＿＿。

二、选择题

1．评价排序方法好坏的标准主要是（　　　）。
　　A．执行时间　　　　　　　　　　　　B．辅助空间
　　C．算法本身的复杂度　　　　　　　　D．执行时间和所需的辅助空间

2．简单选择排序是（　　　）的排序方法。
　　A．不稳定　　　　　B．稳定　　　　　　C．外部　　　　　D．选择

3．直接插入排序方法要求被排序的记录（　　　）存储。
　　A．必须链表　　　　B．必须顺序　　　　C．顺序或链表　　D．可以任意

4．下述几种排序方法中，内存量要求最大的是（　　　）。
　　A．插入排序　　　　B．选择排序　　　　C．快速排序　　　D．归并排序

5．下列排序方法中，从无序序列中选择关键字最小的记录，并将它与无序区（初始为空）的第一个记录交换的排序方法，称为（　　　）。
　　A．希尔排序　　　　B．归并排序　　　　C．插入排序　　　D．选择排序

6．每次把待排序的数据划分为左、右两个区间，其中左区间中元素的值不大于基准元素的值，右区间中元素的值不小于基准元素的值，此种排序方法称为（　　　）。
　　A．冒泡排序　　　　B．堆排序　　　　　C．快速排序　　　D．归并排序

7．快速排序在（　　　）情况下最易发挥其长处。
　　A．待排序数据的值的大小比较均匀　　B．待排序的数据已基本有序
　　C．待排序的数据完全无序　　　　　　D．待排序的数据量较大

8．下列排序方法中，其中（　　　）是稳定的。
　　A．堆排序，冒泡排序　　　　　　　　B．快速排序，堆排序
　　C．简单选择排序，归并排序　　　　　D．归并排序，冒泡排序

9．下列排序方法中，（　　　）是稳定的排序方法。
　　A．简单选择排序　　　　　　　　　　B．直接插入排序
　　C．希尔排序　　　　　　　　　　　　D．快速排序

10．若要求尽可能快地对序列进行稳定的排序，则应选（　　　）。
　　A．快速排序　　　B．归并排序　　　　C．冒泡排序　　　D．选择排序

11．排序趟数与序列的原始状态有关的排序方法是（　　）排序。

　　A．插入　　　　　B．选择　　　　　C．冒泡　　　　　D．快速

12．数据序列{2,1,4,9,8,10,6,20}只能是下列排序方法中的（　　）的两趟排序后的结果。

　　A．快速排序　　　B．冒泡排序　　　C．选择排序　　　D．插入排序

13．若使用冒泡排序方法对 n 个数据进行排序，则第一趟排序共需要比较（　　）次。

　　A．1　　　　　　　B．2　　　　　　　C．n−1　　　　　　D．n

14．对关键字序列{74,37,25,15,21}进行排序，数据的排列次序在排序过程中的变化为
（　　）。

　　A．74, 37, 25, 15, 21　　　　　　B．15, 37, 25, 74, 21

　　C．15, 21, 25, 74,37　　　　　　D．15, 21, 25, 37, 74

15．在对一组关键字进行排序过程中，产生的中间序列为{24,37,55,15,21}，则可能的排序
是（　　）排序。

　　A．选择　　　　　B．冒泡　　　　　C．快速　　　　　D．插入

16．下列序列中，（　　）是执行第一趟快速排序后所得的序列。

　　A．[68,11,18,69]　[23,93,73]　　　B．[68,11,69,23]　[18,93,73]

　　C．[93,73]　[68,11,69,23,18]　　　D．[68,11,69,23,18]　[93,73]

17．一组记录的关键字为{46,79,56,38,40,84}，利用快速排序方法，以第一个记录为基准得
到的一次划分结果为（　　）。

　　A．{38,40,46,56,79,84}　　　　　B．{40,38,46,79,56,84}

　　C．{40,38,46,56,79,84)　　　　　D．{40,38,46,84,56,79}

18．下列排序方法中，（　　）不能保证每趟排序至少能将一个元素放到其最终的位置上。

　　A．快速排序　　　　　　　　　　　B．希尔排序

　　C．堆排序　　　　　　　　　　　　D．冒泡排序

19．下述排序方法中，平均时间复杂度最小的是（　　）。

　　A．希尔排序　　　B．插入排序　　　C．冒泡排序　　　D．选择排序

20．下述排序方法中，（　　）方法需要设置"监视哨"。

　　A．希尔排序　　　B．插入排序　　　C．冒泡排序　　　D．选择排序

21．就排序方法所用的辅助空间而言，堆排序、快速排序、归并排序需要的空间大小的关
系为（　　）。

　　A．堆排序<快速排序<归并排序　　　B．堆排序<归并排序<快速排序

　　C．堆排序>归并排序>快速排序　　　D．堆排序>快速排序>归并排序

三、简答题

1．简述内部排序、外部排序和算法的稳定性。

2．简述算法的评价指标及其含义。

3．简述插入排序、交换排序、选择排序、归并排序、堆排序和基数排序的基本思想。

4．对于给定的 10 个整数：43、61、87、21、30、60、58、38、41、90，分别写出冒泡排
序和简单选择排序的各趟结果。

5．举例说明快速排序、希尔排序、选择排序和堆排序方法不稳定的原因。

6．当关键字序列基本为升序时，选用何种排序方法较好？为什么？

7．当关键字序列基本无序时，选用何种排序方法较好？为什么？

8．如果要在 5000 个记录中找出从小到大排列的前 10 个记录，那么采用什么样的排序方法较合适？

9．已知序列{27,18,160,540,27,132,573,5,85}，采用基数排序，请写出各个"桶"中数据的变化情况。

10．将关键字序列{30,28,32,16,40,29}建成一个堆。

四、算法设计题

1．设带头结点的单链表为 L，实现对单链表 L 按照直接插入排序的算法。

2．编写快速排序的非递归实现算法。

3．在有 n 个记录的堆中新增一个记录后，编写算法将它重新调整为堆。

4．已知某省的高考人数 n=15 万，分数为不超过三位的整数，招生人数为 m，编写算法，要求输出前 m 名分数的序列（分数可以采用随机数生成）。

5．若待排序记录采用单链表存储，给出其快速排序算法。

6．给出对关键字序列{379,108,53,316,55,959,884,9,271,36}进行基数排序的步骤和结果。

参 考 文 献

[1] WEISS M A. 数据结构与算法分析：C 语言描述[M]. 冯舜玺，译. 北京：机械工业出版社，2019.

[2] PREISS B R. 数据结构与算法：面向对象的 C++设计模式[M]. 胡广斌，等译. 北京：电子工业出版社，2003.

[3] 严蔚敏，吴伟民. 数据结构：C 语言版[M]. 北京：清华大学出版社，2012.

[4] SEDGEWICK R. 算法 V（C++实现）：图算法（影印版）[M]. 3 版. 北京：高等教育出版社，2002.

[5] SHAFFER C A. 数据结构与算法分析：C++版（第 2 版）[M]. 张铭，刘晓丹，等译. 北京：电子工业出版社，2010.

[6] VÖCKING B，ALT H，DIETZFELBINGER M，等. 无处不在的算法[M]. 陈道蓄，译. 北京：机械工业出版社，2018.

[7] LEE R C T，TSENG S S，CHANG R C，等. 算法设计与分析导论[M]. 王卫东，译. 北京：机械工业出版社，2008.

[8] CORMEN T H，LEISERSON C E，RIVEST R L，等. 算法导论[M]. 殷建平，徐云，王刚，等译. 北京：机械工业出版社，2012.

[9] DROZDEK A. 数据结构与算法：Java 语言版[M]. 周翔，译. 北京：机械工业出版社，2006.

[10] VENUGOPA L S. 数据结构：从应用到实现：Java 版[M]. 冯速，张青，冯丁妮，等译. 北京：机械工业出版社，2008.

[11] 赖俊峰，高博. 数据结构与 C++算法设计案例教程[M]. 北京：机械工业出版社，2011.

[12] WILLIAMS A. C++并发编程实战[M]. 周全，梁娟娟，宋真真，等译. 北京：人民邮电出版社，2015.

[13] SEDGEWICK R. C 算法：第一卷 基础、数据结构、排序和搜索（第 3 版）[M]. 周良忠，译. 北京：人民邮电出版社，2004.

[14] 邓文华. 数据结构（C 语言版）[M]. 4 版. 北京：电子工业出版社，2015.

[15] 陈慧南. 数据结构：C 语言描述[M]. 2 版. 西安：西安电子科技大学出版社，2009.

[16] CARRANO F M，HENRY T. 数据结构与抽象：Java 语言描述（第 4 版）[M]. 辛运帏，饶一梅，译. 北京：机械工业出版社，2017.

[17] 王钢，徐红，等. 数据结构[M]. 北京：清华大学出版社，2005.

[18] 王伟，姜浩. 数据结构基础实验指导[M]. 南京：东南大学出版社，2019.